电动机及控制线路
自学手册

蔡杏山◎主编

人民邮电出版社
北京

图书在版编目（CIP）数据

电动机及控制线路自学手册 / 蔡杏山主编. -- 北京：
人民邮电出版社，2019.2（2023.1重印）
ISBN 978-7-115-49954-7

Ⅰ．①电… Ⅱ．①蔡… Ⅲ．①电动机－控制电路－手
册 Ⅳ．①TM320.12-62

中国版本图书馆CIP数据核字(2018)第272841号

内 容 提 要

本书是一本介绍电动机及控制线路的图书，主要内容包括三相异步电动机及控制线路的安装与检测，三相异步电动机常用控制线路，PLC 控制电动机的常用线路与程序，变频器控制电动机的常用线路，步进电动机及控制线路，伺服电动机、伺服驱动器及控制线路，单相异步电动机及控制线路，直流电动机及控制线路，其他类型电动机及控制线路，常用机床的电气控制线路。

本书具有起点低、由浅入深、语言通俗易懂的特点，并且内容结构安排符合学习认知规律。本书适合作电动机及控制线路的自学图书，也适合作职业学校电类专业的电动机及控制线路教材。

◆ 主　　编　蔡杏山
　　责任编辑　黄汉兵
　　责任印制　彭志环

◆ 人民邮电出版社出版发行　　北京市丰台区成寿寺路 11 号
　　邮编　100164　　电子邮件　315@ptpress.com.cn
　　网址　http://www.ptpress.com.cn
　　固安县铭成印刷有限公司印刷

◆ 开本：787×1092　1/16
　　印张：16　　　　　　　　　2019 年 2 月第 1 版
　　字数：380 千字　　　　　　2023 年 1 月河北第 2 次印刷

定价：59.00 元

读者服务热线：(010)81055493　印装质量热线：(010)81055316
反盗版热线：(010)81055315

前　言

在当今社会，各领域的电气化程度越来越高，这使得电气及相关行业需要越来越多的电工技术人才。要想掌握电工技术并达到较高的层次，可以在培训机构培训，也可以在职业学校系统学习，还可以自学成才，不管是哪种情况，都需要一些合适的学习图书。选择一些好图书，不但可以让学习者轻松迈入电工技术大门，而且能让学习者的技术水平迅速提高，快速成为电工技术领域的行家里手。

为了让更多人能掌握电工技术，我们推出"从电工菜鸟到大侠"丛书，丛书分 6 册，分别为《电工基础自学手册》《电动机及控制线路自学手册》《电工识图自学手册》《家装水电工自学手册》《PLC 自学手册》《变频器、伺服与步进技术自学手册》。

"从电工菜鸟到大侠"丛书主要有以下特点。

基础起点低。 读者只需具有初中文化程度即可阅读本套丛书。

语言通俗易懂。 书中少用专业化的术语，遇到较难理解的内容用形象比喻说明，尽量避免复杂的理论分析和烦琐的公式推导，图书阅读起来感觉十分顺畅。

内容解说详细。 考虑到自学时一般无人指导，因此在编写过程中对书中的知识技能进行详细解说，让读者能轻松理解所学内容。

采用图文并茂的表现方式。 书中大量采用读者喜欢的直观形象的图表方式表现内容，使阅读变得非常轻松，不易产生阅读疲劳。

内容安排符合认识规律。 图书按照循序渐进、由浅入深的原则来确定各章节内容的先后顺序，读者只需从前往后阅读图书，便会水到渠成。

突出显示知识要点。 为了帮助读者掌握书中的知识要点，书中用阴影和文字加粗的方法突出显示知识要点，指示学习重点。

网络免费辅导。 读者在阅读时遇到难理解的问题，可登录易天电学网观看有关辅导材料或向老师提问进行学习，读者也可以在该网站了解本套丛书的新书信息。

本书在编写过程中得到了很多老师的支持，其中蔡玉山、詹春华、何慧、蔡理杰、黄晓玲、蔡春霞、邓艳姣、黄勇、刘凌云、邵永亮、蔡理忠、何彬、刘海峰、蔡理峰、李清荣、万四香、蔡任英、邵永明、蔡理刚、何丽、梁云、吴泽民、蔡华山、王娟等参与了部分章节的编写工作，在此表示一致感谢。由于我们水平有限，书中的错误和疏漏之处在所难免，望广大读者和同仁予以批评指正。

编　者

2018 年 08 月

目 录

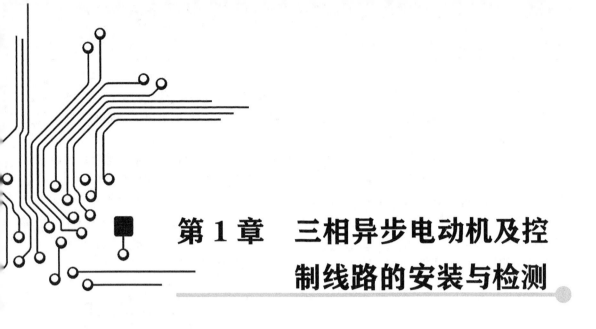

第1章 三相异步电动机及控制线路的安装与检测

1.1 三相异步电动机的工作原理与结构

1.1.1 工作原理

1. 磁铁旋转对导体的作用

下面通过一个实验来说明异步电动机的工作原理。实验如图 1-1（a）所示，在一个马蹄形的磁铁中间放置一个带转轴的闭合线圈，当摇动手柄来旋转磁铁时发现，线圈会跟随着磁铁一起转动。为什么会出现这种现象呢？

（a）　　　　　　　　　　　　　　　（b）

图 1-1　单匝闭合线圈旋转原理

图 1-1（b）是与图 1-1（a）对应的原理简化图。当磁铁旋转时，闭合线圈的上下两段导线会切割磁铁产生的磁场，两段导线都会产生感应电流。由于磁铁沿逆时针方向旋转，假设磁铁不动，那么线圈就被认为沿顺时针方向运动。

线圈产生的电流方向判断：从图 1-1（b）中可以看出，磁场方向由上往下穿过导线，上段导线的运动方向可以看成向右，下段导线则可以看成向左，根据右手定则可以判断出线圈的上段导线的电流方向由外往内，下段导线的电流方向则是由内往外。

线圈运动方向的判断：当磁铁逆时针旋转时，线圈的上、下段导线都会产生电流，载流导体在磁场中会受到力，受力方向可根据左手定则来判断，判断结果可知线圈的上段导线受力方向是往左，下段导线受力方向往右，这样线圈就会沿逆时针方向旋转。

如果将图 1-1 中的单匝闭合导体转子换成图 1-2（a）所示的笼型转子，然后旋转磁铁，结果发现笼型转子也会随磁铁一起转动。图中笼型转子的两端是金属环，金属环中间安插多根金属条，每两根相对应的金属条通过两端的金属环构成一组闭合的线圈，所以笼型转子可以看成是多组闭合线圈的组合。当旋转磁铁时，笼型转子上的金属条会切割磁感线而产生感应电流，有电流通过的金属条受磁场的作用力而运动。根据图 1-2（b）的示意图可分析出，各金属条的受力方向都是逆时针方向，所以笼型转子沿逆时针方向旋转起来。

（a） （b）

图 1-2 笼型转子旋转原理

综上所述，当旋转磁铁时，磁铁产生的磁场也随之旋转，处于磁场中的闭合导体会因此切割磁感线而产生感应电流，而有感应电流通过的导体在磁场中又会受到磁场力，在磁场力的作用下导体就旋转起来。

2. 异步电动机的工作原理

采用旋转磁铁产生旋转磁场让转子运动，并没有实现电能转换成机械能。实践和理论都证明，如果在转子的圆周空间放置互差 120° 的 3 组绕组，如图 1-3 所示，然后将这 3 组绕组按星形或三角形接法接好（图 1-4 是按星形接法接好的 3 组绕组），将 3 组绕组与三相交流电压接好，有三相交流电流流进 3 组绕组，这 3 组绕组会产生类似图 1-2 所示的磁铁产生的旋转磁场，处于此旋转磁场中的转子上的各闭合导体有感应电流产生，磁场对有电流流过的导体产生作用力，推动各导体按一定的方向运动，转子也就运转起来。

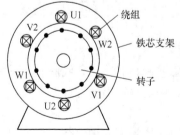

图 1-3 三相电动机互差 120° 的 3 组绕组

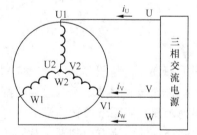

图 1-4 3 组绕组与三相电源进行星形连接

图 1-3 实际上是三相异步电动机的结构示意图。绕组绕在铁芯支架上，由于绕组和铁芯

都固定不动，因此称为定子，定子中间是笼型的转子。转子的运转可以看成是由绕组产生的旋转磁场推动的，旋转磁场有一定的转速。旋转磁场的转速 n（又称同步转速）、三相交流电的频率 f 和磁极对数 p（一对磁极有两个相异的磁极）有以下关系：

$$n = 60f/p$$

例如，一台三相异步电动机定子绕组的交流电压频率 f=50Hz，定子绕组的磁极对数 p=3，那么旋转磁场的转数 n=60×50/3=1000（r/min）。

电动机在运转时，其转子的转向与旋转磁场方向是相同的，转子是由旋转磁场作用转动的，转子的转速要小于旋转磁场的转速，并且要滞后于旋转磁场的转速，也就是说转子与旋转磁场的转速是不同步的。**这种转子转速与旋转磁场转速不同步的电动机称为异步电动机。**

1.1.2　外形与结构

图 1-5 列出了两种三相异步电动机的实物外形。三相异步电动机的结构如图 1-6 所示，从图中可以看出，它主要由外壳、定子、转子等部分组成。

图 1-5　两种三相异步电动机的实物外形

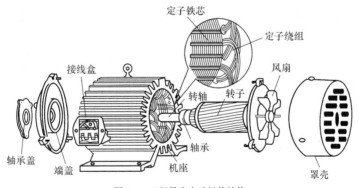

图 1-6　三相异步电动机的结构

三相异步电动机各部分说明如下。

（1）外壳

三相异步电动机的外壳主要由机座、轴承盖、端盖、接线盒、风扇、罩壳等组成。

（2）定子

定子由定子铁芯和定子绕组组成。

① **定子铁芯。** 定子铁芯通常由很多圆环状的硅钢片叠合在一起组成，这些硅钢片中间开有很多小槽用于嵌入定子绕组（也称定子线圈），硅钢片上涂有绝缘层，使叠片之间绝缘。

② **定子绕组**。它通常由涂有绝缘漆的铜线绕制而成，再将绕制好的铜线按一定的规律嵌入定子铁芯的小槽内，具体见图 1-6 局部放大部分。绕组嵌入小槽后，按一定的方法将槽内的绕组连接起来，使整个铁芯内的绕组构成 U、V、W 三相绕组，再将三相绕组的首、末端引出来，接到接线盒的 U1、U2、V1、V2、W1、W2 接线柱上。接线盒如图 1-7 所示，接线盒各接线柱与电动机内部绕组的连接关系如图 1-8 所示。

接线盒内有U1、V1、W1和
W2、U2、V2六个接线端

图 1-7　电动机接线盒内有六个接线端

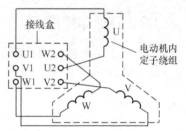

图 1-8　接线盒各接线端与内部绕组的连接关系

（3）转子

转子是电动机的运转部分，它由转子铁芯、转子线组和转轴组成。

① **转子铁芯**。如图 1-9 所示，转子铁芯是由很多外圆开有小槽的硅钢片叠在一起构成的，小槽用来放置转子绕组。

② **转子绕组**。转子绕组嵌在转子铁芯的小槽中，转子绕组可分为笼式转子绕组和线绕式转子绕组。

笼式转子绕组是在转子铁芯的小槽中放入金属导条，再在铁芯两端用导环将各导条连接起来，这样任意一根导条与它对应的导条通过两端的导环就构成一个闭合的绕组，由于这种绕组形似笼子，因此称为笼式转子绕组。笼式转子绕组有铜条转子绕组和铸铝转子绕组两种，如图 1-10 所示。铜条转子绕组是在转子铁芯的小槽中放入铜导条，然后在两端用金属端环将它们焊接起来；而铸铝转子绕组则是用浇铸的方法在铁芯上浇铸出铝导条、端环和风叶。

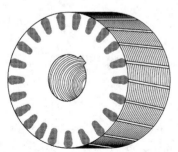

图 1-9　由硅钢片叠成的转子铁芯

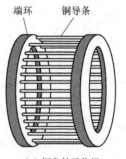

（a）铜条转子绕组

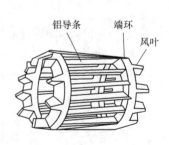

（b）铸铝转子绕组

图 1-10　两种笼式转子绕组

　　线绕式转子绕组的结构如图 1-11 所示。它是在转子铁芯中按一定的规律嵌入用绝缘导线绕制好的绕组，然后将绕组按三角形或星形接法接好，大多数按星形方式接线（如图 1-12 所示）。绕组接好后引出 3 根相线，通过转轴内孔接到转轴的 3 个铜制集电环（又称滑环）上，集电环随转轴一起运转，集电环与固定不动的电刷摩擦接触，而电刷通过导线与变阻器连接，这样转子绕组产生的电流通过集电环、电刷、变阻器构成回路。调节变阻器可以改变转子绕组回路的电阻，以此来改变绕组的电流，从而调节转子的转速。

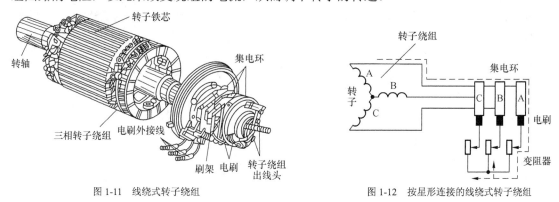

图 1-11　线绕式转子绕组　　　　　　　　图 1-12　按星形连接的线绕式转子绕组

　　③ **转轴**。转轴嵌套在转子铁芯的中心。当定子绕组通三相交流电后会产生旋转磁场，转子绕组受旋转磁场作用而旋转，它通过转子铁芯带动转轴转动，将动力从转轴传递出来。

1.2　三相异步电动机的接线及铭牌含义

　　三相异步电动机的定子绕组由 U、V、W 三相绕组组成，这三相绕组有 6 个接线端，它们与接线盒的 6 个接线柱连接。接线盒如图 1-7 所示。在接线盒上，可以通过将不同的接线柱短接，来将定子绕组接成星形或三角形。

1.2.1　星形接线

　　要将定子绕组接成星形，可按图 1-13（a）所示的方法接线。接线时，用短路线把接线盒中的 W2、U2、V2 接线柱短接起来，这样就将电动机内部的绕组接成了星形，如图 1-13（b）所示。

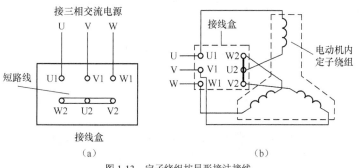

（a）　　　　　　　　　　　　　　　（b）

图 1-13　定子绕组按星形接法接线

1.2.2 三角形接线

要将电动机内部的三相绕组接成三角形,可用短路线将接线盒中的 U1 和 W2、V1 和 U2、W1 和 V2 接线柱按图 1-14 所示接起来,然后从 U1、V1、W1 接线柱分别引出导线,与三相交流电源的 3 根相线连接。如果三相交流电源的相线之间的电压是 380V,那么对于定子绕组按星形连接的电动机,其每相绕组承受的电压为 220V;对于定子绕组按三角形连接的电动机,其每相绕组承受的电压为 380V。所以三角形接法的电动机在工作时,其定子绕组将承受更高的电压。

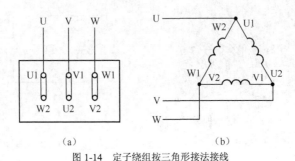

(a)　　　　　　　　　(b)

图 1-14　定子绕组按三角形接法接线

1.2.3 铭牌的识读

三相异步电动机一般会在外壳上安装一个铭牌,铭牌就相当于简单的说明书,它标注了电动机的型号、主要技术参数等信息。下面以图 1-15 所示的铭牌为例来说明铭牌上各项内容的含义。

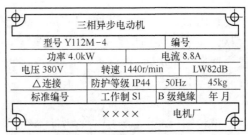

图 1-15　三相异步电动机的铭牌

① 型号(Y112M-4)。型号通常由字母和数字组成,其含义说明如下所示。

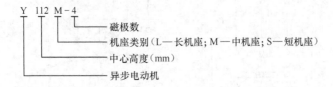

② 额定功率(功率 4.0kW)。该功率是在额定状态工作时电动机所输出的机械功率。

③ 额定电流(电流 8.8A)。该电流是在额定状态工作时流入电动机定子绕组的电流。

④ 额定电压（电压 380V）。该电压是在额定状态工作时加到定子绕组的线电压。

⑤ 额定转速（转速 1440r/min）。该转速是在额定工作状态时电动机转轴的转速。

⑥ 噪声等级（LW82dB）。噪声等级通常用 LW 值表示，LW 值的单位是 dB（分贝），LW 值越小表示电动机运转时噪声越小。

⑦ 连接方式（△连接）。该连接方式是指在额定电压下定子绕组采用的连接方式，连接方式有三角形（△）连接方式和星形（Y）连接方式两种。在电动机工作前，要在接线盒中将定子绕组接成铭牌要求的接法。如果接法错误，轻则电动机工作效率降低，重则损坏电动机。例如：若将要求按星形连接的绕组接成三角形，那么绕组承受的电压会很高，流过的电流会增大而易使绕组烧坏；若将要求按三角形连接的绕组接成星形，那么绕组上的电压会降低，流过绕组的电流减小而使电动机功率下降。一般功率小于或等于 3kW 的电动机，其定子绕组应按星形连接；功率为 4kW 及以上的电动机，定子绕组应采用三角形接法。

⑧ 防护等级（IP44）。表示电动机外壳采用的防护方式。IP11 是开启式，IP22、IP33 是防护式，而 IP44 是封闭式。

⑨ 工作频率（50Hz）。表示电动机所接交流电源的频率。

⑩ 工作制（S1）。它是指电动机的运行方式，一般有 3 种：S1（连续运行）、S2（短时运行）和 S3（断续运行）。连续运行是指电动机在额定条件下（即铭牌要求的条件下）可长时间连续运行；短时运行是指在额定条件下只能在规定的短时间内运行，运行时间通常有 10min、30min、60min 和 90min；断续运行是指在额定条件下运行一段时间再停止一段时间，按一定的周期反复进行，一般一个周期为 10min，负载持续率有 15%、25%、40% 和 60%，如对于负载持续率为 60% 的电动机，要求运行 6min、停止 4min。

⑪ 绝缘等级（B 级）。它是指电动机在正常情况下工作时，绕组绝缘允许的最高温度值，通常分为 7 个等级，具体如下所示。

绝缘等级	Y	A	E	B	F	H	C
极限工作温度（℃）	90	105	120	130	155	180	180 以上

1.3　三相异步电动机的检测与常见故障处理

1.3.1　三相绕组的通断和对称情况的检测

三相异步电动机内部有三相绕组，在使用时按星形接线或三角形接线，可用万用表电阻挡检测绕组的通断和对称情况。

1. 通过外部电源线检测绕组

通过外部电源线检测绕组是指不用打开接线盒，直接通过三根电源线来检测绕组的通断和对称情况。通过外部电源线检测绕组如图 1-16 所示，正常 U、V、W 三根电源线两两间的电阻是相同或相近的。如果内部三相绕组为三角形接法，那么 U、V 电源线之间的电阻实际为 V、W 两相绕组串联再与 U 相绕组并联的总电阻，如图 1-14 所示，只有 U、

V 两相绕组，U、W 两相绕组，或者 U、V、W 三相绕组同时开路，U、V 电源线之间的电阻才为无穷大；如果内部三相绕组为星形接法，那么 U、V 电源线之间的电阻实际为 U、V 两相绕组串联的总电阻，如图 1-13 所示，只要 U、V 任一相绕组开路，U、V 电源线之间的电阻就为无穷大。

2. 通过接线端直接检测绕组

利用测量外部电源线来检测内部绕组的方法操作简单，但结果分析比较麻烦，而使用测量接线端来直接检测绕组的方法则简单直观。

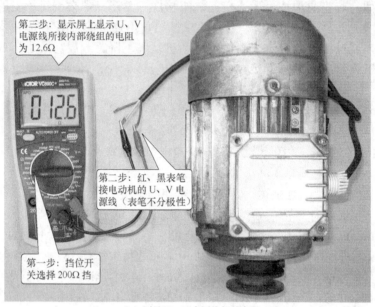

（a）测量 U、V 电源线间的电阻

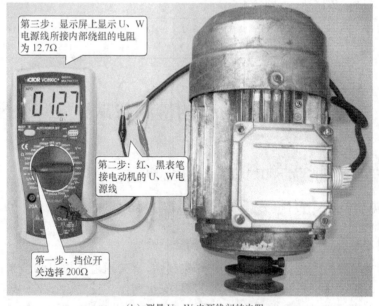

（b）测量 U、W 电源线间的电阻

图 1-16 通过外部电源线检测三相异步电动机的内部绕组

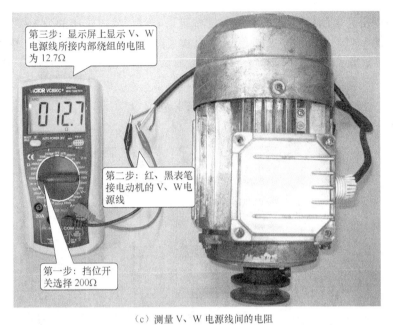

第三步：显示屏上显示 V、W 电源线所接内部绕组的电阻为 12.7Ω

第二步：红、黑表笔接电动机的 V、W 电源线

第一步：挡位开关选择 200Ω

（c）测量 V、W 电源间的电阻

图 1-16　通过外部电源线检测三相异步电动机的内部绕组（续）

（1）拆卸接线盒

在使用测量接线端来直接检测绕组的方法时，先要拆开电动机的接线盒保护盖，如图 1-17 所示，再将电源线和各接线端之间的短路片及紧固螺丝拆下，如图 1-18 所示。

将接线盒的保护盖拆下，接线盒内有 U_1、V_1、W_1 和 W_2、U_2、V_2 六个接线端，用短路片将这些接线端按 U_1-W_2、V_1-U_2、W_1-V_2 短接，即按三角形接法将内部三相绕组连接起来，外部 U、V、W 三根电源线分别接到 U_1、V_1、W_1 接线端

图 1-17　拆下电动机接线盒上的保护盖

（2）测量接线端来直接检测绕组

用万用表测量接线端来直接检测绕组的操作如图 1-19 所示，图中红、黑表笔接的为 U_2、

U₁接线端，故测得为电动机内部 U 相绕组的电阻，若红、黑表笔接的为 V_2、V_1 接线端，测得为 V 相绕组的电阻，红、黑表笔接的为 W_2、W_1 接线端时测得为 V 相绕组的电阻，正常三相绕组的电阻应相等（略有差距也算正常）。

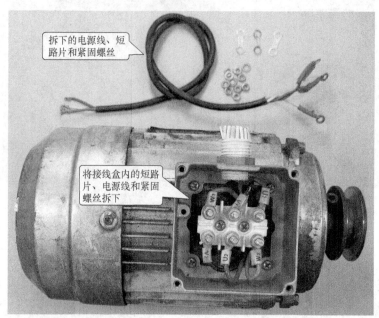

图 1-18　拆下接线盒内的电源线、短路片和紧固螺丝

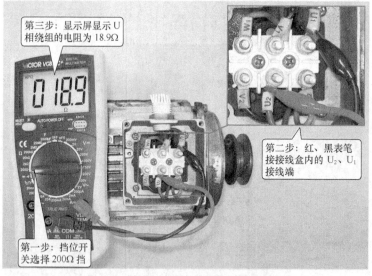

图 1-19　用万用表测量接线端来直接检测绕组

1.3.2　绕组间绝缘电阻的检测

1. 用万用表检测绕组间的绝缘电阻

电动机三相绕组之间是相互绝缘的，如果绕组间绝缘性能下降导致漏电，轻则电动机运转异常，重则绕组烧坏。电动机绕组间的绝缘电阻可使用万用表电阻挡检测，如图 1-20 所示，

图中为检测 W、V 相绕组间的绝缘电阻，正常两绕组间的绝缘电阻应大于 0.5MΩ，万用表显示"OL（超出量程）"表示两绕组间的电阻大于 20MΩ，绝缘良好。

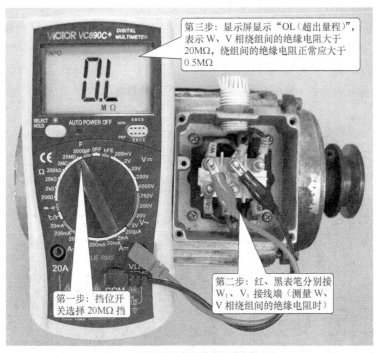

图 1-20　用万用表检测绕组间的绝缘电阻

2. 用兆欧表检测绕组间的绝缘电阻

在用万用表检测电动机绕组间的绝缘电阻时，由于测量时提供的测量电压很低（只有几伏），只能反映低压时的绝缘情况，无法反映绕组加高电压时的绝缘情况，要检测绕组加高压时的绝缘情况可使用兆欧表。

测量电动机绕组间的绝缘电阻使用兆欧表（测量电压 500V），使用兆欧表检测电动机绕组间的绝缘电阻如图 1-21 所示。在测量时，拆掉接线端的电源线和接线端之间的短路片，将兆欧表的 L 测量线接某相绕组的接线端，E 测量线接另一相绕组的一个接线端，然后摇动兆欧表的手柄进行测量，L、E 测量线之间输出 500V 的高压加至两绕组上，绕组间的绝缘电阻越大，流回兆欧表的电流越小，兆欧表指示电阻值越大，正常绝缘电阻大于 1MΩ 为合格，最低限度不能低于 0.5MΩ。再用同样方法测量其他绕组间的绝缘电阻，若绕组对地绝缘电阻不合格，应烘干后重新测量，达到合格才能使用。

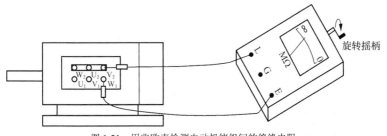

图 1-21　用兆欧表检测电动机绕组间的绝缘电阻

1.3.3 绕组与外壳之间的绝缘电阻的检测

1. 用万用表检测绕组与外壳之间的绝缘电阻

电动机三相绕组与外壳之间都是绝缘的，如果任一绕组与外壳之间的绝缘电阻下降，会使外壳带电，人接触外壳时易发生触电事故。用万用表检测绕组与地之间的绝缘电阻如图 1-22 所示，图中为检测 W 相绕组与外壳间的绝缘电阻，正常绕组与外壳间的绝缘电阻应大于 0.5MΩ，万用表显示"OL（超出量程）"表示两绕组间的电阻大于 20MΩ，绝缘良好。

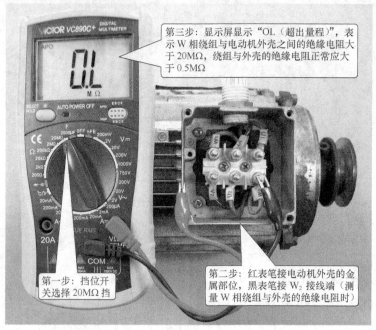

第三步：显示屏显示"OL（超出量程）"，表示 W 相绕组与电动机外壳之间的绝缘电阻大于 20MΩ，绕组与外壳的绝缘电阻正常应大于 0.5MΩ

第一步：挡位开关选择 20MΩ 挡

第二步：红表笔接电动机外壳的金属部位，黑表笔接 W₂ 接线端（测量 W 相绕组与外壳的绝缘电阻时）

图 1-22　用万用表检测绕组与外壳间的绝缘电阻

2. 用兆欧表检测绕组与外壳间的绝缘电阻

用兆欧表检测电动机绕组与外壳间的绝缘电阻使用兆欧表（测量电压 500V），测量如图 1-23 所示。在测量时，先拆掉接线端的电源线，接线端间的短路片保持连接，将兆欧表的 L 测量线接任一接线端，E 测量线接电动机的外壳金属部位，然后摇动兆欧表的手柄进行测量，对于新电动机，绝缘电阻大于 1MΩ 为合格，对于运行过的电动机，绝缘电阻大于 0.5MΩ 为合格。若绕组与外壳间绝缘电阻不合格，应烘干后重新测量，达到合格才能使用。

图 1-23 中三个绕组用短路片连接起来，当测得绝缘电阻不合格时，可能仅是某相绕组与外壳绝缘电阻不合格，要准确找出该相绕组则需要拆下短路片，进行逐相检测。

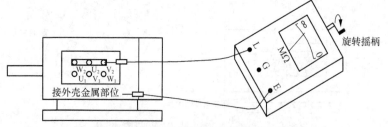

接外壳金属部位

旋转摇柄

图 1-23　用兆欧表检测绕组与外壳间的绝缘电阻

1.3.4　判别三相绕组的首尾端

电动机在使用过程中，可能会出现接线盒的接线板损坏，从而导致无法区分 6 个接线端与内部绕组的连接关系，采用一些方法可以解决这个问题。

1. 判别各相绕组的两个端子

电动机内部有三相绕组，每相绕组有两个接线端，判别各相绕组的接线端可使用万用表电阻挡。将万用表置于 R×10Ω 挡，测量电动机接线盒中的任意两个端子的电阻，如果阻值很小，如图 1-24 所示，表明当前所测的两个端子为某相绕组的端子，再用同样的方法找出其他两相绕组的端子，由于各相绕组结构相同，故可将其中某一组端子标记为 U 相，其他两组端子则分别标记为 V、W 相。

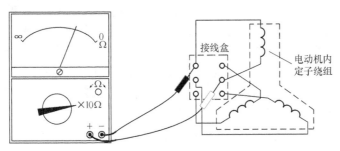

图 1-24　判别各相绕组的两个端子

2. 判别各绕组的首尾端

电动机可不用区分 U、V、W 相，但各相绕组的首尾端必须区分出来。判别绕组首尾端常用方法有直流法和交流法。

（1）直流法

在使用直流法区分各绕组首尾端时，必须已判明各绕组的两个端子。

直流法判别绕组首尾端如图 1-25 所示，将万用表置于最小的直流电流挡（图示为 0.05mA 挡），红、黑表笔分别接一相绕组的两个端子，然后给其他一相绕组的两端子接电池和开关，合上开关，在开关闭合的瞬间，如果表针往右方摆动，表明电池正极所接端子与红表笔所接端子为同名端（电池负极所接端子与黑表笔所接端子也为同名端），如果表针往左方摆动，表明电池负极所接端子与红表笔所接端子为同名端，图中表针往右摆动，表明 W_a 端与 U_a 端为同名端，再断开关，将两表笔接剩下的一相绕组的两个端子，用同样的方法判别该相绕组端子。找出各相绕组的同名端后，将性质相同的三个同名端作为各绕组的首端，余下的三个端子则为各绕组的尾端。由于电动机绕组的阻值较小，开关闭合时间不要过长，以免电池很快耗尽或烧坏。

直流法判断同名端的原理是：当闭合开关的瞬间，W 绕组因突然有电流通过而产生电动势，电动势极性为 W_a 正、W_b 负，由于其它两相绕组与 W 相绕组相距很近，W 相绕组上的电动势会感应到这两相绕组上，如果 U_a 端与 W_a 端为同名端，则 U_a 端的极性也为正，U 相绕组与万用表接成回路，U 相绕组的感应电动势产生的电流从红表笔流入万用表，表针会往右摆动，开关闭合一段时间后，流入 W 相绕组的电流基本稳定，W 相绕组无电动势产生，其他两相绕组也无感应电动势，万用表表针会停在 0 刻度处不动。

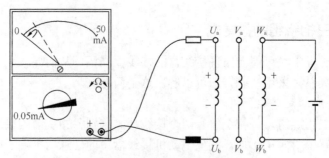

图 1-25　直流法判别绕组首尾端

（2）交流法

在使用交流法区分各绕组首尾端时，也要求已判明各绕组的两个端子。

交流法判别绕组首尾端如图 1-26 所示，先将两相绕组的两个端子连接起来，万用表置于交流电压挡（图示为交流 50V 挡），红、黑表笔分别接此两相绕组的另两个端子，然后给余下的一相绕组接灯泡和 220V 交流电源，如果表针有电压指示，表明红、黑表笔接的两个端子为异名端（两个连接起来的端子也为异名端），如果表针提示的电压值为 0，表明红、黑表笔接的两个端子为同名端（两个连接起来的端子也为同名端），再更换绕组做上述测试，如图 1-26（b）所示，图中万用表指示电压值为 0，表明 U_b、W_a 为同名端（U_a、W_b 为同名端）。找出各相绕组的同名端后，将性质相同的三个同名端作为各绕组的首端，余下的三个端子则为各绕组的尾端。

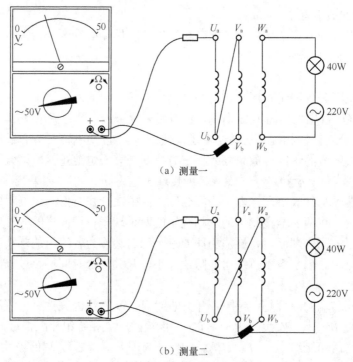

（a）测量一

（b）测量二

图 1-26　交流法判别绕组首尾端

交流法判断同名端的原理是：当 220V 交流电压经灯泡降压加到一相绕组时，另外两相绕组会感应出电压，如果这两相绕组是同名端与异名端连接起来的，则两相绕组上的电压叠加而增大一倍，万用表会有电压指示，如果这两相绕组是同名端与同名端连接，两相绕组上的电压叠加会相互抵消，万用表测得的电压为0。

1.3.5　判断电动机的磁极对数和转速

对于三相异步电动机，其转速 n、磁极对数 p 和电源频率 f 之间的关系近似为 $n = 60f/p$（也可用 $p = 60f/n$ 或 $f = pn/60$ 表示）。电动机铭牌一般不标注磁极对数 p，但会标注转速 n 和电源频率 f，根据 $p = 60f/n$ 可求出磁极对数。例如，电动机的转速为1440r/min，电源频率为50Hz，那么该电动机的磁极对数 $p = 60f/n = 60 \times 50/1440 \approx 2$。

如果电动机的铭牌脱落或磨损，无法了解电动机的转速，也可使用万用表来判断。在判断时，万用表选择直流 50mA 以下的挡位，红、黑表笔接一个绕组的两个接线端，如图1-27所示，然后匀速旋转电动机转轴一周，同时观察表针摆动的次数，表针摆动一次表示电动机有一对磁极，即表针摆动的次数与磁极对数是相同的，再根据 $n = 60f/p$ 即可求出电动机的转速。

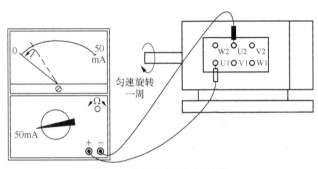

图1-27　判断电动机的磁极对数

1.3.6　三相异步电动机常见故障及处理

三相异步电动机的常见故障及处理方法见表1-1。

表 1-1　　　　　　　　　　　三相异步电动机的常见故障及处理方法

故障现象	故障原因	处理方法
不能启动	（1）电源未接通 （2）被带动的机械（负载）卡住 （3）定子绕组断路 （4）轴承损坏，被卡 （5）控制设备接线错误	（1）检查断线点或接头松动点，重新安装 （2）检查机器，排除障碍物 （3）用万用表检断路点，修复后再使用 （4）检查轴承，更换新件 （5）详细核对控制设备接线图，加以纠正
运转声音不正常	（1）电动机缺相运行 （2）电动机地脚螺丝松动 （3）电动机转子，定子摩擦，气隙不均匀 （4）风扇、风罩或端盖间有杂物 （5）电动机上部分紧固件松脱 （6）皮带松弛或损坏	（1）检查断线处或接头松脱点，重新安装 （2）检查电动机地脚螺丝，重新调整、填平后再拧紧螺丝 （3）更换新轴承或校正转子与定子间的中心线 （4）拆开电动机，清除杂物 （5）检查紧固件，拧紧松动的紧固件（螺丝、螺栓） （6）调节皮带松弛度，更换损坏的皮带
温升超过允许值	（1）过载 （2）被带动的机械（负载）卡住或皮带太紧 （3）定子绕组短路	（1）减轻负载 （2）停电检查、排除障碍物，调整皮带松紧度 （3）检修定子绕组或更换新电动机

续表

故障现象	故障原因	处理方法
运行中轴承发烫	(1) 皮带太紧 (2) 轴承腔内缺润滑油 (3) 轴承中有杂物 (4) 轴承装配过紧（轴承腔小，转轴大）	(1) 调整皮带松紧度 (2) 拆下轴承盖，加润滑油至 2/3 轴承腔 (3) 清洗轴承，更换新润滑油 (4) 更换新件或重新加工轴承腔
运行中有噪音	(1) 保险丝一相熔断 (2) 转子与定子摩擦 (3) 定子绕组短路、断线	(1) 找出保险丝熔断的原因，换上新的同等容量的保险丝 (2) 矫正转子中心，必要时调整轴承 (3) 检修绕组
运行中震动过大	(1) 基础不牢、地脚螺丝松动 (2) 所带的机具中心不一致 (3) 电动机的线圈短路或转子断条	(1) 重新加固基础，拧紧松动的地脚螺丝 (2) 重新调整电动机的位置 (3) 拆下电动机，进行修理
在运行中冒烟	(1) 定子线圈短路 (2) 传动皮带太紧	(1) 检修定子线圈 (2) 减轻传动皮带的过度张力

1.4　三相异步电动机的控制线路安装与检测

三相异步电动机的控制线路很多，只要学会一种控制线路的安装过程和检测方法，安装其他的控制线路就很容易，下面以点动控制线路的安装为例说明。

1.4.1　画出待安装线路的电路原理图

在安装控制线路前，应画出控制线路的电路原理图，并了解其工作原理。

点动控制线路如图 1-28 所示。该线路由主电路和控制电路两部分构成，其中主电路由电源开关 QS、熔断器 FU1 和交流接触器的 3 个 KM 主触点和电动机组成，控制电路由熔断器 FU2、按钮开关 SB 和接触器 KM 线圈组成。

当合上电源开关 QS 时，由于接触器 KM 的 3 个主触点处于断开状态，电源无法给电动机供电，电动机不工作。若按下按钮开关 SB，L1、L2 两相电压加到接触器 KM 线圈两端，有电流流过 KM 线圈，线圈产生磁场吸合接触器 KM 的 3 个主触点，使 3 个主触点闭合，三相交流电源 L1、L2、L3 通过 QS、FU1 和接触器 KM 的 3 个主触点给电动机供电，电动机运转。此时，若松开按钮开关 SB，无电流通过接触器线圈，线圈无法吸合主触点，3 个主触点断开，电动机停止运转。

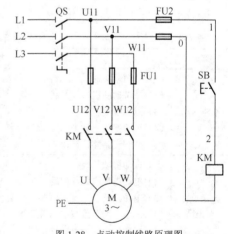

图 1-28　点动控制线路原理图

电路的工作过程有下面几个流程。

① 合上电源开关 QS。

② 启动过程。按下按钮 SB→接触器 KM 线圈得电→KM 主触点闭合→电动机 M 通电运转。

③ 停止过程。松开按钮 SB→接触器 KM 线圈失电→KM 主触点断开→电动机断电停转。

④ 停止使用时，应断开电源开关 QS。

在该线路中，按下按钮开关时，电动机运转；松开按钮时，电动机停止运转。所以称这种线路为点动式控制线路。

1.4.2　列出器材清单并选配器材

根据控制线路和电动机的规格列出器材清单，器材清单见表 1-2，并根据清单选配好这些器材。

表 1-2　　　　　　　　　　　点动控制线路的安装器材清单

符号	名称	型号	规格	数量
M	三相笼型异步电动机	Y112M—4	4kW、380V、△接法、8.8A、1440r/min	1
QF	断路器	DZ5—20/330	三极复式脱扣器、380V、20A	1
FU1	螺旋式熔断器	RL1—60/25	500V、60A、配熔体额定电流25A	3
FU2	螺旋式熔断器	RL1—15/2	500V、15A、配熔体额定电流2A	2
KM	交流接触器	CJT1—20	20A、线圈电压380V	1
SB	按钮	LA4—3H	保护式、按钮数3（代用）	1
XT	端子板	TD—1515	15A、15 节、660V	1
	配电板		500mm×400mm×20mm	1
	主电路导线		BV1.5mm² 和 BVR1.5mm²（黑色）	若干
	控制电路导线		BV1mm²（红色）	若干
	按钮导线		BVR0.75mm²（红色）	若干
	接地导线		BVR1.5mm²（黄绿双色）	若干
	紧固体和编码套管			若干

1.4.3　在配电板上安装元件和导线

在配电板上先安装元件，然后按原理图所示的元件连接关系用导线将这些元件连接起来。

1. 安装元件

在安装元件前，先要在配电板（或配电箱）上规划好各元件的安装位置，再安装元件。元件在配电板上的安装位置如图 1-29 所示。

安装元件的工艺要求如下。

① 断路器、熔断器的入电端子应安装在控制板的外侧。

② 元件的安装位置应整齐，间距合理，这样有利于元件的更换。

③ 在紧固元件时，用力要均匀，紧固程度适当。在紧固熔断器、接触器等易碎裂元件时，应用手按住元件一边轻轻摇动，一边用螺丝刀轮换旋紧对角线上的螺钉，直到手摇不动后再适当旋紧些即可。

2. 布线

在配电板上安装好各元件后，再根据原理图所示

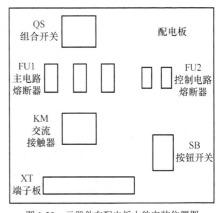

图 1-29　元器件在配电板上的安装位置图

的各元件连接关系用导线将这些元件连接起来。配电板上各元件的接线如图 1-30 所示。

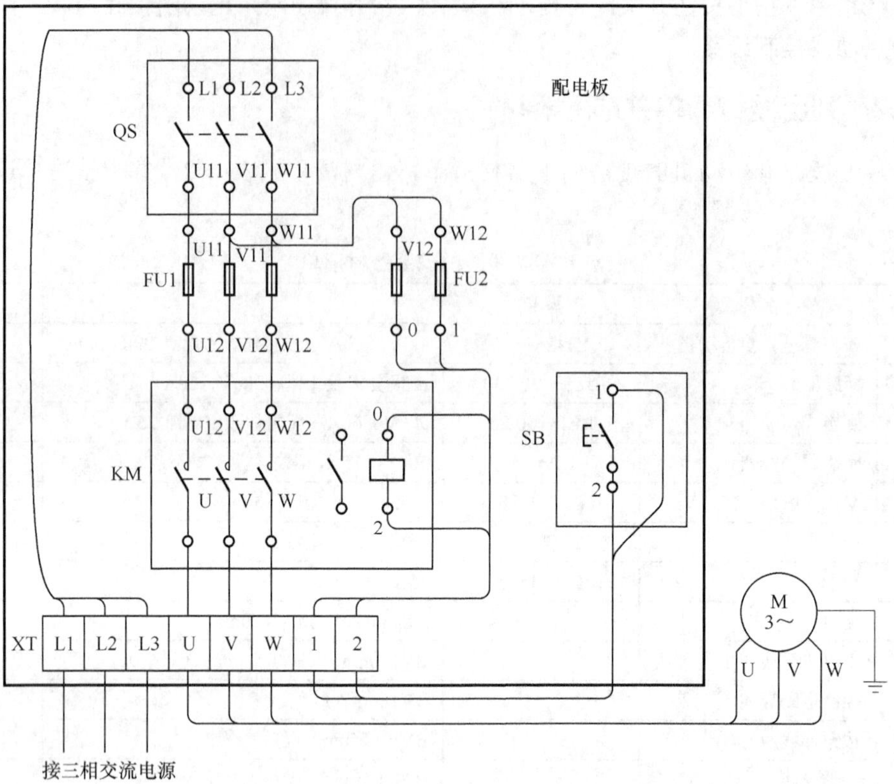

图 1-30　元器件在配电板上的接线图

安装导线的工艺要求如下。

① 布线通道应尽可能少，同路并行导线按主、控电路分类集中，单层密排，紧贴安装面布线。

② 同一平面的导线应高低一致或前后一致，不要交叉，一定要交叉时，交叉导线应在接线端子引出时就水平架空跨越，且必须走线合理。

③ 在布线时，导线应横平竖直，分布均匀，变换走向时应尽量垂直转向。

④ 在布线时，严禁损伤线芯和导线绝缘层。

⑤ 布线一般以接触器为中心，由里向外，由低至高，先控制电路、后主电路顺序进行，以不妨碍后续布线为原则。

⑥ 为了区分导线的功能，可在每根剥去绝缘层的导线两端套上编码套管，两个接线端子之间的导线必须连续，中间无接头。

⑦ 导线与接线端子连接时，不得压绝缘层、不露铜过长。

⑧ 同一元件、同一回路的不同接点的导线间距离应保持一致。

⑨ 一个元件的接线端子上的连接导线尽量不要多于两根。

1.4.4　检查线路

为了避免接线错误造成不必要的损失，在通电试车前需要对安装的控制线路进行检查。

1. 直观检查

对照电路原理图，从电源端开始逐段检查接线及接线端子处连接是否正确，有无漏接、错接，检查导线接点是否符合要求，压接是否牢固，以免接负载运行时因接触不良而产生闪弧。

2. 用万用表检查

（1）主电路的检查

在检查主电路时，应断开断路器 QS，并断开（取下）控制电路的熔断器 FU2，然后万用表拨至 R×10Ω 挡，测量熔断器上端子 U11-V11 之间的电阻，正常阻值应为无穷大，如图 1-31 所示，再用同样的方法测量端子 U11-W11、V11-W11 的电阻，正常阻值也应为无穷大，如果某两相之间的阻值很小或为 0，说明该两相之间的接线有短路点，应认真检查找出短路点。

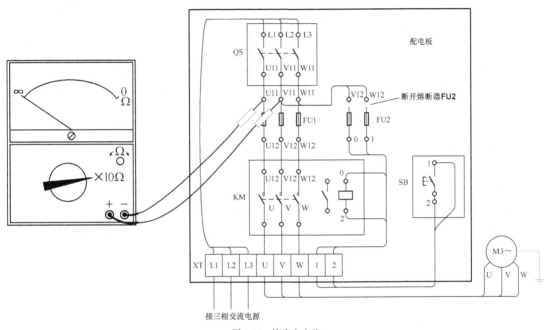

图 1-31　检查主电路

按压接触器 KM 的联动架，人为让内部触点动作（主触点会闭合），用万用表测量熔断器上端子 U11-V11 之间的电阻，正常应有一定的阻值，该阻值为电动机 U、V 相绕组的串联值，如果阻值无穷大，应检查两相之间的各段接线，具体检查时万用表一根表笔接 U11 端子，另一根表笔依次接熔断器的下 U12 端子、接触器 KM 的上 U12 端子、下 U 端子、端子板的 U 端，正常测得阻值都应为 0，若阻值为无穷大，则上方的元件或导线开路，再将表笔接端子板的 V 端，正常应用一定的阻值（U、V 绕组的串联值），若阻值无穷大，可能是电动机接线盒错误或 U、V 相绕组开路，如果测到端子板的 V 端时均正常，继继将表笔依次接接触器 KM 的下 V 端子、上 V12 端子、熔断器 FU1 的下 V12 端子、上 V11 端子，找出开路的元件或导线。再用同样的方法测量熔断器上端子 U11-W11、V11-W11 的电阻，若阻值不正常，用前述方法检查两相之间的元件和导线。

（2）控制电路（辅助电路）的检查

在取下熔断器 FU2 的情况下，用万用表测量 FU2 下端子 0-1 之间的电阻，正常阻值应为无穷大，按下按钮 SB 后测得的阻值应变小，此时的阻值为接触器 KM 线圈的直流电阻，如果测得的阻值始终都是无穷大，可将一根表笔接熔断器 FU2 的下 0 端子，另一根表笔依次接 KM 线圈上 0 端子、下 2 端子→端子板的端子 2→按钮 SB（保持按下）的端子 2、端子 1→端子板的端子 1→熔断器 FU2 的下 1 端子，找出开路的元件或导线。

1.4.5　通电试车

如果直观检查和万用表检查均正常，可以进行通电试车。通电试车分为空载试车和带载试车。

（1）空载试车

空载试车是指不带电动机来测试控制线路。将端子板上的三根连接电动机的导线拆下，然后合上断路器 QS，为主、辅电路接通电源，按下按钮 SB，接触器应发出触点吸合的声音，松开 SB，触点应释放，重复操作多次以确定电路的可靠性。

（2）带载试车

带载试车是指带电动机来测试控制线路。将电动机的三根连接导线接到端子板的 U、V、W 端子上，然后合上断路器 QS，为主、辅电路接通电源，按下按钮 SB，电动机应通电运行，松开 SB，电动机断电停止运行。

1.4.6　注意事项

在安装电动机控制线路时，应注意以下事项。

① 不要触摸带电部件，正确的操作程序是：先接线后通电，先接电路部分后接电源部分；先接主电路，后接控制电路，再接其他电路；先断电源后拆线。

② 在接线时，必须先接负载端，后接电源端；先接接地端，后接三相电源相线。

③ 如果发现异常现象（如发响、发热、焦臭），应立即切断电源，保持现场，以便确定故障。

④ 电动机必须安放平稳，电动机金属外壳必须可靠接地，连接电动机的导线必须穿在导线管道内加以保护，或采取坚韧的四芯橡皮护套线进行临时通电校验。

⑤ 电源进线应接在螺旋式熔断器底座中心端上，出线应接在螺纹外壳上。

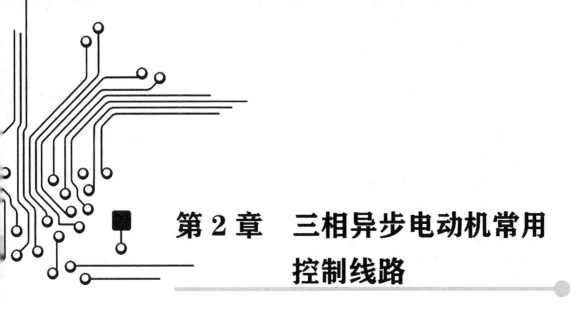

第2章 三相异步电动机常用控制线路

2.1 正转控制线路

2.1.1 简单的正转控制线路

正转控制线路是电动机最基本的控制电路,控制线路除了要为电动机提供电源外,还要对电动机进行启动/停止控制,另外在电动机过载时还能进行保护。对于一些要求不高的小容量电动机,可采用图 2-1 所示简单的电动机正转控制电路,图 2-1(a)为线路图,图 2-1(b)为实物连接图。

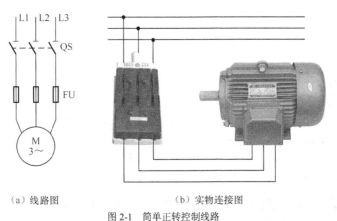

(a)线路图   (b)实物连接图

图 2-1 简单正转控制线路

电动机的三根相线通过闸刀开关内部的熔断器 FU 和触头连接到三相交流电,当合上闸刀开关 QS 时,三相交流电通过触头、熔断器送给三相电动机,电动机运转;当断开 QS 时,切断电动机供电,电动机停转。如果流过电动机的电流过大,熔断器 FU 因大电流流过而熔断，切断电动机供电，电动机得到了保护。为了安全起见，图中的闸刀开关可安装在配电箱内或绝缘板上。

这种控制电路简单、元件少，适合容量小且启动不频繁的电动机正转控制，图中的闸刀开关还可以用铁壳开关（封闭式负荷开关）、组合开关或低压断路器来代替。

2.1.2 自锁正转控制线路

点动正转控制线路适用于电动机短时间运行控制，如果用作长时间运行控制极为不便（需一直按住按钮不放）。电动机长时间连续运行常采用图 2-2 所示的自锁正转控制线路，从图中可以看出，该电路是在点动正转电路的控制电路中多串接一个常闭停止按钮 SB2，并在启动按钮 SB1 两端并联一个常开辅助触头 KM（又称自锁触头）。

自锁正转控制电路除了有长时间运行锁定功能外，还能实现欠压和失压保护功能。

1. 工作原理

电路工作原理如下。

① 合上电源开关 QS。

② 启动过程。按下常开启动按钮 SB1→L1、L2 两相电压通过 QS、FU2、SB2、SB1 加到接触器线圈 KM 两端→线圈 KM 得电吸合主触头 KM 和常开辅助触头 KM→L1、L2、L3 三相电压通过 QS、FU1 和闭合的主触头 KM 提供给电动机→电动机 M 得电运转。

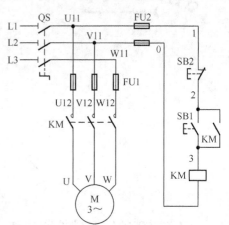

图 2-2 自锁正转控制线路

③ 运行自锁过程。松开启动按钮 SB1→线圈 KM 依靠启动时已闭合的常开辅助触头 KM 供电→主触头 KM 仍保持闭合→电动机 M 继续运转。

④ 停转控制。按下常闭停止按钮 SB2→线圈 KM 失电→主触头 KM 和常开辅助触头均断开→电动机 M 失电停转。

⑤ 断开电源开关 QS。

2. 欠压保护

欠压保护是指当电源电压偏低（一般低于 85%）时切断电动机的供电，让电动机停止运转。欠压保护过程分析如下：

电源电压偏低→L1、L2 两相间的电压偏低→接触器线圈 KM 两端电压偏低，产生的吸合力小，不足于继续吸合主触头 KM 和辅助触头 KM→主、辅触头断开→电动机供电被切断而停转。

3. 失压保护

失压保护是指当电源电压消失时切断电动机的供电途径，并保证在重新供电时无法自行启动。失压保护过程分析如下：

电源电压消失→L1、L2 两相间的电压消失→线圈 KM 失电→主、辅触头断开→电动机供电被切断。在重新供电后，由于主、辅触头已断开，并且常开启动按钮 SB1 也处于断开状态，故线路不会自动为电动机供电。

2.1.3　带过载保护的自锁正转控制线路

普通的自锁控制线路可以实现启动自锁和欠压、失压保护，但在电动机长时间过载运行时无法执行保护控制。当电动机过载运行时流过的电流偏大，长时间运行会使绕组温度升高，轻则绕组绝缘性能下降，重则烧坏。虽然在主电路中串有熔断器，但由于电动机启动时电流很大，为避免启动时熔断器被烧坏，熔断器的额定电流值选择较大，约为电动机额定电流的1.5～2.5 倍，熔断器只能在电动机短路时熔断保护，在电动机过载时无法熔断保护，因为过载电流一般小于熔断器额定电流。

带过载保护的自锁正转控制线路在普通的自锁控制线路基础上增加了过载保护元件，其电路如图 2-3 所示。

从图 2-3 可以看出，电路中增加了一个热继电器FR，其发热元件串接在主电路中，常闭触头串接在控制电路中。当电动机过载运行时，流过热继电器的发热元件的电流偏大，发热元件（通常为双金属片）因发热而弯曲，通过传动机构将常闭触头断开，控制电路被切断，接触器线圈 KM 失电，主电路中的接触器主触头 KM 断开，电动机供电被切断而停转。

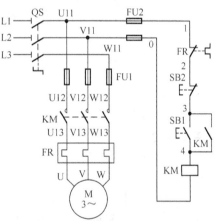

图 2-3　带过载保护的自锁正转控制线路

热继电器只能执行过载保护，不能执行短路保护，这是因为短路时电流虽然很大，但热继电器发热元件弯曲需要一定的时间，等到它动作时电动机和供电线路可能已被过大的短路电流烧坏。另外，当电路过载保护后，如果排除过载因素后，需要等待一定的时间让发热元件冷却复位，再重新启动电动机工作。

2.1.4　连续与点动混合控制线路

连续与点动混合控制线路是一种既能进行点动控制，又可以实现连续运行控制的电动机控制线路。实现连续与点动混合控制方式很多，这里介绍两种常用的连续与点动混合控制线路。

1. 连续与点动混合控制线路一

图 2-4 是一种连续与点动混合控制线路。

从图 2-4 可以看出，该电路是在带过载保护的自锁正转控制电路的自锁电路中串接一个手动开关 SA。电路工作在点动方式还是连续方式，由手动开关 SA 来决定。

当手动开关 SA 断开时，电路工作在点动控制方式。工作过程分析如下。

按下启动按钮 SB1→接触器线圈 KM 得电→主触头 KM 闭合→电动机得电运转；松开按钮 SB1→线圈 KM 失电→主触头 KM 断开→电动机失电停止运转。

当手动开关 SA 闭合时，电路工作在连续控制方式。工作过程分析如下。

按下启动按钮 SB1→接触器线圈 KM 得电→主触头、常开辅助触头 KM 均闭合→电动机得电运转；松开按钮 SB1→线圈 KM 依靠已闭合的 SA 和常开辅助触头 KM 供电→主触头 KM 仍保持闭合→电动机继续运转；按下常闭停止按钮 SB2→线圈 KM 失电→主触头、常开辅助触头 KM 均断开→电动机失电停止运转。

2. 连续与点动混合控制线路二

图 2-5 是另一种形式的连续与点动混合控制线路。

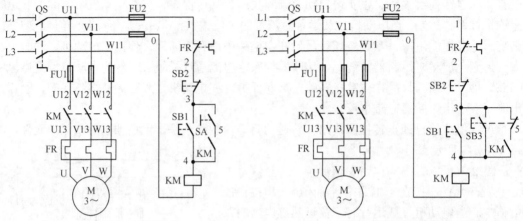

图 2-4　连续与点动混合控制线路一　　　　图 2-5　连续与点动混合控制线路二

从图 2-5 可以看出，该电路是在带过载保护的自锁正转控制电路的中增加了一个复合按钮开关 SB3。电路工作在点动方式还是连续方式，由复合按钮 SB3 来决定。

（1）**未操作 SB3 时**，电路工作在连续控制方式。工作过程分析如下。

按下启动按钮 SB1→接触器线圈 KM 得电→主触头、常开辅助触头 KM 均闭合→电动机得电运转；松开按钮 SB1→线圈 KM 依靠 SB3 常闭触头和已闭合的常开辅助触头 KM 供电→主触头 KM 仍保持闭合→电动机继续运转。

（2）**操作 SB3 时**，电路工作在点动控制方式。工作过程分析如下：

按下按钮 SB3→SB3 的常开触头闭合、常闭触头断开→接触器线圈 KM 得电→主触头、常开辅助触头 KM 均闭合→电动机得电运转；松开按钮 SB3→SB3 的常开触头断开、常闭触头闭合→接触器线圈 KM 因 SB3 的常开触头断开而失电→主触头、常开辅助触头 KM 均断电→电动机停止运转。

2.2　正、反转控制线路

正转控制线路只能控制电动机单方向运转，而正、反转控制电路可以实现电动机正、反向运转控制。实现正、反转控制的方式很多，这里介绍四种常见的控制线路。

2.2.1　倒顺开关正、反转控制线路

倒顺开关正、反转控制线路采用倒顺开关对电动机进行正、反转控制。

1. 倒顺开关

倒顺开关如图 2-6 所示。

从图 2-6 可以看出，倒顺开关有"顺、停、倒"三个挡位，开关旋至"顺"挡时控制电动机正转，开关旋至"停"挡时控制电动机停转，开关旋至"倒"挡时控制电动机反转。当倒顺开关处于"顺"位置时电动机正转，如果要控制电动机反转，应先将开关旋至"停"挡

并停留一定的时间，让电动机停转，再将开关旋至"倒"挡，让电动机反转，如果旋至"停"挡不停留，直接旋至"倒"挡，未停转的电动机会因突发反向电流而容易损坏。

2. 倒顺开关正、反转控制线路

倒顺开关正、反转控制线路如图 2-7 所示。

图 2-6　倒顺开关

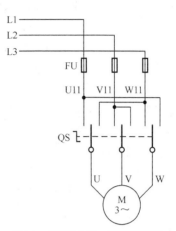

图 2-7　倒顺开关正、反转控制线路

在图 2-7 中，倒顺开关 QS 处于"停"挡，电动机无供电而停转。当 QS 旋至"顺"挡时，三个动触头与对应的左静触头接触，L1、L2、L3 三相电压分别送到电动机的 U、V、W 相线，电动机正转。当 QS 旋至"倒"挡时，三个动触头与对应的右静触头接触，L1、L2、L3 三相电压分别送到电动机的 W、V、U 相线，电动机 U、W 两相电压切换，电动机反转。

利用倒顺开关组成的正、反向控制电路采用的元件少、线路简单，但由于倒顺开关直接接在主电路中，操作不安全，也不适合用作大容量的电动机控制，一般用在额定电流 10A、功率 3kW 以下的小容量电动机控制线路中。

2.2.2　接触器联锁正、反转控制线路

接触器联锁正、反转控制线路的主电路中连接了两个接触器，正、反转操作元件放置在控制电路中，故工作安全可靠。接触器联锁正、反转控制线路如图 2-8 所示。

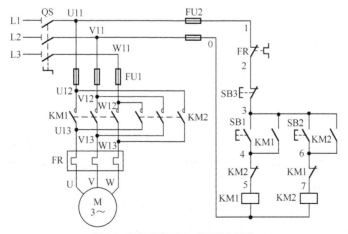

图 2-8　接触器联锁正、反转控制线路

在图 2-8 中，主电路中连接了接触器 KM1 和接触器 KM2，两个接触器主触头连接方式不同，KM1 按 L1-U、L2-V、L3-W 方式连接，KM2 按 L1-W、L2-V、L3-U 方式连接。

在工作时，接触器 KM1、KM2 的主触头严禁同时闭合，否则会造成 L1、L3 两相电源直接短路。为了避免 KM1、KM2 主触头同时得电闭合，分别给各自的线圈串接了对方的常闭辅助触头。给 KM1 线圈串接了 KM2 常闭辅助触头，给 KM2 线圈串接了 KM1 常闭辅助触头。当一个接触器的线圈得电时会使自己主触头闭合，还会使自己的常闭触头断开，这样另一个接触器线圈就无法得电。接触器这种相互制约称为接触器的联锁（也称互锁），实现联锁的常闭辅助触头称为联锁触头。

电路工作原理分析如下。

（1）闭合电源开关 QS。

（2）正转控制过程。

① 正转联锁控制。按下正转按钮 SB1→KM1 线圈得电→KM1 主触头闭合、KM1 常开辅助触头闭合、KM1 常闭辅助触头断开→KM1 主触头闭合将 L1、L2、L3 三相电源分别供给电动机 U、V、W 端，电动机正转；KM1 常开辅助触头闭合使得 SB1 松开后 KM1 线圈继续得电（接触器自锁）；KM1 常闭辅助触头断开切断 KM2 线圈的供电，使 KM2 主触头无法闭合，实现 KM1、KM2 之间的联锁。

② 停止控制过程。按下停转按钮 SB3→KM1 线圈失电→KM1 主触头断开、KM1 常开辅助触头断开、KM1 常闭辅助触头闭合→KM1 主触头断开使电动机失电而停转。

（3）反转控制过程。

① 反转联锁控制。按下反转按钮 SB2→KM2 线圈得电→KM2 主触头闭合、KM2 常开辅助触头闭合、KM2 常闭辅助触头断开→KM2 主触头闭合将 L1、L2、L3 三相电源分别供给电动机 W、V、U 端，电动机反转；KM2 常开辅助触头闭合使得 SB2 松开后 KM2 线圈继续得电；KM2 常闭辅助触头断开切断 KM1 线圈的供电，使 KM1 主触头无法闭合，实现 KM1、KM2 之间的联锁。

③ 停止控制。按下停转按钮 SB3→KM2 线圈失电→KM2 主触头断开、KM2 常开辅助触头断开、KM2 常闭辅助触头闭合→KM2 主触头断开使电动机失电而停转。

（4）断开电源开关 QS。

对于接触器联锁正、反转控制线路，若将电动机由正转变为反转，需要先按下停止按钮让电动机停转，让接触器各触头复位，再按反转按钮让电动机反转。如果在正转时不按停止按钮，而直接按反转按钮，由于联锁的原因，反转接触器线圈无法得电而使控制无效。

2.2.3 按钮联锁正、反转控制线路

接触器联锁正、反转控制线路在控制电动机由正转转为反转时，需要先按停止按钮，再按反转按钮，这样操作较为不便，采用按钮联锁正、反转控制线路则可避免这种不便。按钮联锁正、反转控制线路如图 2-9 所示。

从图 2-9 可以看出，电路采用两个复合按钮 SB1 和 SB2，其中复合按钮 SB1 代替接触器联锁正、反转控制线路中的正转按钮和反转接触器的常闭辅助触头，另一个复合按钮代替反转按钮和正转接触器的常闭辅助触头。

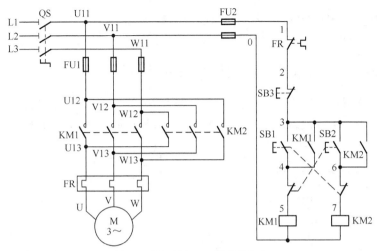

图 2-9　按钮联锁正、反转控制线路

电路工作原理分析如下。

① **闭合电源开关 QS**。

② **正转控制**。按下正转复合按钮 SB1→SB1 常开触头闭合、常闭触头断开→SB1 常开触头闭合使接触器线圈 KM1 得电，KM1 主触头和常开辅助触头均闭合，KM1 主触头闭合使电动机正转，KM1 常开辅助触头闭合使 KM1 接触器自锁；而 SB1 常闭触头断开使接触器 KM2 线圈无法得电，从而保证 KM1、KM2 两接触器主触头不会同时闭合。

松开 SB1 后，SB1 常开触头断开、常闭触头闭合，依靠 KM1 常开辅助触头的自锁让 KM1 线圈维持得电，KM1 主触头仍处于闭合，电动机维持正转。

③ **反转控制**。在电动机处于正转时按下反转复合按钮 SB2→SB2 常开触头闭合、常闭触头断开→SB2 常闭触头断开使接触器 KM1 线圈失电，KM1 主触头和常开辅助触头均断开，电动机失电；SB2 常开触头闭合使接触器 KM2 线圈得电，KM2 主触头和常开辅助触头均闭合，KM2 主触头闭合使电动机反转，KM2 常开辅助触头闭合实现自锁（在松开 SB2 后让 KM2 线圈能继续得电）。

松开 SB2 后，SB2 常开触头断开、常闭触头闭合，依靠 KM2 常开辅助触头的自锁让 KM2 线圈维持得电，KM2 主触头仍处于闭合，电动机维持正转。

④ **停转控制**。按下停转按钮 SB3→控制电路供电被切断→KM1、KM2 线圈均失电→KM1、KM2 主触头均断开→电动机停转。

⑤ **断开电源开关 QS**。

由于按钮联锁正、反转控制线路在正转转为反转时无需进行停止控制，故具有操作方便的优点，但这种电路容易因复合按钮故障造成两相电源短路。

复合按钮结构如图 2-10 所示，在按下复合按钮时，正常应是常闭触头先断开，然后才是常开触头闭合，在松开复合按钮，正常应是常开触头先断开，然后才是常闭触头闭合。如果复合按钮出现问题，按下按钮时常闭触头未能及时断开（如常闭触头与动触头产生粘连），而常开触头又闭合，这样两个触头都处于接通状态，会导致两个接触器的线圈都会得电，如图 2-9 中的反转按钮 SB2 出现故障，

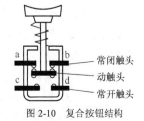

图 2-10　复合按钮结构

在电动机正转时按下 SB2，SB2 常闭触头未能及时断开，而常开触头已闭合，这样线圈 KM1、KM2 都会得电，KM1、KM2 的主触头均闭合，就会导致两相电源直接短路。

2.2.4　按钮、接触器双重联锁正反转控制线路

按钮、接触器双重联锁正反转控制线路可以有效解决按钮联锁正反转控制线路容易出现两相电源短路的缺点。按钮、接触器双重联锁正反转控制线路如图 2-11 所示。

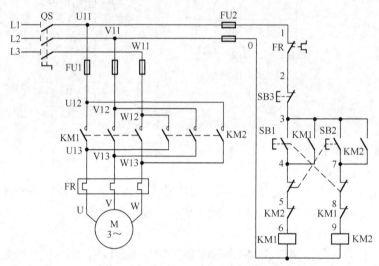

图 2-11　按钮、接触器双重联锁正反转控制线路

从图 2-11 可以看出，按钮、接触器双重联锁正反转控制线路是在按钮联锁正、反转控制线路的基础上，将两个接触器各自的常闭辅助触头与对方的线圈串接在一起，这样就实现了按钮联锁和接触器联锁双重保护。

电路工作原理分析如下。

① **闭合电源开关 QS**。

② **正转控制**。按下正转复合按钮 SB1→SB1 常开触头闭合、常闭触头断开→SB1 常开触头闭合使接触器线圈 KM1 得电→KM1 主触头、常开辅助触头闭合，KM1 常闭辅助触头断开→KM1 主触头闭合使电动机正转，KM1 常开辅助触头闭合使 KM1 接触器自锁，KM1 常闭辅助触头断开与断开的 SB1 常闭触头双重切断 KM2 线圈供电，使 KM2 线圈无法得电。

松开 SB1 后，SB1 常开触头断开、常闭触头闭合，依靠 KM1 常开辅助触头的自锁让 KM1 线圈维持得电，KM1 主触头仍处于闭合，电动机维持正转。

③ **反转控制**。在电动机处于正转时按下反转按钮 SB2→SB2 常开触头闭合、常闭触头断开→SB2 常闭触头断开使接触器 KM1 线圈失电，KM1 主触头、常开辅助触头均断开，电动机失电；SB2 常开触头闭合使接触器 KM2 线圈得电，KM2 主触头、常开辅助触头均闭合，KM2 常闭触头断开，KM2 主触头闭合使电动机反转，KM2 常开辅助触头闭合实现自锁，KM2 常闭触头断开与断开的 SB2 常闭触头双重切断 KM1 线圈供电。

松开 SB2 后，SB2 常开触头断开、常闭触头闭合，依靠 KM2 常开辅助触头的自锁让 KM2 线圈维持得电，KM2 主触头仍处于闭合，电动机维持正转。

④ **停转控制**。按下停转按钮 SB3→控制电路供电切断→KM1、KM2 线圈均失电→KM1、KM2 主触头均断开→电动机停转。

⑤ **断开电源开关 QS**。

按钮、接触器双重联锁正反转控制线路有与按钮联锁正、反转控制线路一样的操作方便性，又因为采用了按钮和接触器双重联锁，故工作安全可靠。

2.3　限位控制线路

一些机械设备（如车床）的运动部件是由电动机来驱动的，它们在工作时并不都是一直往前运动，而是运动到一定的位置自动停止，然后再由操作人员操作按钮使之返回。为了实现这种控制效果，需要给电动机安装限位控制线路。

限位控制线路又称位置控制线路或行程控制线路，它是利用位置开关来检测运动部件的位置。当运动部件运动到指定位置时，位置开关给控制线路发出指令，让电动机停转或反转。常见的位置开关有行程开关和接近开关，其中行程开关使用更为广泛。

2.3.1　行程开关

行程开关如图 2-12（a）所示，它可分为按钮式、单轮旋转式、双轮旋转式等，行程开关内部一般有一个常闭触头和一个常开触头，行程开关的符号如图 2-12（b）所示。

在使用时，行程开关通常安装在运动部件需停止的位置，如图 2-13 所示。当运动部件行进到行程开关处时，挡铁会碰压行程开关，行程开关内的常闭触头断开、常开触头闭合。由于行程开关的两个触头接在控制线路，它控制电动机停转，运动部件也就停止。如果需要运动部件反向运动，可操作控制线路中的反转按钮，当运动部件反向运动到另一个行程开关处时，会碰压该处的行程开关，行程开关通过控制线路让电动机停转，运动部件也就停止。

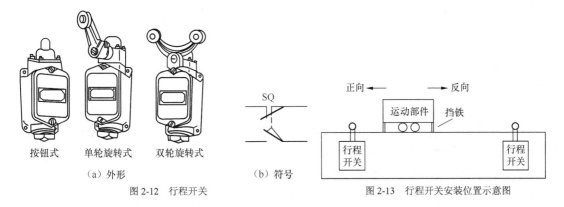

按钮式	单轮旋转式	双轮旋转式

（a）外形　　　　　　　　　（b）符号

图 2-12　行程开关　　　　　　　　　　　　图 2-13　行程开关安装位置示意图

行程开关可分为自动复位和非自动复位两种。按钮式和单轮旋转式行程开关可以自动复位，当挡铁移开时，依靠内部的弹簧使触头自动复位。**双轮旋转式行程开关不能自动复位**。当挡铁从一个方向碰压其中一个滚轮时，内部触头动作，挡铁移开后内部触头不能复位；当挡铁反向运动（返回）时碰压另一个滚轮，触头才能复位。

2.3.2　限位控制线路

限位控制线路如图 2-14 所示。

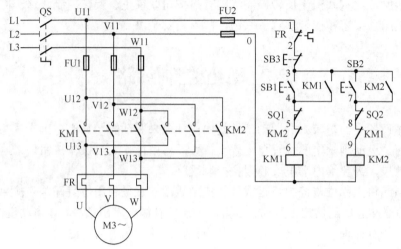

图 2-14　限位控制线路

从图 2-14 可以看出，限位控制线路是在接触器联锁正、反转控制线路的控制电路中串接两个行程开关 SQ1、SQ2 构成的。

电路工作原理分析如下。

（1）**闭合电源开关 QS**。

（2）**正转控制过程**。

① **正转控制**。按下正转按钮 SB1→KM1 线圈得电→KM1 主触头闭合、KM1 常开辅助触头闭合、KM1 常闭辅助触头断开→KM1 主触头闭合，电动机得电正转，驱动运动部件正向运动；KM1 常开辅助触头闭合，让 KM1 线圈在 SB1 断开时能继续得电（自锁）；KM1 常闭辅助触头断开，使 KM2 线圈的无法得电，实现 KM1、KM2 之间的联锁。

② **正向限位控制**。当电动机正转驱动运动部件运动到行程开关 SQ1 处→SQ1 常闭触头断开（常开触点未用）→KM1 线圈失电→KM1 主触头断开、KM1 常开辅助触头断开、KM1 常闭辅助触头闭合→KM1 主触头断开使电动机失电而停转→运动部件停止正向运动。

（3）**反转控制过程**。

① **反转控制**。按下反转按钮 SB2→KM2 线圈得电→KM2 主触头闭合、KM2 常开辅助触头闭合、KM2 常闭辅助触头断开→ KM2 主触头闭合，电动机得电反转，驱动运动部件反向运动；KM2 常开辅助触头闭合，锁定 KM2 线圈得电；KM2 常闭辅助触头断开，使 KM1 线圈无法得电，实现 KM1、KM2 之间的联锁。

② **反向限位控制**。当电动机反转驱动运动部件运动到行程开关 SQ2 处→SQ2 常闭触头断开→KM2 线圈失电→KM2 主触头断开、KM2 常开辅助触头断开、KM2 常闭辅助触头闭合→KM2 主触头断开使电动机失电而停转→运动部件停止正向运动。

（4）**断开电源开关 QS**。

2.4　自动往返控制线路

有些机械设备在加工零件时，要求在一定的范围内能自动往返运动，即当运动部件运行到一定位置时不用人工操作按钮就能自动返回。如果采用限位控制线路来控制会很麻烦，对于这种情况，可给电动机安装自动往返控制线路。

自动往返控制线路如图 2-15 所示。

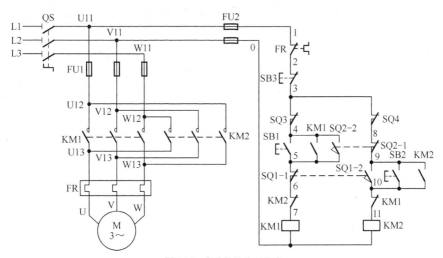

图 2-15　自动往返控制线路

自动往返控制线路采用了 SQ1～SQ4 四个行程开关，四个行程开关的安装位置如图 2-16 所示。SQ2、SQ1 分别用来控制电动机正、反转。当运动部件运行到 SQ2 处时电动机由反转转为正转，运行到 SQ1 处时则由正转转为反转；SQ3、SQ4 用作终端保护，它们只用到了常闭触头，当 SQ1、SQ2 失效时它们可以让电动机停转进行保护，防止运动部件行程超出范围而发生安全事故。

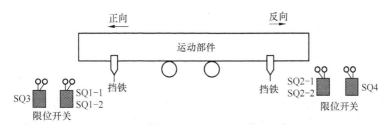

图 2-16　自动往返控制线路四个行程开关的安装位置

电路工作原理分析如下。

（1）闭合电源开关 **QS**。

（2）往返运行控制。

① **运转控制**。若启动时运动部件处于反向位置，按下正转按钮 SB1→KM1 线圈得电→KM1 主触头闭合、KM1 常开辅助触头闭合、KM1 常闭辅助触头断开→ KM1 主触头闭合，

电动机得电正转，驱动运动部件正向运动；KM1 常开辅助触头闭合，让 KM1 线圈在 SB1 断开时继续得电（自锁）；KM1 常闭辅助触头断开，使 KM2 线圈的无法得电，实现 KM1、KM2 之间的联锁。

② **方向转换控制**。电动机正转带动运动部件运动并碰触行程开关 SQ1→SQ1 常闭触头 SQ1-1 断开、常开触点 SQ1-2 闭合→KM1 线圈失电→KM1 主触头断开、KM1 常开辅助触头断开、KM1 常闭辅助触头闭合→KM1 主触头断开使电动机失电，KM1 常开辅助触头断开撤消自锁，闭合的 KM1 常闭辅助触头与闭合的 SQ1-2 为 KM2 线圈供电→KM2 主触头闭合，电动机得电反转，驱动运动部件反向运动；KM2 常开辅助触头闭合，让 KM2 线圈在 SB2 断开时继续得电（自锁）；KM2 常闭辅助触头断开，使 KM1 线圈的无法得电，实现 KM2、KM1 之间的联锁。

③ **终端保护控制**。若行程开关 SQ1 失效→运动部件碰触 SQ1 时，常闭触头 SQ1-1 仍闭合、常开触点 SQ1-2 仍断开→电动机继续正转，带动运动部件碰触行程开关 SQ3→SQ3 常闭触头断开→KM1 线圈供电切断→KM1 主触头断开→电动机停转→运动部件停止运动。

若启动时运动部件处于正向位置，应按下反转按钮 SB2，其工作原理与运动部件处于反向位置时按下正转按钮 SB1 相同，这里不再叙述。

（3）**停止控制**。若需要停止运动部件的往返运行，可按下停止按钮 SB3→KM1、KM2 线圈供电均被切断→KM1、KM2 主触头均断开→电动机失电停转→运动部件停止运行。

（4）**断开电源开关 QS**。

2.5 顺序控制线路

有些机械设备安装有两个或两个以上的电动机。为了保证设备的正常工作，常常要求这些电动机按顺序进行启动，如只有在电动机 A 启动后，电动机 B 才能启动，否则机械设备工作容易出现问题。**顺序控制线路就是让多台电动机能按先后顺序工作的控制线路**。实现顺序控制的线路很多，下面介绍两种常用的顺序控制线路。

2.5.1 顺序控制线路一

图 2-17 是一种常用的顺序控制线路。

从图 2-17 可以看出，该电路采用了 KM1、KM2 两个接触器，KM1、KM2 的主触头属于串接关系，KM2 主触头接在 KM1 主触头的下方，在 KM1 主触头断开时，KM2 主触头闭合无效，也就是说只有 KM1 主触头先闭合让电动机 M1 启动，然后 KM2 闭合才能让电动机 M2 启动。

电路工作原理分析如下。

① **闭合电源开关 QS**。

② **电动机 M1 的启动控制**。按下电动机 M1 启动按钮 SB1→线圈 KM1 得电→KM1 主触头闭合、KM1 常开辅助触头闭合→KM1 主触头闭合，电动机 M1 得电运转；KM1 常开辅助触头闭合，让 KM1 线圈在 SB1 断开时继续得电（自锁）。

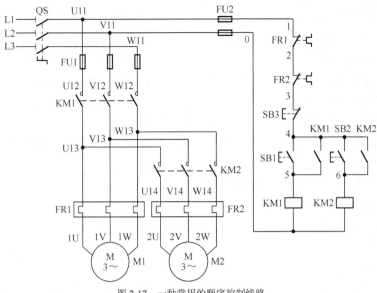

图 2-17　一种常用的顺序控制线路

③ **电动机 M2 的启动控制**。按下电动机 M2 启动按钮 SB2→线圈 KM2 得电→KM2 主触头闭合、KM2 常开辅助触头闭合→KM2 主触头闭合，电动机 M2 得电运转；KM2 常开辅助触头闭合，让 KM2 线圈在 SB2 断开时继续得电。

④ **停转控制**。按下停转按钮 SB3→KM1、KM2 线圈均失电→KM1、KM2 主触头均断开→电动机 M1、M2 均失电停转。

⑤ **断开电源开关 QS**。

2.5.2　顺序控制线路二

图 2-18 是另一种常用的顺序控制线路。

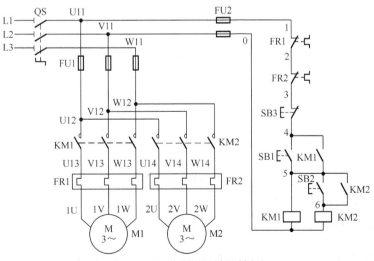

图 2-18　另一种常用的顺序控制线路

在图 2-18 可以看出，该电路同样采用了 KM1、KM2 两个接触器，但 KM1、KM2 的主触头属于并接关系，为了让电动机 M1、M2 能按先后顺序启动，要求两个接触器的主触头先后闭合。

电路工作原理分析如下。

① 闭合电源开关 **QS**。

② **电动机 M1 的启动控制**。按下电动机 M1 启动按钮 SB1→线圈 KM1 得电→KM1 主触头闭合、KM1 常开辅助触头闭合→KM1 主触头闭合，电动机 M1 得电运转；KM1 常开辅助触头闭合，让 KM1 线圈在 SB1 断开时继续得电（自锁）。

③ **电动机 M2 的启动控制**。按下电动机 M2 启动按钮→线圈 KM2 得电→KM2 主触头闭合、KM2 常开辅助触头闭合→KM2 主触头闭合，电动机 M2 得电运转；KM2 常开辅助触头闭合，让 KM2 线圈在 SB2 断开时继续得电。

④ **停转控制**。按下停转按钮 SB3→KM1、KM2 线圈均失电→KM1、KM2 主触头均断开→电动机 M1、M2 均失电停转。

⑤ **断开电源开关 QS**。

在图 2-18 电路中，若先按下电动机 M2 启动按钮，由于 SB1 和 KM1 常开辅助触头都是断开的，KM2 线圈无法得电，KM2 主触头无法闭合，故电动机 M2 无法在电动机 M1 前启动。

2.6　多地控制线路

利用多地控制线路可以在多个地点操作同一台电动机的运行。多地控制线路如图 2-19 所示。

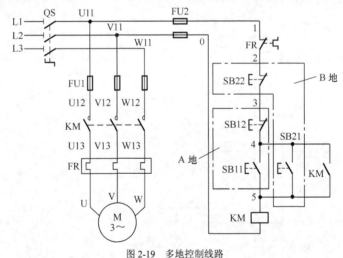

图 2-19　多地控制线路

在图 2-19 中，SB11、SB12 分别为 A 地启动和停止按钮，安装在 A 地，SB21、SB22 分别为 B 地启动和停止按钮，安装在 B 地。

电路工作原理分析如下。

① 闭合电源开关 **QS**。

② **A 地启动控制**。按下 A 地启动按钮 SB11→线圈 KM 得电→KM 主触头闭合、KM1 常开辅助触头闭合→KM 主触头闭合，电动机得电运转；KM 常开辅助触头闭合，让 KM 线圈在 SB11 断开时继续得电（自锁）。

③ **A 地停止控制**。按下 A 地停止按钮 SB12→线圈 KM 失电→KM 主触头断开、KM1 常开辅助触头断开→KM 主触头断开，电动机失电停转；KM 常开辅助触头断开，让 KM 线圈在 SB12 复位闭合时无法得电。

④ **B 地控制**。B 地启动与停止控制原理与 A 点相同。

⑤ **断开电源开关 QS**。

图 2-19 实际上是一个两地控制线路，如果要实现三个或三个以上地点控制，只要将各地的启动按钮并接，将停止按钮串接即可。

2.7　降压启动控制线路

电动机在刚启动时，流过定子绕组的电流很大，约为额定电流的 4～7 倍。对于容量大的电动机，若采用普通的全压启动方式，会出现启动时电流过大而使供电电源电压下降很多，这样可能会影响同一供电的其他设备正常工作。

解决上述问题的方法就是对电动机进行降压启动，待电动机运转以后再提供全压。一般规定，供电电源容量在 180kVA 以上，电动机容量在 7kW 以下的三相异步电动机可采用直接全压启动，超出这个范围需采用降压启动方式。另外，由于降压启动时流入电动机的电流较小，电动机产生的力矩小，故降压启动需要在轻载或空载时进行。

降压启动控制线路种类很多，常见的有定子绕组串接电阻降压启动、补偿器降压启动、星形-三角形降压启动和延边三角形降压启动。

2.7.1　定子绕组串接电阻降压启动控制线路

定子绕组串接电阻降压启动原理是在启动时在电动机定子绕组和电源之间串接电阻进行降压，电动机运转后再将电阻短接，给定子绕组提供全压。定子绕组串接电阻降压实现方式很多，下面介绍几种常见的方式。

1. 手动切换电阻控制线路

手动切换电阻控制线路如图 2-20 所示，它是在电源与电动机之间串接 3 个电阻，并在电阻两端并联转换开关。

电路工作原理分析如下。

① 闭合电源开关 **QS1**。

② **降压启动**。电源经电阻 R 降压后为电动机供电，由于电阻的降压作用，送给电动机的电压较低，电动机降压启动。

③ **全压供电**。电动机低压启动后，将转换开关 QS2 闭合，电源直接经 QS2 提供给电动机，电动机全压运行。

④ **断开电源开关 QS1**。

2. 按钮和接触器切换电阻控制线路

按钮和接触器切换电阻控制线路如图 2-21 所示。

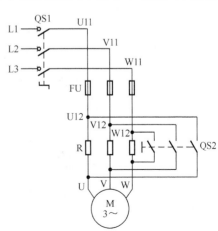

图 2-20　手动切换电阻控制线路

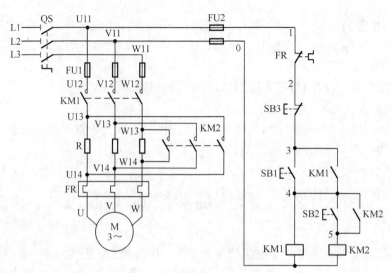

图 2-21 按钮和接触器切换电阻控制线路

电路工作原理分析如下。

① **闭合电源开关 QS。**

② **降压启动。** 按下按钮 SB1→线圈 KM1 得电→KM1 主触头闭合、KM1 常开辅助触头闭合→ KM1 主触头闭合，电源经电阻 R 降压为电动机供电，电动机被降压启动；KM1 常开辅助触头闭合，让 KM1 线圈在 SB1 断开时继续得电（自锁）。

③ **全压供电。** 按下按钮 SB2→线圈 KM2 得电→KM2 主触头闭合、KM2 常开辅助触头闭合→KM2 主触头闭合，电源直接经 KM2 主触头为电动机提供全压，电动机全压运行；KM2 常开辅助触头闭合，让 KM2 线圈在 SB1 断开时继续得电（自锁）。

④ **停止控制。** 按下按钮 SB3→线圈 KM1、KM2 均失电→KM1、KM2 主触头均断开→电动机供电被切断而停转。

⑤ **断开电源开关 QS。**

3. 时间继电器切换电阻控制线路

时间继电器切换电阻控制线路如图 2-22 所示。

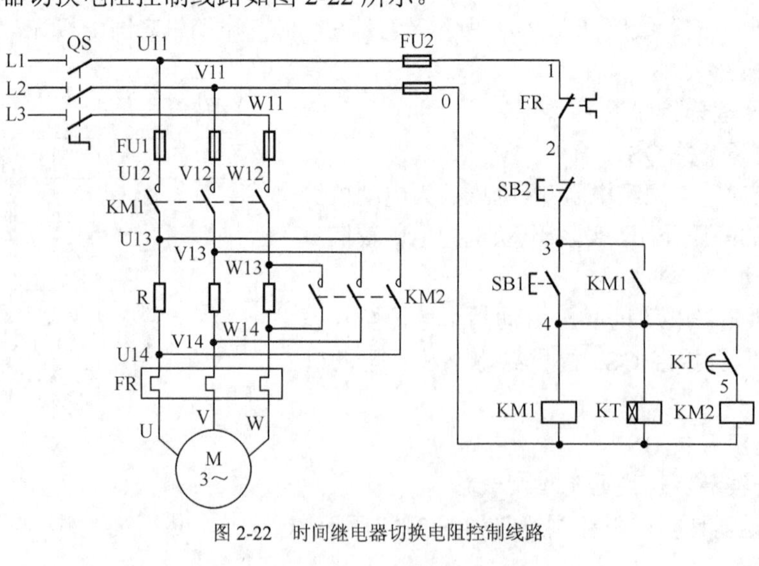

图 2-22 时间继电器切换电阻控制线路

电路工作原理分析如下。

① **闭合电源开关 QS**。

② **降压启动**。按下按钮 SB1→接触器 KM1 线圈和时间继电器 KT 线圈均得电→KM1 线圈得电使 KM1 主触头闭合、KM1 常开辅助触头闭合→ KM1 主触头闭合，电源经电阻 R 降压为电动机供电，电动机降压启动；KM1 常开辅助触头闭合，让 KM1 线圈在 SB1 断开时继续得电（自锁）。

③ **全压供电**。电动机降压启动一段时间后，时间继电器线圈 KT 也得电一段时间→KT 延时闭合常开触头闭合→线圈 KM2 得电→KM2 主触头闭合→电源直接经 KM2 主触头为电动机提供全压，电动机全压运行。

④ **停止控制**。按下按钮 SB2→线圈 KM1、KM2、KT 均失电→KM1、KM2 主触头均断开，KT 常开触头断开→电动机因供电被切断而停转。

⑤ **断开电源开关 QS**。

2.7.2　自耦变压器降压启动控制线路

自耦变压器降压启动是利用自耦变压器能改变电压大小的特点，在启动电动机时让自耦变压器将电压降低供给电动机，启动完成后再将电压升高提供给电动机。

1. 自耦变压器

自耦变压器结构与符号如图 2-23 所示。

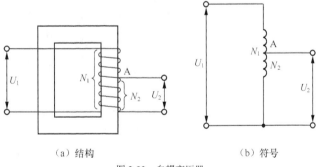

（a）结构　　　　　　　　　　　　（b）符号

图 2-23　自耦变压器

从图 2-23 可以看出，自耦变压器只有一个绕组（匝数为 N_1），在绕组的中间部分（图中为 A 点）引出一个接线端，这样就将绕组的一部分当作二次绕组（匝数为 N_2）。自耦变压器工作原理与普通的变压器相同，也可以改变电压的大小，其规律同样可以用下列式子表示：

$$U_1 / U_2 = N_1 / N_2 = K$$

从式子可以看出，改变匝数 N_2 就可以调节输出电压 U_2 的大小，N_2 越少，U_2 电压越低。

图 2-23 为单相自耦变压器，电动机降压启动时常采用三相自耦变压器。用作电动机启动的三相自耦变压器又称自耦减压启动器或补偿器，其结构原理如图 2-24 所示。

从图 2-24 可以看出，自耦减压启动器有三相线圈，在使用时，三相线圈的末端连接在一起接成星形，首端分别与 L1、L2、L3 三相电源连接。自耦减压启动器还有三个联动开关，每个开关都有"运行""停止""启动"三个档位。当开关处于"停止"挡位时，开关触头悬空，电动机无供电不工作；当开关处于"运行"挡位时，三相电源直接供给电动机，电动机全压运行；当开关处于"启动"挡位时，三相电源经变压器降压至80%供给电动机，电动机降压启动。

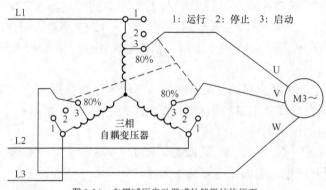

图 2-24　自耦减压启动器或补偿器结构原理

2. 手动控制启动器降压线路

手动控制启动器降压线路常用到 QJ3 油浸式启动器，其外形如图 2-25 所示。这种启动器内部除了有三相自耦变压器结构外，还包括一些保护装置。由 QJ3 启动器构成的手动控制启动器降压线路如图 2-26 所示。

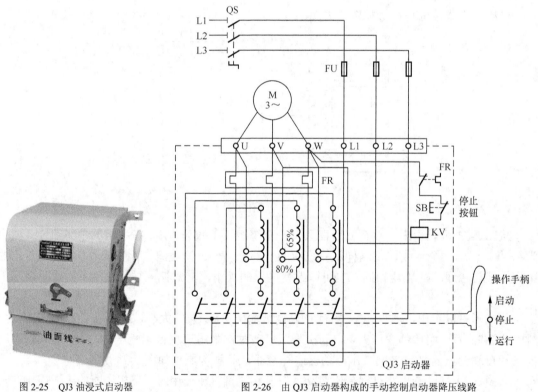

图 2-25　QJ3 油浸式启动器　　　　图 2-26　由 QJ3 启动器构成的手动控制启动器降压线路

图 2-26 虚线框内部分为启动器，它有 6 个接线端，分别与三相电源和电动机连接，操作启动器的手柄可以对电动机进行启动/停止/运行控制。

电路工作原理分析如下。

① **闭合电源开关 QS**。

② **降压启动**。将启动器手柄旋至"启动"档→与手柄联动的 5 个动触头与上方各自的静触头接通→左方两个触头接通,将自耦变压器的三相线圈末端连接在一起(即接成星形);右方 3 个触头接通,将三相电源送到三相线圈的首端→取三相线圈上 65%的电压送给电动机→电动机被降压启动。

③ **全压供电**。将启动器手柄旋至"运行"挡→与手柄联动的左方两个动触头悬空,右方 3 个动触与下方各自的静触头接通→三相电源直接通过热继电器发热元件 FR 送给电动机→电动机全压运行。

④ **停止控制**。按下停止按钮 SB1→启动器的欠压脱扣线圈 KV 失电→线圈 KV 无法吸引内部衔铁,通过传动机构让启动器自动掉闸,手柄自动旋至"停止"挡→与手柄联动的 5 个动触头均悬空→电动机失电停转。

⑤ **断开电源开关 QS**。

采用 QJ3 系列启动器来降压启动时,由于手柄切换档位时都是带电操作,动触头与静触头之间容易出现电弧。为了消除电弧对触头的损伤,与手柄联动的几个触头都要浸在绝缘油内。

3. 时间继电器自动控制启动器降压线路

时间继电器自动控制启动器降压线路如图 2-27 所示。从图中可以看出,该线路由主电路、控制电路和指示电路构成,指示电路中有三个指示灯,HL1 为电源指示灯,HL2 为降压启动指示灯,HL3 为全压运行指示灯。

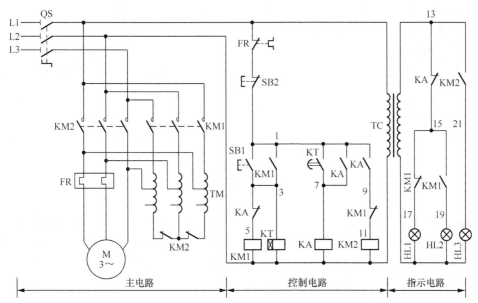

图 2-27　时间继电器自动控制启动器降压线路

电路工作原理分析如下。

① **闭合电源开关 QS**。QS 闭合后,L1、L2 两相电压加到变压器 TC 一次绕组,经降压后在二次绕组得到较低的电压,该电压经中间继电器 KA 常闭触头和 KM1 常闭辅助触头送到 HL1 两端,HL1 亮,显示电路处于通电状态。

② **降压启动**。按下降压启动按钮 SB1→接触器 KM1 线圈 KM1 和时间继电器 KT 线圈均得电→KM1 线圈 KM1 通电使 KM1 主触头闭合、KM1 两个常开辅助触头（1、3 和 15、19）闭合、KM1 两个常闭辅助触头（9、11 和 15、17）断开→KM1 主触头闭合，三相电源送给自耦变压器 TM，经降压后送到电动机，电动机被降压启动；KM1 常开辅助触头（1、3）闭合使 KM1 线圈在 SB1 断开时能继续得电，KM1 常开辅助触头（15、19）闭合使 HL2 得电显示电路为降压启动状态；KM1 常闭辅助触头（9、11）断开使 KM2 线圈无法得电，KM1 常闭辅助触头（15、17）断开使 HL1 失电熄灭。

③ **全压运行**。电动机降压启动运转一段时间后，时间继电器 KT 线圈也通电一段时间→KT 延时闭合常开触头闭合→中间继电器线圈 KA 得电→KA 两个常开触头（1、7 和 1、9）闭合、KA 两个常闭辅助触头（3、5 和 13、15）断开→KA 常开触头（1、7）闭合使 KA 线圈在 SB1 断开时能继续得电（自锁）；KA 常闭辅助触头（3、5）断开使 KM1 线圈失电；KA 常闭辅助触头（13、15）断开使 HL2 供电切断→KM1 线圈失电使主触头断开、两个常开辅助触头（1、3 和 15、19）断开、两个常闭辅助触头（9、11 和 15、17）闭合→KM1 主触头断开使自耦变压器失电；常开辅助触头（1、3）断开使时间继电器 KT 线圈失电；常闭辅助触头（9、11）闭合使 KM2 线圈得电→KM2 线圈得电使 KM2 主触头闭合、常开辅助触头（13、21）闭合、两个常闭触头断开→KM2 主触头闭合使三相电源直接送给电动机，电动机全压运行；常开辅助触头（13、21）闭合使 HL3 得电指示状态为全压运行；两个常闭触头断开使自耦变压器三组线圈中性点连接切断。

④ **停止控制**。按下停止按钮 SB2→线圈 KM1、KM2、KT、KA 均失电→KM1、KM2 主触头均断开，KA 常闭触头（13、15）闭合、KM1 常闭辅助触头（15、17）闭合→ 电动机供电被切断而停转，同时 HL1 得电指示电路为通电未工作状态（待机状态）。

⑤ **断开电源开关 QS**。

时间继电器自动控制启动器降压线路操作简单，降压大小可通过自耦变压器调节，降压启动时间可通过时间继电器调节，另外还有工作状态指示功能，适用于交流 50Hz、电压为 380V、功率在 14～300kW 的三相笼形异步电动机降压启动。由于这种降压控制线路优点突出，所以一些厂家将它制成降压启动自动控制设备，如 XJ01 系列自动控制启动器就采用这种电路制作而成。

2.7.3 星形-三角形（Y-△）降压启动控制线路

三相异步电动机接线盒有 U1、U2、V1、V2、W1、W2 共 6 个接线端，如图 2-28 所示。当 U2、V2、W2 三端连接在一起时，内部绕组就构成了星形连接；当 U1W2、U2V1、V2W1 两两连接在一起时，内部绕组就构成了三角形连接。若三相电源任意两相之间的电压是 380V，当电动机绕组接成星形时，每个绕组上实际电压值为 $380V/\sqrt{3} = 220V$；当电动机绕组接成三角形时，每个绕组上电压值为 380V。由于绕组接成星形时电压降低，相应流过绕组的电流也减小（约为三角形接法的 1/3）。

星形-三角形（Y-△）降压启动控制线路就是在启动时将电动机的绕组接成星形，启动后再将绕组接成三角形，让电动机全压运行。当电动机绕组接成星形时，绕组上的电压低、流过的电流小，因而产生的力矩也小，所以星形-三角形降压启动只适用于轻载或空载启动。

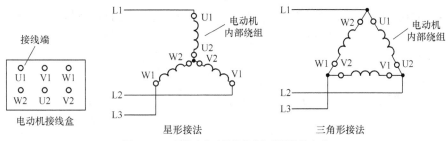

图 2-28　三相异步电动机接线盒与两种接线方式

实现星形-三角形（Y-△）降压启动控制的线路很多，下面介绍几种较常见的控制线路。

1. 手动控制 Y-△降压启动线路

在手动控制 Y-△降压启动控制线路中，需要用到手动 Y-△启动器。QX1 型手动 Y-△启动器是一种应用很广的启动器，其外形如图 2-29 所示。由 QX1 型手动 Y-△启动器构成的降压启动控制线路如图 2-30 所示。手动控制启动器手柄有"启动"、"停止"和"运行"3 个位置，内部有 8 个触头，手柄处于不同位置时各触头的状态见图 2-30 中的表格。

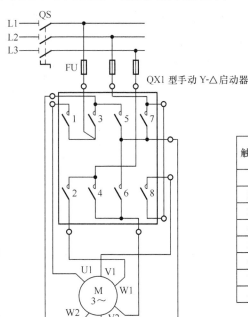

启动器手柄位置与各触头的状态

触头	手柄位置		
	启动 Y	停止 0	运行 △
1	接通		接通
2	接通		接通
3			接通
4			接通
5	接通		
6	接通		
7			接通
8	接通		接通

图 2-29　QX1 型手动 Y-△启动器　　　　图 2-30　由 QX1 型启动器降压启动控制线路

电路工作原理分析如下。

① **闭合电源开关 QS。**

② **星形启动。** 将启动器手柄旋至"启动"位置→与手柄联动的 8 个触头中的 1、2、5、6、8 触头闭合→电动机绕组 U2、V2、W2 端通过闭合的 6、5 触头连接，三个绕组接成星形→三相电源 L1、L2、L3 通过闭合的 1、8、2 触头供给电动机 U1、V1、W1 端→电动机绕组接成星形启动。

③ **三角形正常运行。** 电动机绕组接成星形启动后，将启动器手柄旋至"运行"位置→与手柄联动的 1、2、3、4、7、8 触头闭合→电动机绕组 U1、W2 端通过 1、3 触头连接，U2、V1 端通过 8、7 触头连接，V2、W1 端通过 6 触头连接，3 个绕组接成三角形→三相电源 L1、L2、L3 通过闭合的 1、8、2 触头供给电动机 U1、V1、W1 端→电动机绕组接成三角形正常运行。

④ **停止控制**。将启动器手柄旋至"停止"位置→与手柄联动的 8 个触头均断开→电动机 3 个绕组 6 个接线端均悬空→电动机停止运行。

⑤ **断开电源开关 QS**。

2. **按钮、接触器控制 Y-△降压启动线路**

按钮、接触器控制 Y-△降压启动线路如图 2-31 所示。

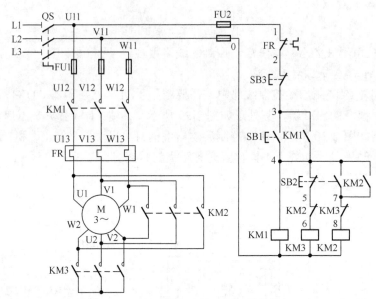

图 2-31　按钮、接触器控制 Y-△降压启动线路

电路工作原理分析如下。

① **闭合电源开关 QS**。

② **星形降压启动控制**。按下星形启动按钮 SB1→接触器 KM1 线圈和 KM3 线圈均得电→KM1 线圈得电使 KM1 主触头闭合、KM1 常开辅助触头闭合，其中 KM1 主触头闭合让三相电源送到电动机 U1、V1、W1 端，KM1 常开辅助触头闭合让 KM1 线圈在 SB1 断开时续续得电；KM3 线圈得电使 KM3 主触头闭合，电动机绕组 U2、V2、W2 端连接，绕组接成星形，KM3 线圈得电还会让 KM3 常闭辅助触头断开，使 KM2 线圈无法得电→电动机接成星形启动。

③ **三角形正常运行控制**。电动机绕组接成星形启动后，按下三角形运行复合按钮 SB2→SB2 常闭触头断开、常开触头闭合→SB2 常闭触头断开使线圈 KM3 失电，KM3 主触头断开，KM3 常闭辅助触头闭合；常开触头闭合使线圈 KM2 得电→线圈 KM2 得电使 KM2 主触头和常开辅助触头均闭合→KM2 常开辅助触头闭合使线圈 KM2 在 SB2 断开时继续得电，KM2 主触头闭合使电动机绕组接成三角形正常运行。

④ **停止控制**。按下停止按钮 SB3→线圈 KM1、KM2、KM3 均失电→KM1、KM2、KM3 主触头均断开→电动机供电被切断而停转。

⑤ **断开电源开关 QS**。

3. **时间继电器自动控制 Y-△降压启动线路**

时间继电器自动控制 Y-△降压启动线路如图 2-32 所示。

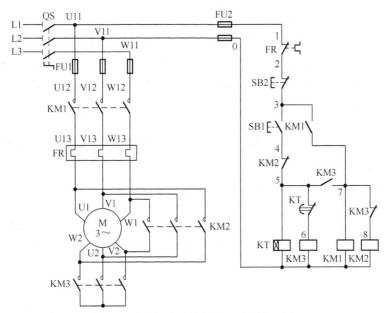

图 2-32 时间继电器自动控制 Y-△降压启动线路

电路工作原理分析如下。

① 闭合电源开关 **QS**。

② **星形降压启动控制**。按下启动按钮 SB1→接触器 KM3 线圈和时间继电器 KT 线圈均得电→KM3 主触头闭合、KM3 常开辅助触头闭合、KM3 常闭辅助触头断开→KM3 主触头闭合，将电动机三个绕组接成星形； KM3 常闭辅助触头断开使 KM2 线圈的供电切断；KM3 常开辅助触头闭合使 KM1 线圈得电→KM1 线圈得电使 KM1 常开辅助触头和主触头均闭合→KM1 常开辅助触头闭合，使 KM1 线圈在 SB1 断开后续续得电；KM1 主触头闭合，使电动机 U1、V1、W1 端得电，电动机星形启动。

③ **三角形正常运行控制**。时间继电器 KT 线圈得电一段时间后，延时常闭触头 KT 断开→KM3 线圈失电→KM3 主触头断开、KM3 常开辅助触头断开、KM3 常闭辅助触头闭合→KM3 主触头闭合，撤消电动机三个绕组的星形连接；KM3 常闭辅助触头闭合，使 KM2 线圈得电→KM2 线圈得电使 KM2 常闭辅助触头和 KM2 主触头均闭合→KM2 常闭辅助触头断开，使 KT 线圈失电；KM2 主触头闭合，将电动机三个绕组接成三角形方式，电动机以三角形方式正常运行。

④ **停止控制**。按下停止按钮 SB2→线圈 KM1、KM2、KM3 均失电→KM1、KM2、KM3 主触头均断开→电动机因供电被切断而停转。

⑤ **断开电源开关 QS**。

2.8 制动控制线路

电动机切断供电后并不马上停转，而是依靠惯性继续运转一段时间。这种情况对于某些设备是不适合的，如起重机起吊重物到达一定的位置时切断电动机供电，要求电动机马上停转，否则易造成安全事故。对电动机进行制动就可以解决这个问题。

电动机制动主要有两种方式：机械制动和电力制动。机械制动是在切断电动机供电后，利用一些机械装置（如电磁抱闸制动器）使电动机迅速停转。电力制动是在切断电动机电源后，利用一些电气线路让电动机产生与旋转方向相反的制动力矩进行制动。

2.8.1 机械制动线路

机械制动是采用机械装置对电动机进行制动。电磁制动器是最常见的机械制动装置。

1. 电磁制动器

电磁制动器主要分电磁抱闸制动器和电磁离合制动器。

（1）电磁抱闸制动器

电磁抱闸制动器主要由制动电磁铁和闸瓦制动器两部分组成。制动电磁铁外形如图 **2-33** 所示，由制动电磁铁和闸瓦制动器组合成的电磁抱闸制动器结构如图 2-34 所示。

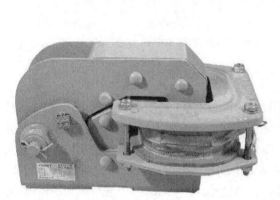

图 2-33　制动电磁铁

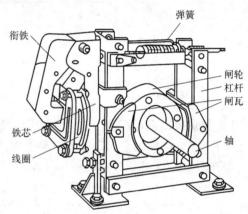

图 2-34　由制动电磁铁和闸瓦制动器组成的电磁抱闸制动器

制动电磁铁由铁芯、衔铁和线圈 3 部分组成。当给线圈通电时，线圈产生磁场通过铁芯吸引衔铁，使衔铁产生动作。如果衔铁与有关设备连接，就可以使该设备也产生动作。

闸瓦制动器由闸轮、闸瓦、杠杆、弹簧等组成，闸轮的轴与电动机转轴连动。电磁抱闸制动器分为断电制动型和通电制动器。断电制动型的特点是当线圈得电时，闸瓦与闸轮分开，无制动作用。当线圈失电后，闸瓦紧紧抱住闸轮制动。通电制动型的特点是当线圈得电时，闸瓦紧紧抱住闸轮制动；当线圈失电时，闸瓦与闸轮分开，无制动作用。

电磁抱闸制动器的制动力强，它安全可靠，不会因突然断电而发生事故，广泛应用在起重设备上；但电磁抱闸制动器的体积较大，制动器磨损严重，快速制动时会产生振动。

（2）电磁离合制动器

电磁离合制动器的外形如图 2-35 所示，图 2-36 为断电型电磁离合制动器结构示意图。

断电型电磁离合制动器工作原理：在电动机正常工作时，制动器线圈通电产生磁场，静铁心吸引动铁芯，动铁芯克服制动弹簧的弹力并带动静摩擦片往静铁芯靠近，动摩擦片与静摩擦片脱离，动摩擦片通过固定键和电动机的轴一起运转。在电动机切断电源时，制动器线圈同时失电，在制动弹簧的弹力作用下，动铁芯带动静摩擦片往动摩擦片靠近，静摩擦片与动摩擦片接触后，依靠两摩擦片的摩擦力并通过固定键和电动机的轴对电动机进行制动。

图 2-35 电磁离合制动器

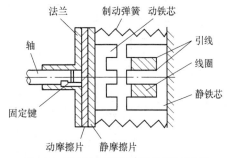

图 2-36 断电型电磁离合制动器结构示意图

2. 断电型电磁抱闸制动控制线路

断电型电磁抱闸制动控制线路如图 2-37 所示。

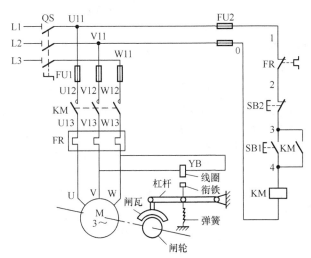

图 2-37 断电型电磁抱闸制动控制线路

电路工作原理分析如下。

① **闭合电源开关 QS。**

② **启动控制。**按下启动按钮 SB1→接触器线圈 KM 得电→KM 常开辅助触头和主触头均闭合→KM 常开辅助触头闭合使 SB1 断开后 KM 线圈继续得电（自锁）；KM 主触头闭合使电动机 U、V、W 端得电，在电动机得电的同时，电磁制动器的线圈 YB 也得电，YB 产生磁场吸引衔铁，衔铁克服弹簧拉力带动杠杆上移，杠杆带动闸瓦上移，闸瓦与闸轮脱离，电动机正常运转。

③ **制动控制。**按下停止按钮 SB2→线圈 KM 失电→KM 主触头断开→电动机失电，同时电磁制动器线圈 YB 也失电，弹簧将杠杆下拉，杠杆带动闸瓦下移，闸瓦与闸轮紧紧接触，通过转轴对电动机进行制动。

④ **断开电源开关 QS。**

3. 通电型制动控制线路

通电型电磁抱闸制动控制线路如图 2-38 所示。

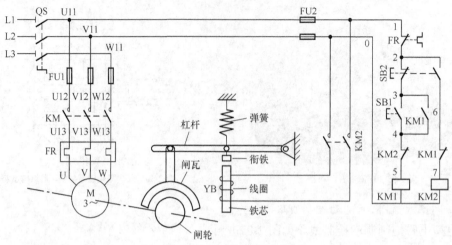

图 2-38　通电型电磁抱闸制动控制线路

电路工作原理分析如下。

① 闭合电源开关 **QS**。

② **启动控制**。按下启动按钮 SB1→接触器线圈 KM1 得电→KM1 常开辅助触头闭合、常闭辅助触头断开、主触头闭合→KM1 常开辅助触头闭合使 SB1 断开后 KM 线圈继续得电（自锁）；KM1 常闭辅助触头断开使 KM2 线圈无法得电；KM2 主触头断开，电磁铁线圈 YB 失电，依靠弹簧的拉力使闸瓦与闸轮脱离；KM1 主触头闭合使电动机 U、V、W 端得电运转。

③ **制动控制**。按下停止复合按钮 SB2→接触器线圈 KM1 失电，接触器线圈 KM2 得电→KM1 主触头断开使电动机失电；KM2 主触头闭合使电磁铁线圈 YB 得电，吸引衔铁带动杠杆将闸瓦与闸轮抱紧，对电动机进行制动。电动机制动停转后，松开按钮 SB2，KM2 线圈失电，KM2 主触头断开，电磁铁线圈 YB 失电，杠杆与弹簧的拉力下复位，闸瓦与闸轮脱离，解除电动机制动。

④ **断开电源开关 QS**。

2.8.2　电力制动线路

电力制动是在切断电动机电源后，利用电气线路让电动机产生与旋转方向相反的制动力矩进行制动。电力制动方式主要有反接制动、能耗制动、电容制动等。

1. 反接制动线路

反接制动是在切断电动机的正常电源后，马上改变电源相序并提供给电动机，让电动机定子绕组产生相反的旋转磁场对依靠惯性运转的转子进行制动。

图 2-39 是一种单向启动反接制动控制线路，图中的 KS 为速度继电器，安装在电动机转轴上，用来检测电动机旋转情况。当电动机转速接近零时，速度继电器触头 KS 会产生动作，停止制动。

电路工作原理分析如下。

① 闭合电源开关 **QS**。

② **启动控制**。按下启动按钮 SB1→接触器线圈 KM1 得电→KM1 常开辅助触头闭合、常闭辅助触头断开、主触头闭合→KM1 常开辅助触头闭合使 SB1 断开后 KM1 线圈继续得电(自锁);KM1 常闭辅助触头断开使 KM2 线圈无法得电;KM1 主触头闭合使电动机得电运转。在电动机运转期间,速度继电器 KS 常开触头处于闭合状态。

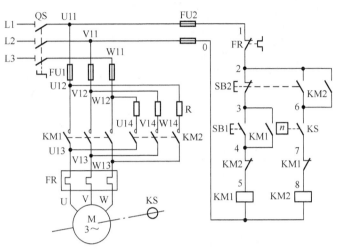

图 2-39 单向启动反接制动控制线路

③ **制动控制**。按下停止复合按钮 SB2→接触器线圈 KM1 失电,接触器线圈 KM2 得电→KM1 主触头断开使电动机失电;KM2 主触头闭合,为电动机提供反转电源,电动机转子在反转磁场作用下,转速迅速降低→当电动机转速很低(小于 100r/min)时,速度继电器 KS 常开触头断开→接触器线圈 KM2 失电→KM2 主触头断开,电动机反转制动电源切断。

④ **断开电源开关 QS**。

电动机在采用单向启动反接制动时,定子绕组旋转磁场与转子的相对速度很高,定子绕组中的电流很大,可达额定电流的 10 倍,所以这种制动方式一般用作容量在 10kW 以下电动机的制动,并且对于 4.5kW 以下的电动机还需在反转供电线路中串接限流电阻 R。限流电阻 R 的大小可根据下面两个经验公式来估算。

$R \approx 1.5 \times 220/I_{启动电流}$ (在电源电压为 380V,要求制动电流为启动电流一半时)

$R \approx 1.3 \times 220/I_{启动电流}$ (在电源电压为 380V,要求制动电流等于启动电流时)

若仅在两相反接制动线路中串接电阻,一般要求电阻值为上面估算值的 1.5 倍。

2. **能耗制动线路**

能耗制动是在电动机切断交流电源后,给任意两相定子绕组通入直流电,让直流电产生与转子旋转方向相反的制动力矩来消耗转子的惯性来进行制动。

图 2-40 是一种单相半波整流能耗制动控制线路。该线路采用一个二极管构成半波整流电路,将交流电转换成直流电,由于采用的元件少,故线路简单且成本低,适合作 10kW 以下小容量电动机的制动控制。

电路工作原理分析如下。

① **闭合电源开关 QS**。

② **启动控制**。按下启动按钮 SB1→接触器线圈 KM1 得电→KM1 常开辅助触头闭合、常闭辅助触头断开、主触头闭合→KM1 常开辅助触头闭合锁定 KM1 线圈得电；KM1 常闭辅助触头断开使 KM2 线圈无法得电；KM1 主触头闭合使电动机得电运转。

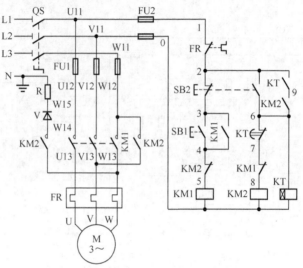

图 2-40　单相半波整流能耗制动控制线路

③ **制动控制**。

④ **断开电源开关 QS**。

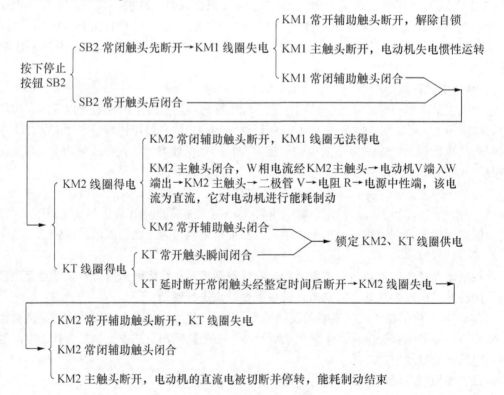

3．电容制动线路

运行的电动机在停止供电后依靠惯性继续运转，此时的转子仍有剩磁。带有磁性的转子运转时其磁场切割定子绕组，定子绕组会产生电动势。若用电容将 3 个定子绕组连接起来，定子绕组中就有电流产生，该电流会产生磁场。该磁场与旋转的转子磁场正好相反，通过排斥作用让转子停转进行制动。

电容制动控制线路如图 2-41 所示。

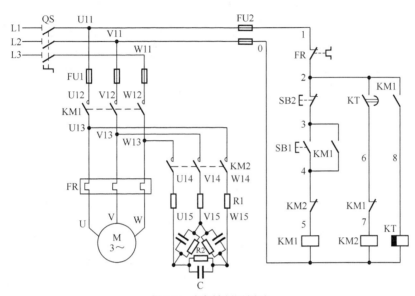

图 2-41　电容制动控制线路

电路工作原理分析如下。

① 闭合电源开关 **QS**。

② **启动控制**。

按下启动按钮 SB1→KM1 线圈得电
$\Big\{$
KM1 常开辅助触头 3、4 闭合，锁定 KM1 线圈得电
KM1 常闭辅助触头断开，切断 KM2 线圈供电
KM1 主触头闭合→电动机得电运转
KM1 常开辅助触头 2、8 闭合，KT 线圈得电 ──→

──→ KT 延时断开触头瞬间闭合，为 KM2 线圈得电作准备

③ **制动控制**。

按下停止按钮 SB2→KM1 线圈失电
$\Big\{$
KM1 常开辅助触头 3、4 断开，解除自锁
KM1 主触头断开→电动机失电惯性运转
KM1 常闭辅助触头闭合→KM2 线圈得电 ──→
KM1 常开辅助触头 2、8 断开→KT 线圈失电 ──→

$\Big\{$
KM2 常闭辅助触头断开，切断 KM1 线圈供电电路
KM2 主触头闭合→电动机接入三相电容制动至停止

──→ 一段时间后，KT 常开触头断开→KM2 线圈失电→KM2 主触头断开→三相电容断开

④ **断开电源开关 QS。**

电容制动具有制动迅速（制动停车时间约 1～3s）、能量损耗小、设备简单等优点，通常用于 10kW 以下的小容量电动机制动控制，特别适合用于有机械摩擦阻力的生产机械设备和需要同时制动的多台电动机中。

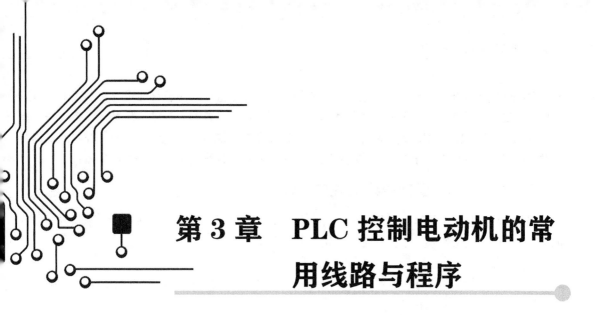

第3章 PLC 控制电动机的常用线路与程序

3.1 了解 PLC

3.1.1 什么是PLC

PLC 是英文 **Programmable Logic Controller** 的缩写，意为可编程序逻辑控制器，是一种专为工业应用而设计的控制器。世界上第一台 PLC 于 1969 年由美国数字设备公司（DEC）研制成功，随着技术的发展，PLC 的功能越来越强大，不仅限于逻辑控制，因此美国电气制造协会 NEMA 于 1980 年对它进行重命名，称为可编程控制器（Programmable Controller），简称 PC，但由于 PC 容易和个人计算机 PC（Personal Computer）混淆，故人们仍习惯将 PLC 当作可编程控制器的缩写。

图 3-1 列出了几种常见的 PLC 外形。

图 3-1 几种常见的 PLC 外形

由于可编程序控制器一直在发展中，至今尚未对其下最后的定义。国际电工学会（IEC）对 **PLC** 最新定义如下。

可编程控制器是一种数字运算操作电子系统，专为在工业环境下应用而设计，它采用了可编程序的存储器，用来在其内部存储执行逻辑运算、顺序控制、定时、计数、算术运算等操作的指令，并通过数字的、模拟的输入和输出，控制各种类型的机械或生产过程，可编程控制器及其有关的外围设备，都应按易于与工业控制系统形成一个整体、易于扩充其功能的原则设计。

3.1.2　PLC 控制与继电器控制的比较

PLC 控制是在继电器控制基础上发展起来的，为了让读者能初步了解 PLC 控制方式，下面以电动机正转控制为例对两种控制系统进行比较。

1. 继电器正转控制

图 3-2 是一种常见的继电器正转控制线路，可以对电动机进行正转和停转控制，右图为主电路，左图为控制电路。

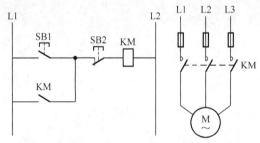

图 3-2　继电器正转控制线路

电路工作原理说明如下。

按下启动按钮 SB1，接触器 KM 线圈得电，主电路中的 KM 主触点闭合，电动机得电运转，与此同时，控制电路中的 KM 常开自锁触点也闭合，锁定 KM 线圈得电（即 SB1 断开后 KM 线圈仍可得电）。

按下停止按钮 SB2，接触器 KM 线圈失电，KM 主触点断开，电动机失电停转，同时 KM 常开自锁触点也断开，解除自锁（即 SB2 闭合后 KM 线圈无法得电）。

2. PLC 正转控制

图 3-3 是 PLC 正转控制线路，它可以实现图 3-2 所示的继电器正转控制线路相同的功能。PLC 正转控制线路也可分作主电路和控制电路两部分，PLC 与外接的输入、输出部件构成控制电路，主电路与继电器正转控制主电路相同。

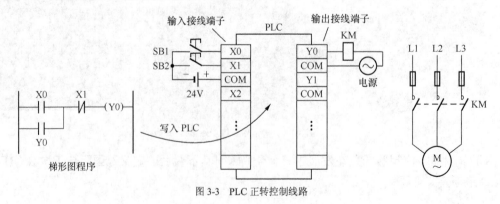

图 3-3　PLC 正转控制线路

在组建 PLC 控制系统时，先要进行硬件连接，再编写控制程序。PLC 正转控制线路的硬件接线如图 3-3 所示，PLC 输入端子连接 SB1（启动）、SB2（停止）和电源；输出端子连接接触器线圈 KM 和电源。PLC 硬件连接完成后，再在电脑中使用专门的 PLC 编程软件编写图示的梯形图程序，然后通过电脑与 PLC 之间的连接电缆将程序写入 PLC。

PLC 软、硬件准备好后就可以操作运行。操作运行过程说明如下。

按下启动按钮 SB1，PLC 端子 X0、COM 之间的内部电路与 24V 电源、SB1 构成回路，有电流流过 X0、COM 端子间的电路，PLC 内部程序运行，运行结果使 PLC 的 Y0、COM 端子之间的内部电路导通，接触器线圈 KM 得电，主电路中的 KM 主触点闭合，电动机运转，松开 SB1 后，内部程序维持 Y0、COM 端子之间的内部电路导通，让 KM 线圈继续得电（自锁）。

按下停止按钮 SB2，PLC 端子 X1、COM 之间的内部电路与 24V 电源、SB2 构成回路，有电流流过 X1、COM 端子间的电路，PLC 内部程序运行，运行结果使 PLC 的 Y0、COM 端子之间的内部电路断开，接触器线圈 KM 失电，主电路中的 KM 主触点断开，电动机停转，松开 SB2 后，内部程序让 Y0、COM 端子之间的内部电路维持断开状态。

3.2　PLC 的组成与工作原理

3.2.1　PLC 的组成

PLC 种类很多，但结构大同小异，典型的 PLC 控制系统组成方框图如图 3-4 所示。在组建 PLC 控制系统时，需要给 PLC 的输入端子接有关的输入设备（如按钮、触点、行程开关等），给输出端子接有关的输出设备（如指示灯、电磁线圈、电磁阀等），另外，还需要将编好的程序通过通信接口输入 PLC 内部存储器，如果希望增强 PLC 的功能，可以将扩展单元通过扩展接口与 PLC 连接。

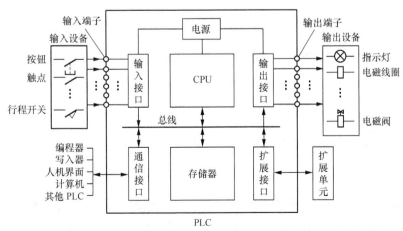

图 3-4　典型的 PLC 控制系统组成方框图

PLC 内部主要由 CPU、存储器、输入接口、输出接口、通信接口、扩展接口等组成。

1. CPU

CPU 又称中央处理器，它是 PLC 的控制中心，它通过总线（包括数据总线、地址总线和控制总线）与存储器和各种接口连接，以控制它们有条不紊地工作。CPU 的性能对 PLC 工作速度和效率有较大的影响，故大型 PLC 通常采用高性能的 CPU。

CPU 的主要功能如下。

① 接收通信接口送来的程序和信息，并将它们存入存储器；

② 采用循环检测（即扫描检测）方式不断检测输入接口送来的状态信息，以判断输入设备的状态；

③ 逐条运行存储器中的程序，并进行各种运算，再将运算结果存储下来，然后经输出接口对输出设备进行有关的控制；

④ 监测和诊断内部各电路的工作状态。

2. 存储器

存储器的功能是存储程序和数据。PLC 通常配有 ROM（只读存储器）和 RAM（随机存储器）两种存储器，ROM 用来存储系统程序，RAM 用来存储用户程序和程序运行时产生的数据。

系统程序由厂家编写并固化在 ROM 存储器中，用户无法访问和修改系统程序。系统程序主要包括系统管理程序和指令解释程序。系统管理程序的功能是管理整个 PLC，让内部各个电路能有条不紊地工作。指令解释程序的功能是将用户编写的程序翻译成 CPU 可以识别和执行的程序。

用户程序是用户通过编程器输入存储器的程序，为了方便调试和修改，用户程序通常存放在 RAM 中，由于断电后 RAM 中的程序会丢失，所以 RAM 专门配有的后备电池供电。有些 PLC 采用 EEPROM（电可擦写只读存储器）来存储用户程序，由于 EEPROM 存储器中的内部可用电信号进行擦写，并且掉电后内容不会丢失，因此采用这种存储器后可不要备用电池。

3. 输入/输出接口

输入/输出接口又称 I/O 接口或 I/O 模块，是 PLC 与外围设备之间的连接部件。PLC 通过输入接口检测输入设备的状态，以此作为对输出设备控制的依据，同时 PLC 又通过输出接口对输出设备进行控制。

PLC 的 I/O 接口能接受的输入和输出信号个数称为 PLC 的 I/O 点数。I/O 点数是选择 PLC 的重要依据之一。

PLC 外围设备提供或需要的信号电平是多种多样的，而 PLC 内部 CPU 只能处理标准电平信号，所以 I/O 接口要能进行电平转换，另外，为了提高 PLC 的抗干扰能力，I/O 接口一般采用光电隔离和滤波处理，此外，为了便于了解 I/O 接口的工作状态，I/O 接口还带有状态指示灯。

（1）输入接口

PLC 的输入接口分为开关量输入接口和模拟量输入接口，开关量输入接口用于接受开关通断信号，模拟量输入接口用于接受模拟量信号。模拟量输入接口通常采用 A/D 转换电路，将模拟量信号转换成数字信号。开关量输入接口采用的电路形式较多，根据使用电源不同，可分为内部直流输入接口、外部交流输入接口和外部交/直流输入接口。三种类型开关量输入接口原理图如图 3-5 所示。

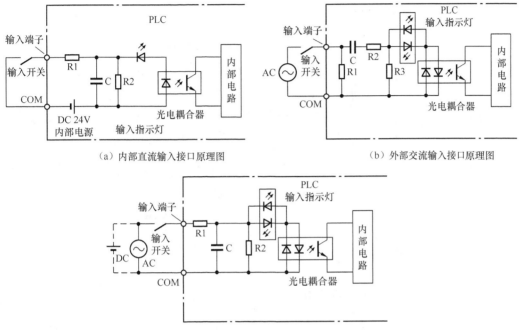

（a）内部直流输入接口原理图　　　　　　　（b）外部交流输入接口原理图

（c）外部直 / 交流输入接口原理图

图 3-5　三种类型开关量输入接口原理图

图 3-5（a）为内部直流输入接口原理图，输入接口的电源由 PLC 内部直流电源提供。当闭合输入开关后，有电流流过光电耦合器和指示灯，光电耦合器导通，将输入开关状态送给内部电路，由于光电耦合器内部是通过光线传递，故可以将外部电路与内部电路有效隔离开来，输入指示灯点亮用于指示输入端子有输入。R2、C 为滤波电路，用于滤除输入端子窜入的干扰信号，R1 为限流电阻。

图 3-5（b）为外部交流输入接口原理图，输入接口的电源由外部的交流电源提供。为了适应交流电源的正负变化，接口电路采用了发光管正负极并联的光电耦合器和指示灯。

图 3-5（c）为外部直/交流输入接口原理图，输入接口的电源由外部的直流或交流电源提供。

（2）输出接口

PLC 的输出接口也分为开关量输出接口和模拟量输出接口。模拟量输出接口通常采用 **D/A 转换电路**，将数字量信号转换成模拟量信号，**开关量输出接口采用的电路形式较多，根据使用的输出开关器件不同可分为：继电器输出接口、晶体管输出接口和双向晶闸管输出接口**。3 种类型开关量输出接口原理图如图 3-6 所示。

图 3-6（a）为继电器输出接口原理图，当 PLC 内部电路产生电流流经继电器 KA 线圈时，继电器常开触点 KA 闭合，负载有电流通过。继电器输出接口可驱动交流或直流负载，但其响应时间长，动作频率低。

图 3-6（b）为晶体管输出接口原理图，它采用光电耦合器与晶体管配合使用。晶体管输

出接口反应速度快，动作频率高，但只能用于驱动直流负载。

图 3-6（c）为双向晶闸管输出接口原理图，它采用双向晶闸管型光电耦合器，在受光照射时，光电耦合器内部的双向晶闸管可以双向导通。双向晶闸管输出接口的响应速度快，动作频率高，通常用于驱动交流负载。

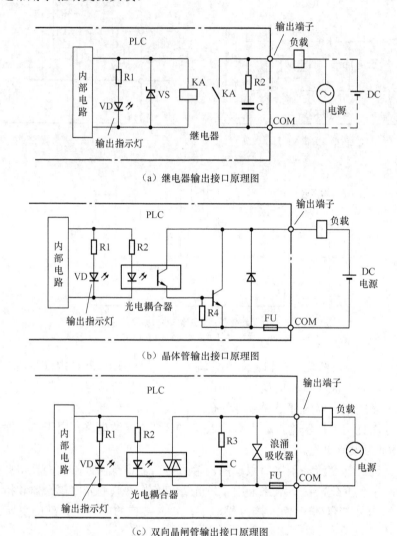

（a）继电器输出接口原理图

（b）晶体管输出接口原理图

（c）双向晶闸管输出接口原理图

图 3-6　三种类型开关量输出接口原理图

4. 通信接口

PLC 配有通信接口，PLC 可通过通信接口与监视器、打印机、其他 PLC、计算机等设备实现通信。PLC 与编程器或写入器连接，可以接收编程器或写入器输入的程序；PLC 与打印机连接，可将过程信息、系统参数等打印出来；PLC 与人机界面（如触摸屏）连接，可以在人机界面直接操作 PLC 或监视 PLC 工作状态；PLC 与其他 PLC 连接，可组成多机系统或连成网络，实现更大规模控制；与计算机连接，可组成多级分布式控制系统，实现控制与管理相结合。

5. 扩展接口

为了提升 PLC 的性能，增强 PLC 控制功能，可以通过扩展接口给 PLC 增接一些专用功能模块，如高速计数模块、闭环控制模块、运动控制模块、中断控制模块等。

6. 电源

PLC 一般采用开关电源供电，与普通电源相比，PLC 电源的稳定性好、抗干扰能力强。PLC 的电源对电网提供的电源稳定度要求不高，一般允许电源电压在其额定值±15%的范围内波动。有些 PLC 还可以通过端子往外提供直流 24V 稳压电源。

3.2.2　PLC 的工作方式

PLC 是一种由程序控制运行的设备，其工作方式与微型计算机不同，微型计算机运行到结束指令 END 时，程序运行结束。PLC 运行程序时，会按顺序依次逐条执行存储器中的程序指令，当执行完最后的指令后，并不会马上停止，而是又重新开始再次执行存储器中的程序，如此周而复始，PLC 的这种工作方式称为循环扫描方式。

PLC 的工作过程如图 3-7 所示。

PLC 通电后，首先进行系统初始化，将内部电路恢复到起始状态，然后进行自我诊断，检测内部电路是否正常，以确保系统能正常运行，诊断结束后对通信接口进行扫描，若接有外设则与其通信。通信接口无外设或通信完成后，系统开始进行输入采样，检测输入设备（开关、按钮等）的状态，然后根据输入采样结果依次执行用户程序，程序运行结束后对输出进行刷新，即输出程序运行时产生的控制信号。以上过程完成后，系统又返回，重新开始自我诊断，以后不断重新上述过程。

PLC 有两个工作状态：RUN（运行）状态和 STOP（停止）状态。当 PLC 工作在 RUN 状态时，系统会完整执行图 3-7 过程；当 PLC 工作在 STOP 状态时，系统不执行用户程序。PLC 正常工作时应处于 RUN 状态，而在编制和修改程序时，应让 PLC 处于 STOP 状态。PLC 的两种工作状态可通过开关进行切换。

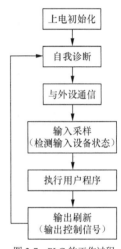

图 3-7　PLC 的工作过程

PLC 工作在 RUN 状态时，完整执行图 3-7 过程所需的时间称为扫描周期，一般为 1～100ms。扫描周期与用户程序的长短、指令的种类和 CPU 执行指令的速度有很大的关系。

3.2.3　PLC 用户程序的执行过程

PLC 的用户程序执行过程很复杂，下面以 PLC 正转控制线路为例进行说明。图 3-8 是 PLC 正转控制线路，为了便于说明，图中画出了 PLC 内部等效图。

图 3-8 中 PLC 内部等效图中的 X0、X1、X2 称为输入继电器，它由线圈和触点两部分组成，由于线圈与触点都是等效而来，故又称为软线圈和软触点，Y0 称为输出继电器，它也包括线圈和触点。PLC 内部中间部分为用户程序（梯形图程序），程序形式与继电器控制电路相似，两端相当于电源线，中间为触点和线圈。

用户程序执行过程说明如下。

当按下启动按钮 SB1 时，输入继电器 X0 线圈得电，它使用户程序中的 X0 常开触点闭合，输出继电器 Y0 线圈得电，它一方面使用户程序中的 Y0 常开触点闭合，对 Y0 线圈供电锁定外，另一方面使输出端的 Y0 常开触点闭合，接触器 KM 线圈得电，主电路中的 KM 主触点闭合，电动机得电运转。

当按下停止按钮 SB2 时，输入继电器 X1 线圈得电，它使用户程序中的 X1 常闭触点断开，输出继电器 Y0 线圈失电，用户程序中的 Y0 常开触点断开，解除自锁，另外输出端的 Y0 常开触点断开，接触器 KM 线圈失电，KM 主触点断开，电动机失电停转。

若电动机在运行过程中电流过大，热继电器 FR 动作，FR 触点闭合，输入继电器 X2 线圈得电，它使用户程序中的 X2 常闭触点断开，输出继电器 Y0 线圈失电，输出端的 Y0 常开触点断开，接触器 KM 线圈失电，KM 主触点闭合，电动机失电停转，从而避免电动机长时间过流运行。

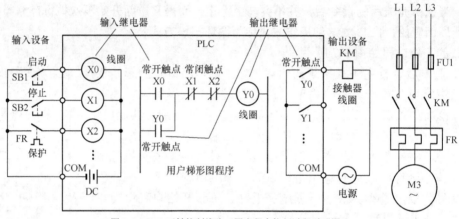

图 3-8　PLC 正转控制线路（用户程序执行过程说明图）

3.3　PLC 编程软件的使用

要让 PLC 完成预定的控制功能，就必须为它编写相应的程序，并将程序写入 PLC。不同厂家生产的 PLC 通常需要配套的软件进行编程。下面介绍三菱 FXGP/WIN-C 编程软件的使用，该软件可对三菱 FX 系列 PLC 进行编程。

3.3.1　软件的安装和启动

1. 软件的安装

在购买三菱 FX 系列 PLC 时会配带编程软件，读者也可以到易天教学网免费索取 FXGP/WIN-C 软件。

打开 FXGPWINC 文件夹，找到安装文件 SETUP32.EXE，双击该文件即开始安装 FXGP/WIN-C 软件，如图 3-9 所示。

2. 软件的启动

FXGP/WIN-C 软件安装完成后，从开始菜单的"程序"项中找到"FXGP_WIN-C"图标，如图 3-10 所示，单击该图标即开始启动 FXGP/WIN-C 软件。启动完成的软件界面如图 3-11 所示。

图 3-9　双击 SETUP32.EXE 文件开始安装 FXGP/WIN-C 软件

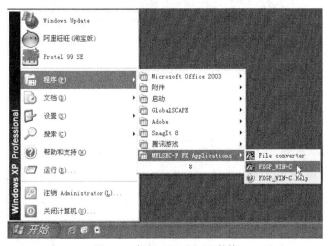

图 3-10　启动 FXGP_WIN-C 软件

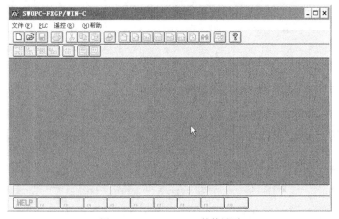

图 3-11　FXGP_WIN-C 软件界面

3.3.2　程序的编写

1. 新建程序文件

要编写程序，须先新建程序文件。新建程序文件过程如下。

执行菜单命令"文件→新文件",也可点击"□"图标,弹出"PLC 类型设置"对话框,如图 3-12 所示,选择"FX2N/FX2NC"类型,单击"确认",即新建一个程序文件,如图 3-13 所示,它提供了"指令表"和"梯形图"两种编程方式,若要编写梯形图程序,可单击"梯形图"编辑窗口右上方的"最大化"按钮,可将该窗口最大化。

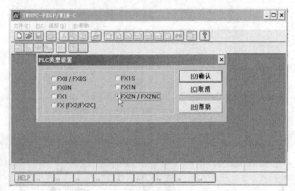

图 3-12　"PLC 类型设置"对话框

图 3-13　新建一个程序文件

在窗口的右方有一个浮置的工具箱,如图 3-14 所示,它包含有各种编写梯形图程序的工具,各工具功能如图标注说明。

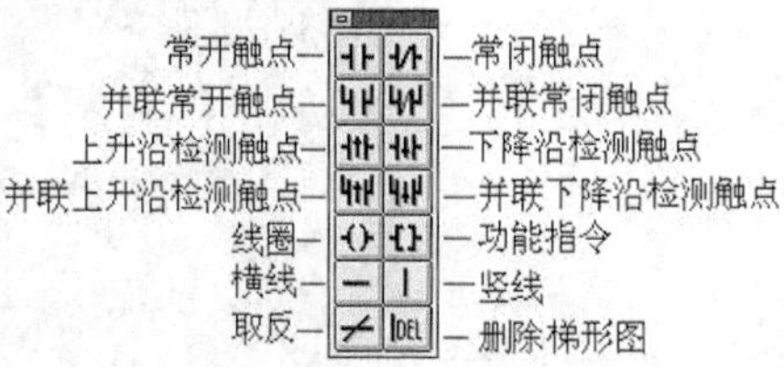

2. 程序的编写

编写程序过程如下。

① 单击浮置的工具箱上的"╫"工具,弹出输入元件对话框,如图 3-15 所示,在该框中输入"X000",确认后,在程序编写区出现常开触点符号 X000,高亮光标自动后移。

② 单击工具箱上的"◇"工具,弹出输入元件对话框,如图 3-16 所示,在该框中输入"T2 K200",确认后,在程序编写区出现线圈符号,符号内的"T2 K200"表示 T2 线圈是一个延时动作线圈,延迟时间为 0.1s×200=20s。

③ 再依次使用工具箱上的"╫"输入"X001",用"◇"输入"RST T2",用"╫"输入"T2",用"◇"输入"Y000"。

常开触点——╫ ╫——常闭触点
并联常开触点——╫ ╫——并联常闭触点
上升沿检测触点——╫ ╫——下降沿检测触点
并联上升沿检测触点——╫ ╫——并联下降沿检测触点
线圈——◇ ——功能指令
横线—— | ——竖线
取反——✕ DEL——删除梯形图

图 3-14　工具箱各工具功能说明

编写完成的梯形图程序如图 3-17 所示。

若需要对程序内容时进行编辑，可用鼠标选中要操作的对象，再执行"编辑"菜单下的各种命令，就可以对程序进行复制、贴粘、删除、插入等操作。

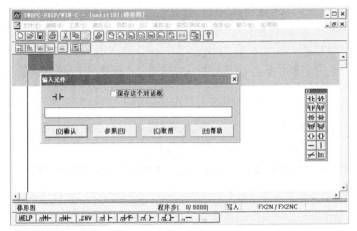

图 3-15　"输入元件"对话框

图 3-16　在对话框内输入"T2 K200"

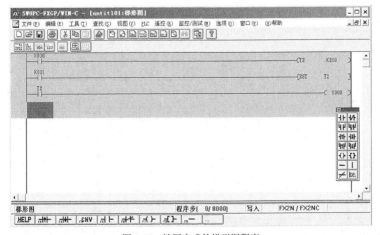

图 3-17　编写完成的梯形图程序

3.3.3　程序的转换与传送

梯形图程序编写完成后，需要先转换成指令表程序，然后将计算机与 PLC 连接好，再将程序传送到 PLC 中。

1. 程序的转换

单击工具栏中的"🖱"工具，也可执行菜单命令"工具→转换"，软件自动将梯形图程序转换成指令表程序。执行菜单命令"视图→指令表"，程序编程区就切换到指令表形式，如图 3-18 所示。

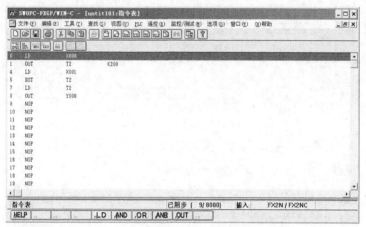

图 3-18　编程区切换到指令表形式

2. 计算机与 PLC 的连接

要将编写好的程序传送给 PLC，须先用指定的电缆线和转换器将计算机 RS232C 端口（COM 口）与 PLC 之间连接好。计算机与三菱 FX 系列 PLC 常见的连接方式如图 3-19 所示。

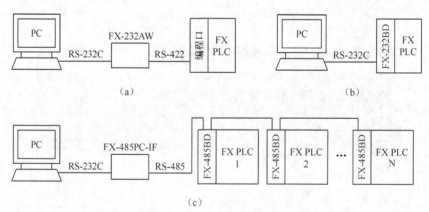

图 3-19　计算机与三菱 FX 系列 PLC 常见的连接方式

图 3-19（a）、（b）为点对点连接方式。图 3-19（a）采用 FX232AW 转换器将 RS232C 接口转换成 RS422 接口，实现计算机与 PLC 编程接口的连接；图 3-19（b）采用 PLC 内置的通

信功能扩展板 FX-232-BD 与计算机连接。

图 3-19（c）为多点连接方式，即一台计算机与多台 PLC 连接，它先通过 FX-485PC-IF 转换器将 RS-232C 转换成 RS-485 接口，然后再与多个内置 FX-485-BD 功能扩展板的 PLC 连接。

3．程序的传送

要将编写好的程序传送到 PLC 中，可执行菜单命令"PLC→传送→写出"，出现"PC 程序写入"对话框，如图 3-20 所示，选择所有范围，确认后，编写的程序就会全部送入 PLC。

如果要修改 PLC 中的程序，可执行菜单命令"PLC→传送→读入"，PLC 中的程序就会读入计算机编程软件中，然后就可以对程序进行修改。

图 3-20　"PC 程序写入"对话框

3.4　PLC 控制电动机的硬件线路与程序开发实例

3.4.1　PLC 应用系统的一般开发流程

PLC 应用系统的一般开发流程如图 3-21 所示。

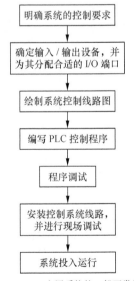

图 3-21　PLC 应用系统的一般开发流程

3.4.2　PLC 控制三相异步电动机正、反转线路与程序的开发

下面通过开发一个电动机正、反转控制线路为例来说 PLC 应用系统的开发过程。

1．明确系统的控制要求

系统要求通过 3 个按钮分别控制电动机连续正转、反转和停转，还要求采用热继电器对电动机进行过载保护，另外要求正、反转控制联锁。

2. 确定输入/输出设备，并为其分配合适的 I/O 端子

表 3-1 列出了系统要用到的输入/输出设备及对应的 PLC 端子。

表 3-1   系统用到的输入/输出设备和对应的 **PLC** 端子

输入			输出		
输入设备	对应 PLC 端子	功能说明	输出设备	对应 PLC 端子	功能说明
SB2	X000	正转控制	KM1 线圈	Y000	驱动电动机正转
SB3	X001	反转控制	KM2 线圈	Y001	驱动电动机反转
SB1	X002	停转控制			
FR 常开触点	X003	过载保护			

3. 绘制系统控制线路图

图 3-22 为 PLC 控制电动机正、反转线路图。

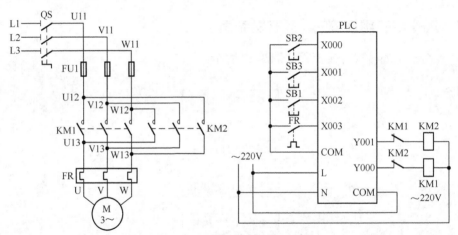

图 3-22   PLC 控制电动机正、反转线路图

4. 编写 PLC 控制程序

启动 PLC 编程软件，编写图 3-23 所示的梯形图控制程序。

下面对照图 3-22 线路图来说明图 3-23 梯形图程序的工作原理。

① 正转控制

当按下 PLC 的 X000 端子外接按钮 SB2 时→该端子对应的内部输入继电器 X000 得电→程序中的 X000 常开触点闭合→输出继电器 Y000 线圈得电，一方面使程序中的 Y000 常开自锁触点闭合，锁定 Y000 线圈供电，另一方面使程序中的 Y000 常闭触点断开，Y001 线圈无法得电，此外还使 Y000 端子

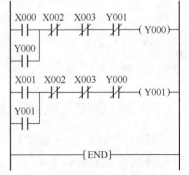

图 3-23 控制电动机正、反转的 PLC 梯形图程序

内部的硬触点闭合→Y000 端子外接的 KM1 线圈得电,它一方面使 KM1 常闭联锁触点断开,KM2 线圈无法得电, 另一方面使 KM1 主触点闭合→电动机得电正向运转。

②　反转控制

当按下 X001 端子外接按钮 SB3 时→该端子对应的内部输入继电器 X001 得电→程序中的 X001 常开触点闭合→输出继电器 Y001 线圈得电,一方面使程序中的 Y001 常开自锁触点闭合, 锁定 Y001 线圈供电,另一方面使程序中的 Y001 常闭触点断开,Y000 线圈无法得电,还使 Y001 端子内部的硬触点闭合→Y001 端子外接的 KM2 线圈得电,它一方面使 KM2 常闭联锁触点断开, KM1 线圈无法得电,另一方面使 KM2 主触点闭合→电动机两相供电切换,反向运转。

③　停转控制

当按下 X002 端子外接按钮 SB1 时→该端子对应的内部输入继电器 X002 得电→程序中的两个 X002 常闭触点均断开→Y000、Y001 线圈均无法得电,Y000、Y001 端子内部的硬触点均断开→KM1、KM2 线圈均无法得电→KM1、KM2 主触点均断开→电动机失电停转。

④　过载保护

当电动机过载运行时,热继电器 FR 发热元件使 X003 端子外接的 FR 常开触点闭合→该端子对应的内部输入继电器 X003 得电→程序中的两个 X003 常闭触点均断开→Y000、Y001 线圈均无法得电,Y000、Y001 端子内部的硬触点均断开→KM1、KM2 线圈均无法得电→KM1、KM2 主触点均断开→电动机失电停转。

5. 将程序写入 PLC

在计算机中用编程软件编好程序后,如果要将程序写入 PLC,须做以下工作。

①　用专用编程电缆将计算机与 PLC 连接起来,再给 PLC 接好工作电源,如图 3-24 所示。

②　将 PLC 的 RUN/STOP 开关置于"STOP"位置,再在计算机编程软件中执行 PLC 程序写入操作,将写好的程序由计算机通过电缆传送到 PLC 中。

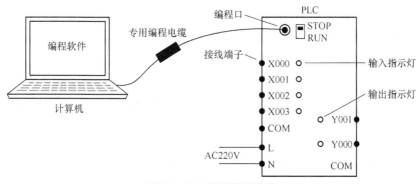

图 3-24　PLC 与计算机的连接

6. 模拟运行

程序写入 PLC 后,将 PLC 的 RUN/STOP 开关置于"RUN"位置,然后用导线将 PLC 的 X000 端子和 COM 端子短接一下,相当于按下正转按钮,在短接时,PLC 的 X000 端子的对应指示灯正常应该会亮,表示 X000 端子有输入信号,根据梯形图分析,在短接 X000 端子和

COM 端子时，Y000 端子应该有输出，即 Y000 端子的对应指示灯应该会亮，如果 X000 端指示灯亮，而 Y000 端指示灯不亮，可能是程序有问题，也可能是 PLC 不正常。

若 X000 端子模拟控制的运行结果正常，再对 X001、X002、X003 端子进行模拟控制，并查看运行结果是否与控制要求一致。

7. 安装系统控制线路，并进行现场调试

模拟运行正常后，就可以按照绘制的系统控制线路图，将 PLC 及外围设备安装在实际现场，线路安装完成后，还要进行现场调试，观察是否达到控制要求，若达不到要求，需检查是硬件问题还是软件问题，并解决这些问题。

8. 系统投入运行

系统现场调试通过后，可试运行一段时间，若无问题可正式投入运行。

3.5 PLC 控制电动机的常用硬件线路及梯形图程序

3.5.1 启动、自锁和停止控制的 PLC 线路与梯形图

启动、自锁和停止控制是 PLC 最基本的控制功能。启动、自锁和停止控制可采用驱动指令（OUT），也可以采用置位指令（SET、RST）来实现。

1. 采用线圈驱动指令实现启动、自锁和停止控制

线圈驱动（OUT）指令的功能是将输出线圈与右母线连接，它是一种很常用的指令。用线圈驱动指令实现启动、自锁和停止控制的 PLC 线路和梯形图如图 3-25 所示。

线路与梯形图说明如下。

当按下启动按钮 SB1 时，PLC 内部梯形图程序中的启动触点 X000 闭合，输出线圈 Y000 得电，输出端子 Y0 内部硬触点闭合，Y0 端子与 COM 端子之间内部接通，接触器线圈 KM 得电，主电路中的 KM 主触点闭合，电动机得电启动。

输出线圈 Y000 得电后，除了会使 Y000、COM 端子之间的硬触点闭合外，还会使自锁触点 Y000 闭合，在启动触点 X000 断开后，依靠自锁触点闭合可使线圈 Y000 继续得电，电动机就会继续运转，从而实现自锁控制功能。

当按下停止按钮 SB2 时，PLC 内部梯形图程序中的停止触点 X001 断开，输出线圈 Y000 失电，Y0、COM 端子之间的内部硬触点断开，接触器线圈 KM 失电，主电路中的 KM 主触点断开，电动机失电停转。

2. 采用置位复位指令实现启动、自锁和停止控制

采用置位复位指令 SET、RST 实现启动、自锁和停止控制的梯形图如图 3-26 所示，其 PLC 接线图与图 3-25 线路是一样的。

线路与梯形图说明如下。

当按下启动按钮 SB1 时，梯形图中的启动触点 X000 闭合，[SET Y000]指令执行，指令执行结果将输出继电器线圈 Y000 置 1，相当于线圈 Y000 得电，使 Y0、COM 端子之间的内部硬触点接通，接触器线圈 KM 得电，主电路中的 KM 主触点闭合，电动机得电启动。

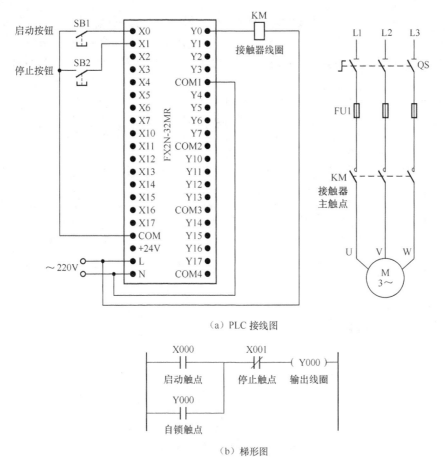

（a）PLC 接线图

（b）梯形图

图 3-25　采用线圈驱动指令实现启动、自锁和停止控制的 PLC 线路与梯形图

线圈 Y000 置位后，松开启动按钮 SB1、启动触点 X000 断开，但线圈 Y000 仍保持 "1" 态，即仍维持得电状态，电动机就会继续运转，从而实现自锁控制功能。

当按下停止按钮 SB2 时，梯形图程序中的停止触点 X001 闭合，[RST　Y000] 指令被执行，指令执行结果将输出线圈 Y000 复位，相当于线圈 Y000 失电，Y0、COM 端子之间的内部触点断开，接触器线圈 KM 失电，主电路中的 KM 主触点断开，电动机失电停转。

图 3-26　采用置位复位指令实现启动、自锁和停止控制的梯形图

采用置位复位指令与线圈驱动都可以实现启动、自锁和停止控制，两者的 PLC 接线都相同，仅给 PLC 编写输入的梯形图程序不同。

3.5.2　正、反转联锁控制的 PLC 线路与梯形图

正、反转联锁控制的 PLC 线路与梯形图如图 3-27 所示。

线路与梯形图说明如下。

① 正转联锁控制。按下正转按钮 SB1→梯形图程序中的正转触点 X000 闭合→线圈 Y000 得电→Y000 自锁触点闭合，Y000 联锁触点断开，Y0 端子与 COM 端子间的内部硬触点闭合→Y000

自锁触点闭合，使线圈 Y000 在 X000 触点断开后仍可得电；Y000 联锁触点断开，使线圈 Y001 即使在 X001 触点闭合（误操作 SB2 引起）时也无法得电，实现联锁控制；Y0 端子与 COM 端子间的内部硬触点闭合，接触器 KM1 线圈得电，主电路中的 KM1 主触点闭合，电动机得电正转。

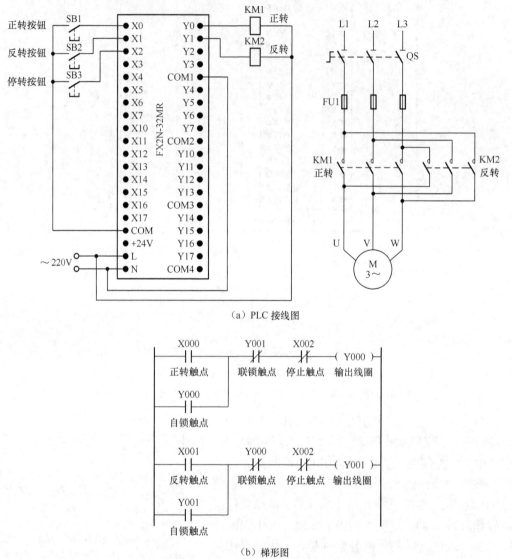

（a）PLC 接线图

（b）梯形图

图 3-27　正、反转联锁控制的 PLC 线路与梯形图

② 反转联锁控制。按下反转按钮 SB2→梯形图程序中的反转触点 X001 闭合→线圈 Y001 得电→Y001 自锁触点闭合，Y001 联锁触点断开，Y1 端子与 COM 端子间的内部硬触点闭合→Y001 自锁触点闭合，使线圈 Y001 在 X001 触点断开后继续得电；Y001 联锁触点断开，使线圈 Y000 即使在 X000 触点闭合（误操作 SB1 引起）时也无法得电，实现联锁控制；Y1 端子与 COM 端子间的内部硬触点闭合，接触器 KM2 线圈得电，主电路中的 KM2 主触点闭合，电动机得电反转。

③ 停转控制。按下停止按钮 SB3→梯形图程序中的两个停止触点 X002 均断开→线圈 Y000、Y001 均失电→接触器 KM1、KM2 线圈均失电→主电路中的 KM1、KM2 主触点均断开，电动机失电停转。

3.5.3　多地控制的 PLC 线路与梯形图

多地控制的 PLC 线路与梯形图如图 3-28 所示，其中图 3-28（b）为单人多地控制梯形图，图 3-28（c）为多人多地控制梯形图。

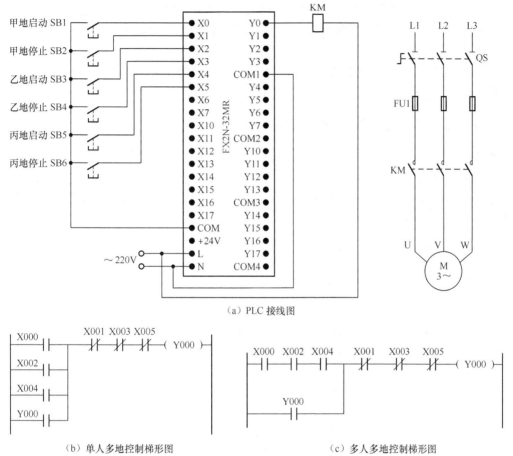

（a）PLC 接线图

（b）单人多地控制梯形图　　　　　　　　（c）多人多地控制梯形图

图 3-28　多地控制的 PLC 线路与梯形图

（1）单人多地控制

单人多地控制的 PLC 线路和梯形图如图 3-28（a）、（b）所示。

甲地启动控制。在甲地按下启动按钮 SB1 时→X000 常开触点闭合→线圈 Y000 得电→Y000 常开自锁触点闭合，Y0 端子内部硬触点闭合→Y000 常开自锁触点闭合锁定 Y000 线圈供电，Y0 端子内部硬触点闭合使接触器线圈 KM 得电→主电路中的 KM 主触点闭合，电动机得电运转。

甲地停止控制。在甲地按下停止按钮 SB2 时→X001 常闭触点断开→线圈 Y000 失电→Y000 常开自锁触点断开，Y0 端子内部硬触点断开→接触器线圈 KM 失电→主电路中的 KM 主触点断开，电动机失电停转。

乙地和丙地的启/停控制与甲地控制相同，利用图 3-28（b）梯形图可以实现在任何一地进行启/停控制，也可以在某一地进行启动，在另一地控制停止。

（2）多人多地控制

多人多地的 PLC 控制线路和梯形图如图 3-28（a）、（c）所示。

启动控制。在甲、乙、丙三地同时按下按钮 SB1、SB3、SB5→线圈 Y000 得电→Y000 常开自锁触点闭合，Y0 端子的内部硬触点闭合→Y000 线圈供电锁定，接触器线圈 KM 得电→主电路中的 KM 主触点闭合，电动机得电运转。

停止控制。在甲、乙、丙三地按下 SB2、SB4、SB6 中的某个停止按钮时→线圈 Y000 失电→Y000 常开自锁触点断开，Y0 端子内部硬触点断开→Y000 常开自锁触点断开使 Y000 线圈供电切断，Y0 端子的内部硬触点断开使接触器线圈 KM 失电→主电路中的 KM 主触点断开，电动机失电停转。

图 3-28（c）梯形图可以实现多人在多地同时按下启动按钮才能启动功能，在任意一地都可以进行停止控制。

3.5.4 定时控制的 PLC 线路与梯形图

定时控制方式很多，下面介绍两种典型的定时控制的 PLC 线路与梯形图。

1. 延时启动定时运行控制的 PLC 线路与梯形图

延时启动定时运行控制的 PLC 线路与梯形图如图 3-29 所示，它可以实现的功能是：按下启动按钮 3s 后，电动机启动运行，运行 5s 后自动停止。

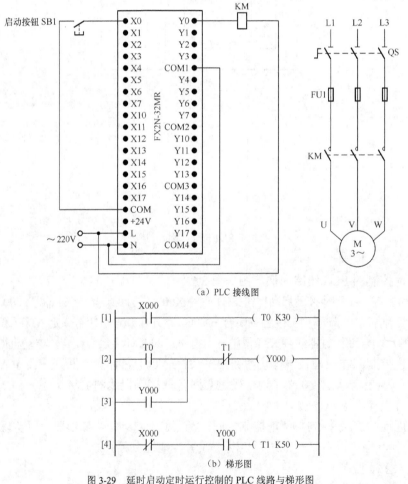

（a）PLC 接线图

（b）梯形图

图 3-29 延时启动定时运行控制的 PLC 线路与梯形图

PLC 线路与梯形图说明如下。

按下启动
按钮 SB1→ ⎰ [4] X000 常闭触点断开
　　　　　⎱ [1] X000 常开触点闭合→定时器 T0 开始 3s 计时→3s 后，[2] T0 常开触点闭合 ⌐

→ [2] Y000 线圈得电 ⎰ [3] Y000 自锁触点闭合，锁定 Y000 线圈得电
　　　　　　　　　　　 Y0 端子内硬触点闭合→接触器 KM 线圈得电→电动机运转
　　　　　　　　　　⎱ [4] Y000 常开触点闭合→由于 SB1 已断开，故 [4]
　　　　　　　　　　　 X000 触点闭合→定时器 T1 开始 5s 计时 ⌐

→ 5s 后，[2] T1 常闭触点断开→[2] Y000 线圈失电→
　 Y0 端子内硬触点断开→KM 线圈失电→电动机停转

2. 多定时器组合控制的 PLC 线路与梯形图

图 3-30 是一种典型的多定时器组合控制的 PLC 线路与梯形图，它可以实现的功能是：按下启动按钮后电动机 B 马上运行，30s 后电动机 A 开始运行，70s 后电动机 B 停转，100s 后电动机 A 停转。

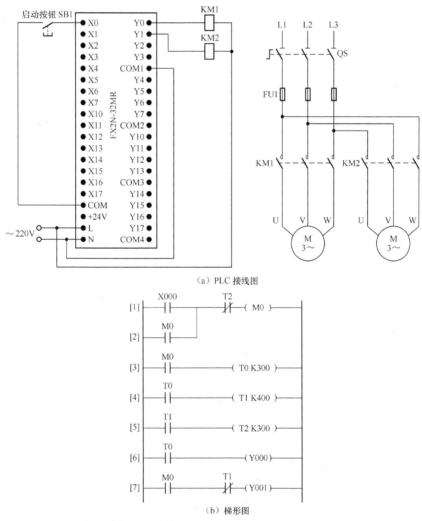

（a）PLC 接线图

（b）梯形图

图 3-30　一种典型的多定时器组合控制的 PLC 线路与梯形图

PLC 线路与梯形图说明如下。

按下启动按钮 SB1→X000 常开触点闭合→辅助继电器 M0 线圈得电━┓

┌ [2] M0 自锁触点闭合→锁定 M0 线圈供电
┣→{ [7] M0 常开触点闭合→Y001 线圈得电→Y1 端子内硬触点闭合→接触器 KM2 线圈得电→电动机 B 运转
┗ [3] M0 常开触点闭合→定时器 T0 开始 30s 计时━┓

30s 后→   ┌ [6] T0 常开触点闭合→Y000 线圈得电→KM1 线圈得电→电动机 A 启动运行
┗→定时器 T0 动作{
                         └ [4] T0 常开触点闭合→定时器 T1 开始 40s 计时━┓

40s 后→   ┌ [7] T1 常闭触点断开→Y001 线圈失电→KM2 线圈失电→电动机 B 停转
┗→定时器 T1 动作{
                         └ [5] T1 常开触点闭合→定时器 T2 开始 30s 计时━┓

30s 后，定时器 T2 动作→[1]   ┌ [2] M0 自锁触点断开→解除 M0 线圈供电
┗→T2 常闭触点断开→M0 线圈失电{   [7] M0 常开触点断开
                                   └ [3] M0 常开触点断开→定时器 T0 复位━┓

┌ [6] T0 常开触点断开→Y000 线圈失电→KM1 线圈失电→电动机 A 停转
┃
┗ [4] T0 常开触点断开→定时器 T1 复位→[5] T1 常开
触点断开→定时器 T2 复位→[1] T2 常闭触点恢复闭合

3.5.5 定时器与计数器组合延长定时控制的 PLC 线路与梯形图

三菱 FX 系列 PLC 的最大定时时间为 3276.7s（约 54min），采用定时器和计数器可以延长定时时间。定时器与计数器组合延长定时控制的 PLC 线路与梯形图如图 3-31 所示。

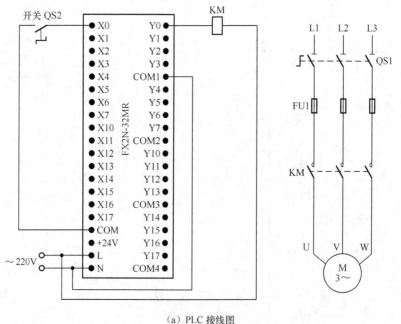

（a）PLC 接线图

图 3-31　定时器与计数器组合延长定时控制的 PLC 线路与梯形图

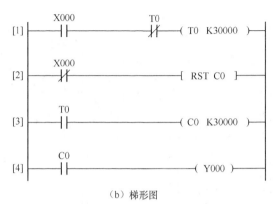

（b）梯形图

图 3-31　定时器与计数器组合延长定时控制的 PLC 线路与梯形图（续）

PLC 线路与梯形图说明如下。

将开关
QS2 闭合 → { [2] X000 常闭触点断开，计数器 C0 复位清 0 结束

[1] X000 常开触点闭合 → 定时器 T0 开始 3000 秒钟计时 → 3000 秒后，定时器 T0 动作 ┐

{ [3] T0 常开触点闭合，计数器 C0 值增 1，由 0 变为 1

[1] T0 常闭触点断开 → 定时器 T0 复位 → { [3] T0 常开触点断开，计数器 C0 值保持为 1

[1] T0 常闭触点闭合 ┘

┌→ 因开关 QS2 仍处于闭合，[1] X000 常开触点也保持闭合 →
定时器 T0 又开始 3000 秒钟计时 → 3000 秒后，定时器 T0 动作 ┐

{ [3] T0 常开触点闭合，计数器 C0 值增 1，由 1 变为 2

[1] T0 常闭触点断开 → 定时器 T0 复位 → { [3] T0 常开触点断开，计数器 C0 值保持为 2

[1] T0 常闭触点闭合 → 定时器 T0 又开
始计时，以后重复上述过程 ┘

┌→ 当计数器 C0 计数值达到 30000 → 计数器 C0 动作 →
[4] 常开触点 C0 闭合 → Y000 线圈得电 -KM 线圈得电 → 电动机运转

图 3-31 中的定时器 T0 定时单位为 0.1s（100ms），它与计数器 C0 组合使用后，其定时
时间 T＝30000×0.1s×30000＝90000000s＝25000h。若需重新定时，可将开关 QS2 断开，让
[2]X000 常闭触点闭合，让"RST C0"指令执行，对计数器 C0 进行复位，然后再闭合 QS2，
则会重新开始 250000h 定时。

3.5.6　多重输出控制的 PLC 线路与梯形图

多重输出控制的 PLC 线路与梯形图如图 3-32 所示。

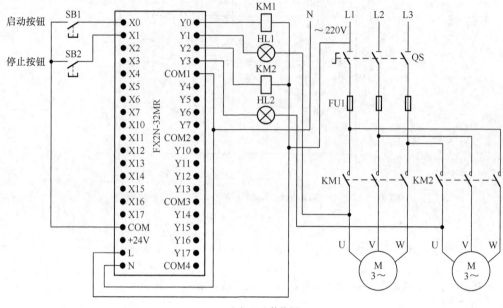

（a）PLC 接线图

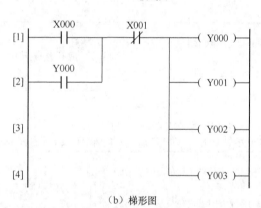

（b）梯形图

图 3-32 多重输出控制的 PLC 线路与梯形图

PLC 线路与梯形图说明如下。

① 启动控制

按下启动按钮 SB1→X000 常开触点闭合 ┐

Y000 自锁触点闭合，锁定输出线圈 Y000 ～ Y003 供电
Y000 线圈得电→Y0 端子内硬触点闭合→KM1 线圈得电→KM1 主触点闭合 ┐
Y001 线圈得电→Y1 端子内硬触点闭合 ──────────────────── ┐→HL1 灯得电点亮，
                                                        指示电动机 A 得电
Y002 线圈得电→Y2 端子内硬触点闭合→KM2 线圈得电→KM2 主触点闭合 ┐
Y003 线圈得电→Y3 端子内硬触点闭合 ──────────────────── ┘→HL2 灯得电点亮，
                                                        指示电动机 B 得电

② 停止控制

按下停止按钮 SB2→X001 常闭触点断开

Y000 自锁触点断开，解除输出线圈 Y000～Y003 供电

Y000 线圈失电→Y0 端子内硬触点断开→KM1 线圈失电→KM1 主触点断开 →HL1 灯失电熄灭，
Y001 线圈失电→Y1 端子内硬触点断开 指示电动机 A 失电

Y002 线圈失电→Y2 端子内硬触点断开→KM2 线圈得电→KM2 主触点断开 →HL2 灯失电熄灭，
Y003 线圈失电→Y3 端子内硬触点断开 指示电动机 B 失电

3.5.7　过载报警控制的 PLC 线路与梯形图

过载报警控制的 PLC 线路与梯形图如图 3-33 所示。

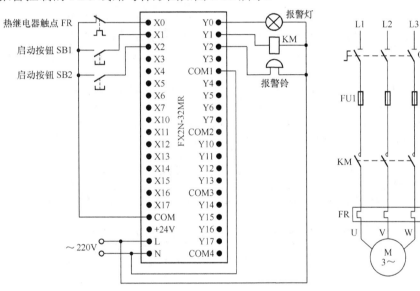

（a）PLC 接线图

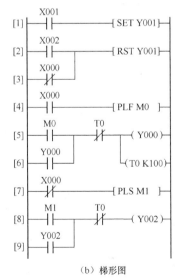

（b）梯形图

图 3-33　过载报警控制的 PLC 线路与梯形图

PLC 线路与梯形图说明如下。

① 启动控制

按下启动按钮 SB1→[1]X001 常开触点闭合→[SET Y001]指令执行→Y001 线圈被置位，即 Y001 线圈得电→Y1 端子内部硬触点闭合→接触器 KM 线圈得电→KM 主触点闭合→电动机得电运转。

② 停止控制

按下停止按钮 SB2→[2]X002 常开触点闭合→[RST Y001]指令执行→Y001 线圈被复位，即 Y001 线圈失电→Y1 端子内部硬触点断开→接触器 KM 线圈失电→KM 主触点断开→电动机失电停转。

③ 过载保护及报警控制

在正常工作时，FR 过载保护触点闭合→
$\begin{cases} [3] \text{ X000 常闭触点断开，指令 [RST Y001] 无法执行} \\ [4] \text{ X000 常开触点闭合，指令 [PLF M0] 无法执行} \\ [7] \text{ X000 常闭触点断开，指令 [PLS M1] 无法执行} \end{cases}$

当电动机过载运行时，热继电器 FR 发热元件动作，其常闭触点 FR 断开 ——

[3] X000 常闭触点闭合→执行指令 [RST Y001]→Y001 线圈失电→Y1 端子内硬触点断开→KM 线圈失电→KM 主触点断开→电动机失电停转

[4] X000 常开触点由闭合转为断开，产生一个脉冲下降沿→指令 [PLF M0] 执行，M0 线圈得电一个扫描周期→[5] M0 常开触点闭合→Y000 线圈得电，定时器 T0 开始 10s 计时→Y000 线圈得电一方面使 [6] Y000 自锁触点闭合来锁定供电，另一方面使报警灯通电点亮 ——

[7] X000 常闭触点由断开转为闭合，产生一个脉冲上升沿→指令 [PLS M1] 执行，M1 线圈得电一个扫描周期→[8] M1 常开触点闭合→Y002 线圈得电→Y002 线圈得电一方面使 [9] Y002 自锁触点闭合来锁定供电，另一方面使报警铃通电发声 ——

→10s 后，定时器 T0 动作→
$\begin{cases} [8] \text{ T0 常闭触点断开→Y002 线圈失电→报警铃失电，停止报警声} \\ [5] \text{ T0 常闭触点断开→定时器 T0 复位，同时 Y000 线圈失电→} \\ \text{报警灯失电熄灭} \end{cases}$

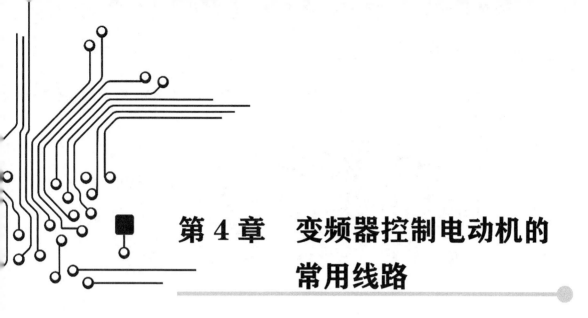

第4章 变频器控制电动机的常用线路

4.1 变频器的原理、结构和使用

4.1.1 变频器的调速原理与基本组成

1. 三相异步电动机的两种调速方式

当三相异步电动机定子绕组通入三相交流电后,定子绕组会产生旋转磁场,旋转磁场的转速 n_0 与交流电源的频率 f 及电动机的磁极对数 p 有如下关系:

$$n_0=60f/p$$

电动机转子的旋转速度 n(即电动机的转速)略低于旋转磁场的旋转速度 n_0(又称同步转速),两者的转速差称为转差 s,电动机的转速为:

$$n=(1-s)60f/p$$

由于转差 s 很小,一般为 0.01~0.05,为了计算方便,可近似认为电动机的转速与定子的旋转磁场转速相同,即电动机转速近似为:

$$n=60f/p$$

从上面的近似公式可以看出,三相异步电动机的转速 n 与交流电源的频率 f 和电动机的磁极对数 p 有关,当交流电源的频率 f 发生改变时,电动机的转速就会发生变化。通过改变电动机的磁极对数 p 来调节电动机转速的方法称为变极调速,通过改变交流电源的频率来调节电动机转速的方法称为变频调速,变频器是通过改变交流电源频率来调节电动机转速。

2. 变频器的基本组成

变频器是一种典型的采用了变频技术的电气设备。变频器的功能是将工频(**50Hz 或 60Hz**)交流电源换成频率可变的交流电源提供给电动机,通过改变输出电源的频率来对电动机进行调速控制。

图 4-1 列出了几种常见的变频器。变频器种类很多，主要可分为两类：交-直-交型变频器和交-交型变频器。

图 4-1　几种常见的变频器

1. 交-直-交型变频器的组成与原理

交-直-交型变频器利用线路先将工频电源转换成直流电源，再将直流电源转换成频率可变的交流电源，然后提供给电动机，通过调节输出电源的频率来改变电动机的转速。交-直-交型变频器的典型结构如图 4-2 所示。

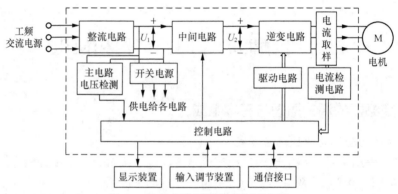

图 4-2　交-直-交型变频器的典型结构框图

下面对照图 4-2 所示框图说明交-直-交型变频器工作原理。

工频交流电源经整流线路转换成脉动的直流电，直流电再经中间线路进行滤波平滑，然后送到逆变线路，与此同时，控制系统会产生驱动脉冲，经驱动线路放大后送到逆变线路，在驱动脉冲的控制下，逆变线路将直流电转换成频率可变的交流电并送给电机，驱动电机运转。改变逆变线路输出交流电的频率，电机转速就会发生相应的变化。

整流线路、中间线路和逆变线路构成变频器的主线路，用来完成交-直-交的转换。由于主线路工作在高电压大电流状态，为了保护主线路，变频器通常设有主线路电压检测和输出电流检测线路，当主线路电压过高或过低时，电压检测线路则将该情况反映给控制线路，当变频器输出电流过大（如电机负荷大）时，电流取样元件或线路会产生过流信号，经电流检测线路处理后也送到控制线路。当主线路出现电压不正常或输出电流过大时，控制线路通亦检测线路获得该情况后，会根据设定的程序作出相应的控制，如让变频器主线路停止工作，并发出相应的报警指示。

控制线路是变频器的控制中心，当它接收到输入调节装置或通信接口送来的指令信号后，会发出相应的控制信号去控制主线路，使主线路按设定的要求工作，同时控制线路还会将有关的设置和机器状态信息送到显示装置，以显示有关信息，便于用户操作或了解变频器的工作情况。

变频器的显示装置一般采用显示屏和指示灯；输入调节装置主要包括按钮、开关和旋钮等；通信接口用来与其他设备（如可编程序控制器 PLC）进行通信，接收它们发送过来的信息，同时还将变频器有关信息反馈给这些设备。

2．交-交型变频器的组成与原理

交-交型变频器利用线路直接将工频电源转换成频率可变的交流电源并提供给电机，通过调节输出电源的频率来改变电机的转速。交-交型变频器的结构如图 4-3 所示。从图中可以看出，交-交型变频器与交-直-交型变频器的主线路不同，它采用交-交变频线路直接将工频电源转换成频率可调的交流电源的方式进行变频调速。

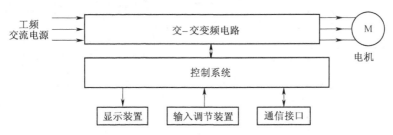

图 4-3　交-交型变频器的结构框图

交-交变频线路一般只能将输入交流电频率降低输出，而工频电源频率本来就低，所以交-交型变频器的调速范围很窄，另外这种变频器要采用大量的晶闸管等电力电子器件，导致装置体积大、成本高，故交-交型变频器使用远没有交-直-交型变频器广泛，因此本章主要介绍交-直-交型变频器。

4.1.2　变频器的结构与接线说明

变频器生产厂家很多，主要有三菱、西门子、富士、施耐德、ABB、安川、台达等，每个厂家都生产很多型号的变频器。虽然变频器种类繁多，但由于基本功能是一致的，所以使用方法大同小异，这里以三菱 FR-A540 型变频器为例来介绍变频器的使用。

1．结构

三菱 FR-A540 型变频器结构说明如图 4-4 所示，其中图（a）为带面板的前视结构图，图（b）为拆下面板后的结构图。

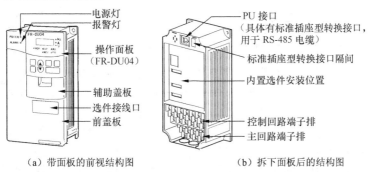

（a）带面板的前视结构图　　　　　（b）拆下面板后的结构图

图 4-4　三菱 FR-A540 型变频器结构说明

2. 端子功能与接线

变频器的端子主要有主回路端子和控制回路端子。在使用变频器时，应根据实际需要正确地将有关端子与外部器件（如开关、继电器等）连接起来。

（1）总接线图

三菱 FR-A540 型变频器总接线如图 4-5 所示。

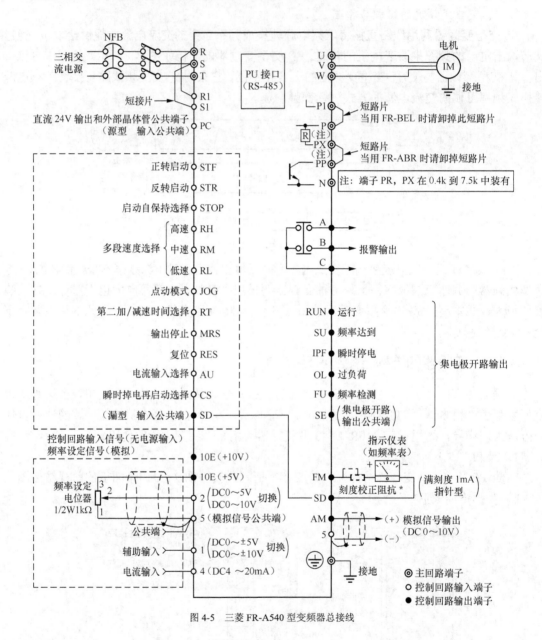

图 4-5　三菱 FR-A540 型变频器总接线

（2）端子功能说明

变频器的端子可分为主回路端子和控制回路端子。主回路端子功能说明见表 4-1，控制回路端子功能说明见表 4-2。

表 4-1   主回路端子说明

端子记号	端子名称	说明
R.S.T	交流电源输入	连接工频电源。当使用高功率因数转换器时，确保这些端子不连接（FR-HC）
U.V.W	变频器输出	接三相鼠笼电机
R1.S1	控制回路电源	与交流电源端子 R，S 连接。在保持异常显示和异常输出时或当使用高功率因数转换器时（FR-HC）时，请拆下 R-R1 和 S-S1 之间的短路片，并提供外部电源到此端子
P.PR	连接制动电阻器	拆开端子 PR-PX 之间的短路片，在 P-PR 之间连接选件制动电阻器（FR-ABR）
P.N	连接制动单元	连接选件 FR-BU 型制动单元或电源再生单元(FR-RC)或高功率因数转换器(FR-HC)
P.P1	连接改善功率因数 DC 电抗器	拆开端子 P-P1 间的短路片，连接选件改善功率因数用电抗器（FR-BEL）
PR.PX	连接内部制动回路	用短路片将 PX-PR 间短路时（出厂设定）内部制动回路便生效（7.5k 以下装有）
⏚	接地	变频器外壳接地用，必须接大地

表 4-2   控制回路端子说明

类型		端子记号	端子名称	说明	
输入信号	启动接点功能设定	STF	正转启动	STF 信号处于 ON 便正转，处于 OFF 便停止。程序运行模式时为程序运行开始信号（ON 开始，OFF 静止）	当 STF 和 STR 信号同时处于 ON 时，相当于给出停止指令
		STR	反转启动	STR 信号 ON 为逆转，OFF 为停止	
		STOP	启动自保持选择	使 STOP 信号处于 ON，可以选择启动信号自保持	
		RH, RM, RL	多段速度选择	用 RH，RM 和 RL 信号的组合可以选择多段速度	输入端子功能选择（Pr.180 到 Pr.186）用于改变端子功能
		JOG	点动模式选择	JOG 信号 ON 时选择点动运行（出厂设定）。用启动信号（STF 和 STR）可以点动运行	
		RT	第 2 加/减速时间选择	RT 信号处于 ON 时选择第 2 加减速时间。设定了[第 2 力矩提升][第 2V/F（基底频率）]时，也可以用 RT 信号处于 ON 时选择这些功能	
		MRS	输出停止	MRS 信号为 ON（20ms 以上）时，变频器输出停止。用电磁制动停止电机时，用于断开变频器的输出	
		RES	复位	用于解除保护回路动作的保持状态。使端子 RES 信号处于 ON 在 0.1s 以上，然后断开	
		AU	电流输入选择	只在端子 AU 信号处于 ON 时，变频器才可用直流 4～20mA 作为频率设定信号	输入端子功能选择（Pr.180 到 Pr.186）用于改变端子功能
		CS	瞬停电再启动选择	CS 信号预先处于 ON，瞬时停电再恢复时变频器便可自动启动。但用这种运行必须设定有关参数，因为出厂时设定为不能再启动	
		SD	公共输入端子（漏型）	接点输入端子和 FM 端子的公共端。直流 24V，0.1A（PC 端子）电源的输出公共端	

类型		端子记号	端子名称	说明	
输入信号	启动接点功能设定	PC	直流24V电流和外部晶体管公共端接点输入公共端(源型)	当连接晶体管输出(集电极开路输出),例如,可编程控制器时,将晶体管输出用的外部电源公共端接到这个端子时,可以防止因漏电引起的误动作,这端子可用于直流 24V,0.1A 电源输出。当选择源型时,这端子作为接点输入的公共端	
模拟	频率设定	10E	频率设定用电流	10VDC,容许负荷电流 10mA	按出厂设定状态连接频率设定电位器时,与端子 10 连接。当连接到 10E 时,请改变端子 2 的输入规格
		10		50VDC,容许负荷电流 10mA	
		2	频率设定(电压)	输入 0~5VDC(或 0~10VDC)时 5V（10VDC）对应为最大输出频率。输入输出成比例。用参数单元进行输入直流 0~5V（出厂设定）和 0~10VDC 的切换。输入阻抗 10kΩ,容许最大电压为直流 20V	
		4	频率设定(电流)	DC 4~20mA,20mA 为最大输出频率,输入、输出成比例。只在端子 AU 信号处于 ON 时,该输入信号有效,输入阻抗 250Ω,容许最大电流为 30mA	
		1	辅助频率设定	输入 0~±5VDC 或 0~±10VDC 时,端子 2 或 4 的频率设定信号与这个信号相加。用参数单元进行输入 0~±5VDC 或 0~±10VDC（出厂设定）的切换。输入阻抗 10kΩ,容许电压±20VDC	
		5	频率设定公共端	频率设定信号（端子 2,1 或 4）和模拟输出端子 AM 的公共端子。请不要接大地	
输出信号	接点	A, B, C	异常输出	指示变频器因保护功能动作而输出停止的转换接点,AC 200V 0.3A,DC 30V 0.3A,异常时：B-C 间不导通（A-C 间导通）,正常时：B-C 间导通（A-C 间不导通）	
	集电极开路	RUN	变频器正在运行	变频器输出频率为启动频率（出厂时为 0.5Hz,可变更）以上时为低电平,正在停止或正在直流制动时为高电平*2。容许负荷为 DC 24V,0.1A	输出端子功能选择通过（Pr.190 到 Pr.195）改变端子功能
		SU	频率到达	输出频率达到设定频率的±10%（出厂设定,可变更）时为低电平,正在加/减速或停止时为高电平*2。容许负荷为 DC 24V,0.1A	
		OL	过负荷报警	当失速保护功能动作时为低电平,失速保护解除时为高电平*2。容许负荷为 DC 24V,0.1A	
		IPF	瞬时停电	瞬时停电,电压不足保护动作时为低电平*2,容许负荷为 DC 24V,0.1A	
		FU	频率检测	输出频率为任意设定的检测频率以上时为低电平,以下时为高电平*2,容许负荷为 DC 24V,0.1A	
		SE	集电极开路输出公共端	端子 RUN,SU,OL,IPF,FU 的公共端子	
	脉冲	FM	提示仪表用	可以从 16 种监示项目中选一种作为输出*3,如输出频率,输出信号与监示项目的大小成比例	出厂设定的输出项目：频率容许负荷电流 1mA 60Hz 时 1440 脉冲/s
	模拟	AM	模拟信号输出		出厂设定的输出项目：频率输出信号 0 到 DC 10V 容许负荷电流 1mA

续表

类型	端子记号	端子名称	说明
通信 RS1485	——	PU 接口	通过操作面板的接口，进行 RS-485 通信 • 遵守标准：EIA RS-485 标准 • 通信方式：多任务通信 • 通信速率：最大：19200bit/s • 最长距离：500m

4.1.3　变频器操作面板的使用

变频器的主回路和控制回路接好后，就可以对变频器进行操作。变频器的操作方式较多，最常用的方式就是在面板上对变频器进行各种操作。

1. 操作面板介绍

变频器安装有操作面板，面板上有按键、显示屏和指示灯，通过观察显示屏和指示灯来操作按键，可以对变频器进行各种控制和功能设置。三菱 FR-A540 型变频器的操作面板如图 4-6 所示。

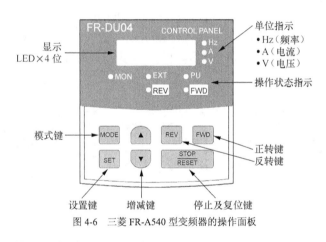

图 4-6　三菱 FR-A540 型变频器的操作面板

操作面板按键和指示灯的功能说明见表 4-3。

表 4-3　　　　　　　　　　　　操作面板按键和指示灯的功能说明

按键	MODE 键	可用于选择操作模式或设定模式
	SET 键	用于确定频率和参数的设定
	▲/▼ 键	• 用于连续增加或降低运行频率，按下这个键可改变频率 • 在设定模式中按下此键，则可连续设定参数
	FWD 键	用于给出正转指令
	REV 键	用于给出反转指令
	STOP RESET 键	• 用于停止运行 • 用于保护功能动作输出停止复位变频器（用于主要故障）

指示灯	Hz	显示频率时点亮
	A	显示电流时点亮
	V	显示电压时点亮
	MON	监示显示模式时点亮
	PU	PU 操作模式时点亮
	XET	外部操作模式时点亮
	FWD	正转时闪烁
	REV	反转时闪烁

2. 操作面板的使用

（1）模式切换

要对变频器进行某项操作，须先在操作面板上切换到相应的模式，例如，要设置变频器的工作频率，须先切换到"频率设定模式"，再进行有关的频率设定操作。在操作面板可以进行 5 种模式的切换。

变频器接通电源后（又称上电），变频器自动进入"监示模式"，如图 4-7 所示，操作面板上的"MODE"键可以进行模式切换，第一次按"MODE"键进入"频率设定模式"，再按"MODE"键进入"参数设定模式"，反复按"MODE"键可以进行"监示、频率设定、参数设定、操作、帮助" 5 种模式切换。当切换到某一模式后，操作"SET"键或" ▲ "或" ▼ "键则对该模式进行具体设置。

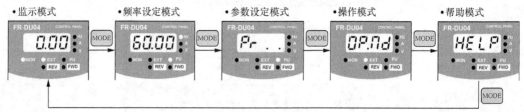

图 4-7　模式切换操作方法

（2）监示模式的设置

监示模式用于显示变频器的工作频率、电流大小、电压大小和报警信息，便于用户了解变频器的工作情况。

监示模式的设置方法是：先操作"MODE"键切换到监示模式（操作方法见模式切换），再按"SET"键就会进入频率监示，如图 4-8 所示，然后反复按"SET"键，可以让监示模式在"电流监示"、"电压监示"、"报警监示"和"频率监示"之间切换，若按"SET"键超过1.5s，会自动切换到上电监示模式。

（3）频率设定模式的设置

频率设定模式用来设置变频器的工作频率，也就是设置变频器逆变线路输出电源的频率。

频率设定模式的设置方法是：先操作"MODE"键切换到频率设定模式，再按" ▲ "或" ▼ "键可以设置频率，如图 4-9 所示，设置好频率后，按"SET"键就将频率存储下来（也称写入设定频率），这时显示屏就会交替显示频率值和频率符号 F，这时若按下"MODE"键，显示屏就会切换到频率监示状态，监示变频器工作频率。

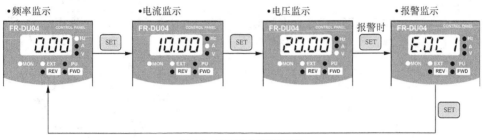

图 4-8　监示模式的设置方法

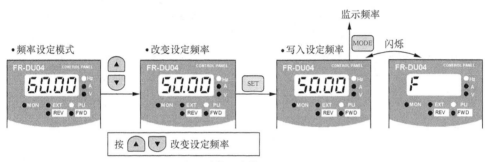

图 4-9　频率设定模式的设置方法

（4）参数设定模式的设置

参数设定模式用来设置变频器各种工作参数。三菱 FR-A540 型变频器有近千种参数，每种参数又可以设置不同的值，如第 79 号参数用来设置操作模式，其可设置值有 0～8。若将 79 号参数值设置为 1 时，就将变频器设置为 PU 操作模式；将参数值设置为 2 时，会将变频器设置为外部操作模式。将 79 号参数值设为 1，通常记作 Pr.79=1。

参数设定模式的设置方法是：先操作"MODE"键切换到参数设定模式，再按"SET"键开始设置参数号的最高位，如图 4-10 所示，按"▲"或"▼"键可以设置最高位的数值，最高位设置好后，按"SET"键会进入中间位的设置，按"▲"或"▼"键可以设置中间位的数值，再用同样的方法设置最低位，最低位设置好后，整个参数号设置结束，再按"SET"键开始设置参数值，按"▲"或"▼"键可以改变参数值大小，参数值设置完成后，按住"SET"键保持 1.5s 以上时间，就将参数号和参数值存储下来，显示屏会交替显示参数号和参数值。

（5）操作模式的设置

操作模式用来设置变频器的操作方式。在操作模式中可以设置外部操作、PU 操作和 PU 点动操作。外部操作是指控制信号由控制端子外接的开关（或继电器等）输入的操作方式；**PU 操作是指控制信号由 PU 接口输入的操作方式**，如面板操作、计算机通信操作都是 PU 操作；PU 点动操作是指通过 PU 接口输入点动控制信号的操作方式。

操作模式的设置方法是：先操作"MODE"键切换到操作模式，默认为外部操作方式，按"▲"键切换至 PU 操作方式，如图 4-11 所示，再按"▲"键切换至 PU 点动操作方式，按"▼"可返回到上一种操作方式，按"MODE"会进入帮助模式。

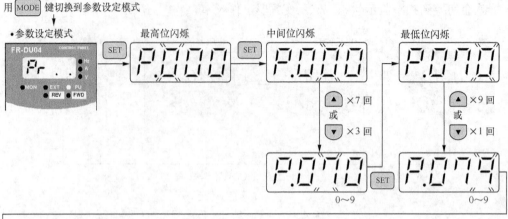

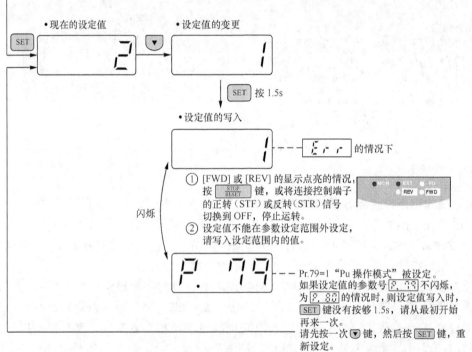

图 4-10　参数设定模式的设置方法

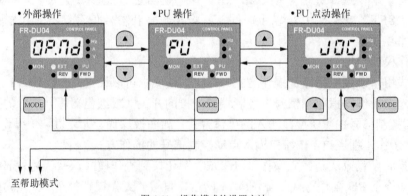

图 4-11　操作模式的设置方法

（6）帮助模式的设置

帮助模式主要用来查询和清除有关记录、参数等内容。

帮助模式的设置方法是：先操作"MODE"键切换到帮助模式，按"▲"键显示报警记录，再按"▲"清除报警记录，反复按"▲"键可以显示或清除不同内容，按"▼"可返回到上一种操作方式，具体操作如图 4-12 所示。

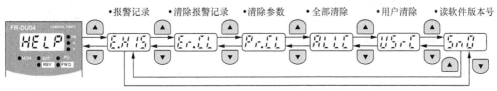

图 4-12　帮助模式的设置方法

4.1.4　变频器的使用举例

变频器最基本的功能是对电动机进行正、反转和调速控制。在使用变频器对电动机进行正、反转和调速控制时，既可以使用面板来操作（PU 操作），也可以使用控制端子外接的开关和电位器来操作（外部操作）。

1. 使用变频器的面板控制电动机正、反转

使用变频器的面板对电动机进行正、反转控制又称 PU 操作方式。

（1）接线

在操作变频器面板前，需要对变频器主线路进行接线，接线如图 4-13 所示。

图 4-13　PU 操作方式的接线

（2）操作过程

采用 PU 操作方式对电动机进行正、反转控制的操作过程见表 4-4。

表 **4-4**　　　　　　　　**PU 操作方式对电动机进行正、反转控制的操作过程**

操作说明	示图
第一步：接通电源并设置操作模式 将断路器合闸，为变频器接通工频电源，再观察操作面板显示屏的 PU 指示灯（外部操作指示灯）是否亮（默认亮），若未亮，可操作 MODE 键切换到操作模式，并用▲和▼键将操作模式设定为 PU 操作	合闸 FR-DU04 0.00 REV ● FWD

操作说明	示图
第二步：设定运行频率 首先按 MODE 键切换到频率设定模式，然后按▲和▼键将频率改为 50.00Hz，按 SET 键存储设定频率值	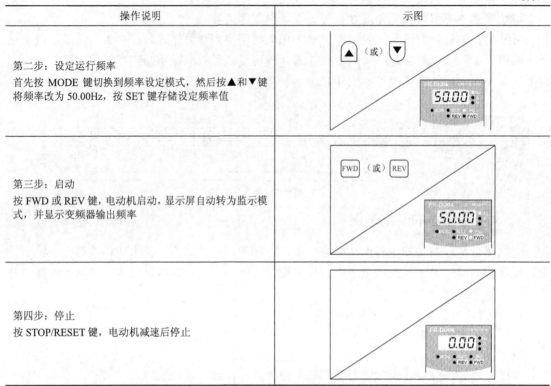
第三步：启动 按 FWD 或 REV 键，电动机启动，显示屏自动转为监示模式，并显示变频器输出频率	
第四步：停止 按 STOP/RESET 键，电动机减速后停止	

2. 使用变频器外接的开关和电位器控制电动机正、反转和调速

使用变频器外接的开关和电位器对电动机正、反转和调速控制又称外部操作方式。在使用外部操作方式时，通过操作与控制回路端子连接的部件（如开关、继电器触点、电位器等）来控制变频器的运行。

（1）接线

在操作变频器面板前，需要对变频器主线路和控制线路进行接线，接线如图 4-14 所示。先将控制线路端子外接的正转（STF）或反转（STR）开关接通，然后调节频率电位器同时观察频率计，就可以调节变频器输出电源的频率，驱动电动机以合适的转速运行。

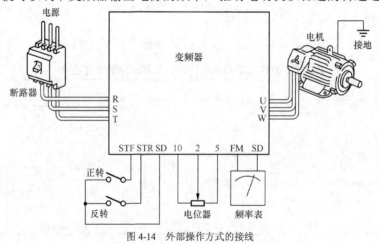

图 4-14 外部操作方式的接线

（2）操作过程

采用外部操作方式对电动机进行正、反转和调速控制的操作过程见表 4-5。

表 4-5 外部操作方式对电动机进行正、反转和调速控制的操作过程

操作说明	示图
第一步：接通电源并设置外部操作模式 将断路器合闸，为变频器接通工频电源，再观察操作面板显示屏的 EXT 指示灯（外部操作指示灯）是否亮（默认亮），若未亮，可操作 MODE 键切换到操作模式，并用▲和▼键将操作模式设定为外部操作	
第二步：启动 将正转或反转开关拨至 ON，电动机开始启动运转，同时面板上指示运转的 STF 或 STR 指示灯亮。 注：在启动时，将正转和反转开关同时拨至 ON，电动机无法启动，在运行时同时拨至 ON 会使电动机减速至停转	
第三步：加速 将频率设定电位器顺时针旋转，显示屏显示的频率值由小变大，同时电动机开始加速，当显示频率达到 50.00Hz 时停止调节，电动机以较高的恒定转速运行	
第四步：减速 将频率设定电位器逆时针旋转，显示屏显示的频率值由大变小，同时电动机开始减速，当显示频率值减小到 0.00Hz 时电动机停止运行	
第五步：停止 将正转或反转开关断开	

4.2 变频器控制电动机的常用线路及参数设置

4.2.1 正转控制线路

电动机正转控制是变频器最基本的功能。正转控制既可采用开关控制方式，也可采用继电器控制方式。在控制电动机正转时需要给变频器设置一些基本参数，具体见表4-6。

表 4-6　　　　　　　　　　变频器控制电动机正转时的参数及设置值

参数名称	参数号	设置值
加速时间	Pr.7	5s
减速时间	Pr.8	3s
加减速基准频率	Pr.20	50Hz
基底频率	Pr.3	50Hz
上限频率	Pr.1	50Hz
下限频率	Pr.2	0Hz
运行模式	Pr.79	2

1. 开关控制式正转控制线路

开关控制式正转控制线路如图 4-15 所示，它是依靠手动操作变频器 STF 端子外接开关 SA，来对电动机进行正转控制的。

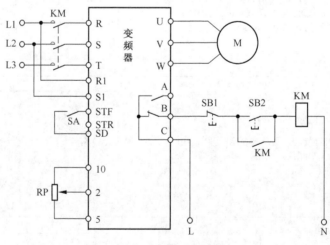

图 4-15　开关控制式正转控制线路

线路工作原理说明如下。

① 启动准备。按下按钮 SB2→接触器 KM 线圈得电→KM 常开辅助触点和主触点均闭合→KM 常开辅助触点闭合锁定 KM 线圈得电（自锁），KM 主触点闭合为变频器接通主电源。

② 正转控制。按下变频器 STF 端子外接开关 SA，STF、SD 端子接通，相当于 STF 端子输入正转控制信号，变频器 U、V、W 端子输出正转电源电压，驱动电动机正向运转。调节端子 10、2、5 外接电位器 RP，变频器输出电源频率会发生改变，电动机转速也随之变化。

③ 变频器异常保护。若变频器运行期间出现异常或故障，变频器 B、C 端子间内部等效的常闭开关断开，接触器 KM 线圈失电，KM 主触点断开，切断变频器输入电源，对变频器进行保护。

④ 停转控制。在变频器正常工作时，将开关 SA 断开，STF、SD 端子断开，变频器停止输出电源，电动机停转。

若要切断变频器输入主电源，可按下按钮 SB1，接触器 KM 线圈失电，KM 主触点断开，变频器输入电源被切断。

2. 继电器控制式正转控制线路

继电器控制式正转控制线路如图 4-16 所示。

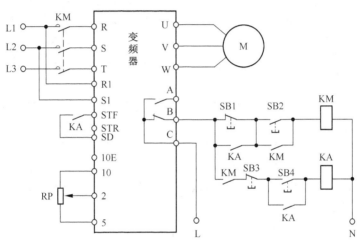

图 4-16　继电器控制式正转控制线路

线路工作原理说明如下。

① 启动准备。按下按钮 SB2→接触器 KM 线圈得电→KM 主触点和两个常开辅助触点均闭合→KM 主触点闭合为变频器接通主电源，一个 KM 常开辅助触点闭合锁定 KM 线圈得电，另一个 KM 常开辅助触点闭合为中间继电器 KA 线圈得电作准备。

② 正转控制。按下按钮 SB4→继电器 KA 线圈得电→3 个 KA 常开触点均闭合，一个常开触点闭合锁定 KA 线圈得电，一个常开触点闭合将按钮 SB1 短接，还有一个常开触点闭合将 STF、SD 端子接通，相当于 STF 端子输入正转控制信号，变频器 U、V、W 端子输出正转电源电压，驱动电动机正向运转。调节端子 10、2、5 外接电位器 RP，变频器输出电源频率会发生改变，电动机转速也随之变化。

③ 变频器异常保护。若变频器运行期间出现异常或故障，变频器 B、C 端子间内部等效的常闭开关断开，接触器 KM 线圈失电，KM 主触点断开，切断变频器输入电源，对变频器进行保护。同时继电器 KA 线圈也失电，3 个 KA 常开触点均断开。

④ 停转控制。在变频器正常工作时，按下按钮 SB3，KA 线圈失电，3 个 KA 常开触点均断开，其中一个 KA 常开触点断开使 STF、SD 端子连接切断，变频器停止输出电源，电动机停转。

在变频器运行时，若要切断变频器输入主电源，须先对变频器进行停转控制，再按下按钮 SB1，接触器 KM 线圈失电，KM 主触点断开，变频器输入电源被切断。如果没有对变频器进行停转控制，而直接去按 SB1，是无法切断变频器输入主电源的，这是因为变频器正常工作时 KA 常开触点已将 SB1 短接，断开 SB1 无效，这样做可以防止在变频器工作时误操作 SB1 切断主电源。

4.2.2 正、反转控制线路

变频器不但轻易就能实现电动机正转控制，控制电动机正、反转也很方便。正、反转控制也有开关控制方式和继电器控制方式。在控制电动机正、反转时也要给变频器设置一些基本参数，具体见表 4-7。

表 4-7　　　　　　　　　变频器控制电动机正、反转时的参数及设置值

参数名称	参数号	设置值
加速时间	Pr.7	5s
减速时间	Pr.8	3s
加减速基准频率	Pr.20	50Hz
基底频率	Pr.3	50Hz
上限频率	Pr.1	50Hz
下限频率	Pr.2	0Hz
运行模式	Pr.79	2

1. 开关控制式正、反转控制线路

开关控制式正、反转控制线路如图 4-17 所示，它采用了一个三位开关 SA，SA 有"正转"、"停止"和"反转" 3 个位置。

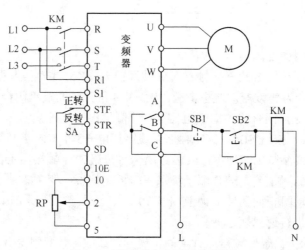

图 4-17　开关控制式正、反转控制线路

线路工作原理说明如下。

① 启动准备。按下按钮 SB2→接触器 KM 线圈得电→KM 常开辅助触点和主触点均闭合→KM 常开辅助触点闭合锁定 KM 线圈得电（自锁），KM 主触点闭合为变频器接通主电源。

② 正转控制。将开关 SA 拨至"正转"位置，STF、SD 端子接通，相当于 STF 端子输

入正转控制信号，变频器 U、V、W 端子输出正转电源电压，驱动电动机正向运转。调节端子 10、2、5 外接电位器 RP，变频器输出电源频率会发生改变，电动机转速也随之变化。

③ 停转控制。将开关 SA 拨至"停转"位置（悬空位置），STF、SD 端子连接切断，变频器停止输出电源，电动机停转。

④ 反转控制。将开关 SA 拨至"反转"位置，STR、SD 端子接通，相当于 STR 端子输入反转控制信号，变频器 U、V、W 端子输出反转电源电压，驱动电动机反向运转。调节电位器 RP，变频器输出电源频率会发生改变，电动机转速也随之变化。

⑤ 变频器异常保护。若变频器运行期间出现异常或故障，变频器 B、C 端子间内部等效的常闭开关断开，接触器 KM 线圈失电，KM 主触点断开，切断变频器输入电源，对变频器进行保护。

若要切断变频器输入主电源，须先将开关 SA 拨至"停止"位置，让变频器停止工作，再按下按钮 SB1，接触器 KM 线圈失电，KM 主触点断开，变频器输入电源被切断。该线路结构简单，缺点是在变频器正常工作时操作 SB1 可切断输入主电源，这样易损坏变频器。

2. 继电器控制式正、反转控制线路

继电器控制式正、反转控制线路如图 4-18 所示，该线路采用了 KA1、KA2 继电器分别进行正转和反转控制。

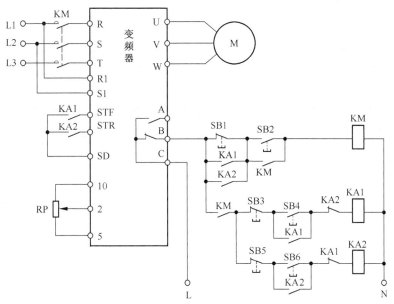

图 4-18　继电器控制式正、反转控制线路

线路工作原理说明如下。

① 启动准备。按下按钮 SB2→接触器 KM 线圈得电→KM 主触点和两个常开辅助触点均闭合→KM 主触点闭合为变频器接通主电源，一个 KM 常开辅助触点闭合锁定 KM 线圈得电，另一个 KM 常开辅助触点闭合为中间继电器 KA1、KA2 线圈得电作准备。

② 正转控制。按下按钮 SB4→继电器 KA1 线圈得电→KA1 的 1 个常闭触点断开，3 个常开触点闭合→KA1 的常闭触点断开使 KA2 线圈无法得电，KA1 的 3 个常开触点闭合分别锁定 KA1 线圈得电、短接按钮 SB1 和接通 STF、SD 端子→STF、SD 端子接通，相当于 STF 端子输入正转控制信号，变频器 U、V、W 端子输出正转电源电压，驱动电动机正向运转。调节端

子 10、2、5 外接电位器 RP，变频器输出电源频率会发生改变，电动机转速也随之变化。

③ 停转控制。按下按钮 SB3→继电器 KA1 线圈失电→3 个 KA 常开触点均断开，其中 1 个常开触点断开切断 STF、SD 端子的连接，变频器 U、V、W 端子停止输出电源电压，电动机停转。

④ 反转控制。按下按钮 SB6→继电器 KA2 线圈得电→KA2 的 1 个常闭触点断开，3 个常开触点闭合→KA2 的常闭触点断开使 KA1 线圈无法得电，KA2 的 3 个常开触点闭合分别锁定 KA2 线圈得电、短接按钮 SB1 和接通 STR、SD 端子→STR、SD 端子接通，相当于 STR 端子输入反转控制信号，变频器 U、V、W 端子输出反转电源电压，驱动电动机反向运转。

⑤ 变频器异常保护。若变频器运行期间出现异常或故障，变频器 B、C 端子间内部等效的常闭开关断开，接触器 KM 线圈失电，KM 主触点断开，切断变频器输入电源，对变频器进行保护。

若要切断变频器输入主电源，可在变频器停止工作时按下按钮 SB1，接触器 KM 线圈失电，KM 主触点断开，变频器输入电源被切断。由于在变频器正常工作期间（正转或反转），KA1 或 KA2 常开触点闭合将 SB1 短接，断开 SB1 无效，这样做可以避免在变频器工作时切断主电源。

4.2.3　工频与变频切换控制线路

在变频调速系统运行过程中，如果变频器突然出现故障，这时若让负载停止工作可能会造成很大损失。为了解决这个问题，可给变频调速系统增设工频与变频切换功能，在变频器出现故障时自动将工频电源切换给电动机，以让系统继续工作。

1. 变频器跳闸保护线路

变频器跳闸保护是指在变频器工作出现异常时切断电源，保护变频器不被损坏。图 4-19 是一种常见的变频器跳闸保护线路。变频器 A、B、C 端子为异常输出端，A、C 之间相当于一个常开开关，B、C 之间相当一个常闭开关，在变频器工作出现异常时，A、C 接通，B、C 断开。

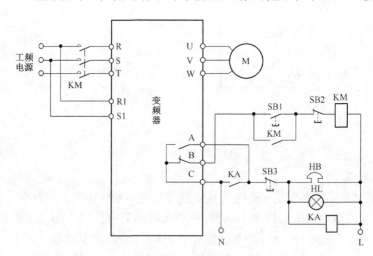

图 4-19　一种常见的变频器跳闸保护线路

线路工作过程说明如下。

（1）供电控制

按下按钮 SB1，接触器 KM 线圈得电，KM 主触点闭合，工频电源经 KM 主触点为变频器提供电源，同时 KM 常开辅助触点闭合，锁定 KM 线圈供电。按下按钮 SB2，接触器 KM 线圈失电，KM 主触点断开，切断变频器电源。

（2）异常跳闸保护

若变频器在运行过程中出现异常，A、C 之间闭合，B、C 之间断开。B、C 之间断开使接触器 KM 线圈失电，KM 主触点断开，切断变频器供电；A、C 之间闭合使继电器 KA 线圈得电，KA 触点闭合，振铃 HB 和报警灯 HL 得电，发出变频器工作异常声光报警。

按下按钮 SB3，继电器 KA 线圈失电，KA 常开触点断开，HB、HL 失电，声光报警停止。

2. 工频与变频的切换线路

（1）线路

图 4-20 是一个典型的工频与变频切换控制线路。该线路在工作前需要先对一些参数进行设置。

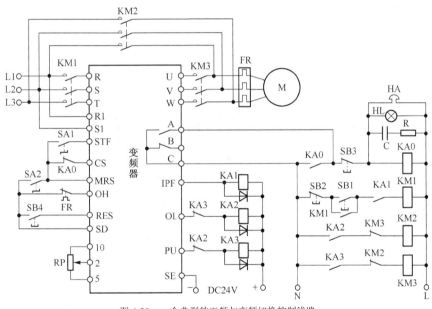

图 4-20　一个典型的工频与变频切换控制线路

线路的工作过程说明如下。

1）变频运行控制

① 启动准备。将开关 SA2 闭合，接通 MRS 端子，允许进行工频-变频切换。由于已设置 Pr.135=1 使切换有效，IPF、PU 端子输出低电平，中间继电器 KA1、KA3 线圈得电。KA3 线圈得电→KA3 常开触点闭合→接触器 KM3 线圈得电→KM3 主触点闭合，KM3 常闭辅助触点断开→KM3 主触点闭合将电动机与变频器输出端连接；KM3 常闭辅助触点断开使 KM2 线圈无法得电，实现 KM2、KM3 之间的互锁（KM2、KM3 线圈不能同时得电），电动机无法由变频和工频同时供电。KA1 线圈得电→KA1 常开触点闭合，为 KM1 线圈得电作准备→按下按钮 SB1→KM1 线圈得电→KM1 主触点、常开辅助触点均闭合→KM1 主触点闭合，为变频器供电；KM1 常开辅助触点闭合，锁定 KM1 线圈得电。

② 启动运行。将开关 SA1 闭合，STF 端子输入信号（STF 端子经 SA1、SA2 与 SD 端

子接通），变频器正转启动，调节电位器 RP 可以对电动机进行调速控制。

2）变频-工频切换控制

当变频器运行中出现异常，异常输出端子 A、C 接通，中间继电器 KA0 线圈得电，KA0 常开触点闭合，振铃 HA 和报警灯 HL 得电，发出声光报警。与此同时，IPF、PU 端子变为高电平，OL 端子变为低电平，KA1、KA3 线圈失电，KA2 线圈得电。KA1、KA3 线圈失电→KA1、KA3 常开触点断开→KM1、KM3 线圈失电→KM1、KM3 主触点断开→变频器与电源、电动机断开。KA2 线圈得电→KA2 常开触点闭合→KM2 线圈得电→KM2 主触点闭合→工频电源直接提供给电动机。（注：KA1、KA3 线圈失电与 KA2 线圈得电并不是同时进行的，有一定的切换时间，它与 Pr.136、Pr.137 设置有关）

按下按钮 SB3 可以解除声光报警，按下按钮 SB4，可以解除变频器的保护输出状态。若电动机在运行时出现过载，与电动机串接的热继电器 FR 发热元件动作，使 FR 常闭触点断开，切断 OH 端子输入，变频器停止输出，对电动机进行保护。

（2）参数设置

参数设置内容包括以下两个。

① 工频与变频切换功能设置。工频与变频切换有关参数功能及设置值见表 4-8。

表 4-8　　　　　　　　　工频与变频切换有关参数功能及设置值

参数与设置值	功能	设置值范围	说明
Pr.135 （Pr.135=1）	工频-变频切换选择	0	切换功能无效。Pr.136、Pr.137、Pr.138 和 Pr.139 参数设置无效
		1	切换功能有效
Pr.136 （Pr.136=0.3）	继电器切换互锁时间	0～100.0s	设定 KA2 和 KA3 动作的互锁时间
Pr.137 （Pr.137=0.5）	启动等待时间	0～100.0s	设定时间应比信号输入到变频器时到 KA3 实际接通的时间稍微长点（0.3～0.5s）
Pr.138 （Pr.138=1）	报警时的工频-变频切换选择	0	切换无效。当变频器发生故障时，变频器停止输出（KA2 和 KA3 断开）
		1	切换有效。当变频器发生故障时，变频器停止运行并自动切换到工频电源运行（KA2：ON，KA3：OFF）
Pr.139 （Pr.139=9999）	自动变频-工频电源切换选择	0～60.0Hz	当变频器输出频率达到或超过设定频率时，会自动切换到工频电源运行
		9999	不能自动切换

② 部分输入/输出端子的功能设置。部分输入/输出端子的功能设置见表 4-9。

表 4-9　　　　　　　　　部分输入/输出端子的功能设置

参数与设置值	功能说明
Pr.185=7	将 JOG 端子功能设置成 OH 端子，用作过热保护输入端
Pr.186=6	将 CS 端子设置成自动再启动控制端子
Pr.192=17	将 IPF 端子设置成 KA1 控制端子
Pr.193=18	将 OL 端子设置成 KA2 控制端子
Pr.194=19	将 FU 端子设置成 KA3 控制端子

4.2.4 多挡转速控制线路

变频器可以对电动机进行多挡转速驱动。在进行多挡转速控制时，需要对变频器有关参数进行设置，再操作相应端子外接开关。

1. 多挡转速控制端子

变频器的 **RH、RM、RL** 为多挡转速控制端，**RH** 为高速挡，**RM** 为中速挡，**RL** 为低速挡。RH、RM、RL 3 个端子组合可以进行 7 挡转速控制。多挡转速控制如图 4-21 所示，其中图 4-21（a）为多速控制线路，图 4-21（b）为转速与多速控制端子通断关系图。

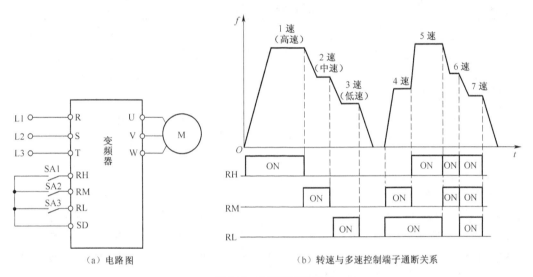

（a）电路图　　　　　　（b）转速与多速控制端子通断关系

图 4-21　多挡转速控制说明

当开关 SA1 闭合时，RH 端与 SD 端接通，相当于给 RH 端输入高速运转指令信号，变频器马上输出频率很高的电源去驱动电动机，电动机迅速启动并高速运转（1 速）。

当开关 SA2 闭合时（SA1 需断开），RM 端与 SD 端接通，变频器输出频率降低，电动机由高速转为中速运转（2 速）。

当开关 SA3 闭合时（SA1、SA2 需断开），RL 端与 SD 端接通，变频器输出频率进一步降低，电动机由中速转为低速运转（3 速）。

当 SA1、SA2、SA3 均断开时，变频器输出频率变为 0Hz，电动机由低速转为停转。

SA2、SA3 闭合，电动机 4 速运转；SA1、SA3 闭合，电动机 5 速运转；SA1、SA2 闭合，电动机 6 速运转；SA1、SA2、SA3 闭合，电动机 7 速运转。

图 4-21（b）曲线中的斜线表示变频器输出频率由一种频率转变到另一种频率需经历一段时间，在此期间，电动机转速也由一种转速变化到另一种转速；水平线表示输出频率稳定，电动机转速稳定。

2. 多挡控制参数的设置

多挡控制参数包括多挡转速端子选择参数和多挡运行频率参数。

（1）多挡转速端子选择参数

在使用 RH、RM、RL 端子进行多速控制时，先要通过设置有关参数使这些端子控制有效。多挡转速端子参数设置如下。

Pr.180=0，RL 端子控制有效；

Pr.181=1，RM 端子控制有效；

Pr.182=2，RH 端子控制有效。

以上某参数若设为 9999，则将该端设为控制无效。

（2）多挡运行频率参数

RH、RM、RL 3 个端子组合可以进行 7 挡转速控制，各挡的具体运行频率需要用相应参数设置。多挡运行频率参数设置见表 4-10。

表 4-10　　　　　　　　　　　　多挡运行频率参数设置

参数	速度	出厂设定	设定范围	备注
Pr.4	高速	60Hz	0～400Hz	
Pr.5	中速	30Hz	0～400Hz	
Pr.6	低速	10Hz	0～400Hz	
Pr.24	速度四	9999	0～400Hz，9999	9999：无效
Pr.25	速度五	9999	0～400Hz，9999	9999：无效
Pr.26	速度六	9999	0～400Hz，9999	9999：无效
Pr.27	速度七	9999	0～400Hz，9999	9999：无效

3. 多挡转速控制线路

图 4-22 是一个典型的多挡转速控制线路，它由主回路和控制回路两部分组成。该线路采用了 KA0～KA3 中间继电器，其常开触点接在变频器的多挡转速控制输入端，线路还用了 SQ1～SQ3 行程开关来检测运动部件的位置并进行转速切换控制。图 4-22 线路中的变频器在运行前需要按前述方法设置多挡控制参数。

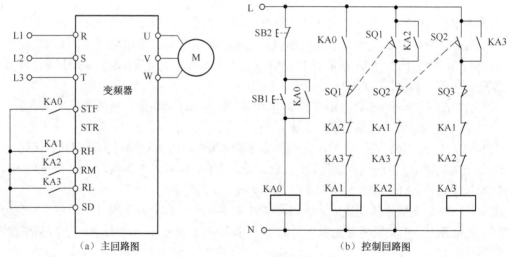

（a）主回路图　　　　　　　　　　　　（b）控制回路图

图 4-22　一个典型的多挡转速控制线路

线路工作过程说明如下。

① 启动并高速运转。按下启动按钮 SB1→中间继电器 KA0 线圈得电→KA0 3 个常开触点均闭合，一个触点锁定 KA0 线圈得电，一个触点闭合使 STF 端与 SD 端接通（即 STF 端输入正转指令信号），还有一个触点闭合使 KA1 线圈得电→KA1 两个常闭触点断开，一个常

开触点闭合→KA1 两个常闭触点断开使 KA2、KA3 线圈无法得电，KA1 常开触点闭合将 RH 端与 SD 端接通（即 RH 端输入高速指令信号）→STF、RH 端子外接触点均闭合，变频器输出频率很高的电源，驱动电动机高速运转。

② 高速转中速运转。高速运转的电动机带动运动部件运行到一定位置时，行程开关 SQ1 动作→SQ1 常闭触点断开，常开触点闭合→SQ1 常闭触点断开使 KA1 线圈失电，RH 端子外接 KA1 触点断开，SQ1 常开触点闭合使继电器 KA2 线圈得电→KA2 两个常闭触点断开，两个常开触点闭合→KA2 两个常闭触点断开分别使 KA1、KA3 线圈无法得电；KA2 两个常开触点闭合，一个触点闭合锁定 KA2 线圈得电，另一个触点闭合使 RM 端与 SD 端接通（即 RM 端输入中速指令信号）→变频器输出频率由高变低，电动机由高速转为中速运转。

③ 中速转低速运转。中速运转的电动机带动运动部件运行到一定位置时，行程开关 SQ2 动作→SQ2 常闭触点断开，常开触点闭合→SQ2 常闭触点断开使 KA2 线圈失电，RM 端子外接 KA2 触点断开，SQ2 常开触点闭合使继电器 KA3 线圈得电→KA3 两个常闭触点断开，两个常开触点闭合→KA3 两个常闭触点断开分别使 KA1、KA2 线圈无法得电；KA3 两个常开触点闭合，一个触点闭合锁定 KA3 线圈得电，另一个触点闭合使 RL 端与 SD 端接通（即 RL 端输入低速指令信号）→变频器输出频率进一步降低，电动机由中速转为低速运转。

④ 低速转为停转。低速运转的电动机带动运动部件运行到一定位置时，行程开关 SQ3 动作→继电器 KA3 线圈失电→RL 端与 SD 端之间的 KA3 常开触点断开→变频器输出频率降为 0Hz，电动机由低速转为停止。按下按钮 SB2→KA0 线圈失电→STF 端子外接 KA0 常开触点断开，切断 STF 端子的输入。

图 4-22 所示线路中变频器输出频率变化如图 4-23 所示，从图中可以看出，在行程开关动作时输出频率开始转变。

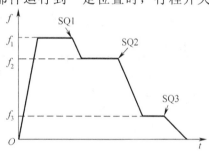

图 4-23　变频器输出频率变化曲线

4.3　PLC 控制变频器驱动电动机的硬件线路与程序

4.3.1　PLC 控制变频器驱动三相异步电动机正、反转的线路与程序

在生产实践中，电动机正、反转控制是很常见的，既可以采用继电器接触器构成的控制线路、也可采用单独变频器构成的控制线路，还可采用 PLC 与变频器连接构成的控制线路。

1. 控制线路图

PLC 与变频器连接构成的电动机正反转控制线路图如图 4-24 所示。

2. 参数设置

在用 PLC 连接变频器进行电动机正反转控制时，需要对变频器进行有关参数设置，具体见表 4-11。

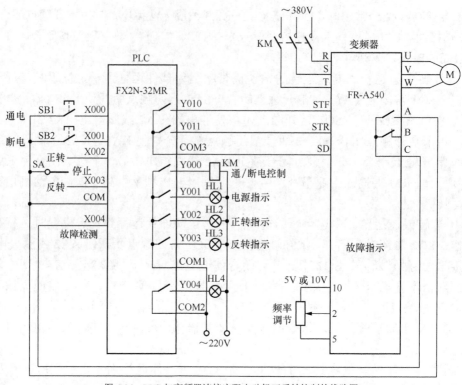

图 4-24　PLC 与变频器连接实现电动机正反转控制的线路图

表 4-11 　　　　　　　　　　　　　变频器的有关参数及设置值

参数名称	参数号	设置值
加速时间	Pr.7	5s
减速时间	Pr.8	3s
加减速基准频率	Pr.20	50Hz
基底频率	Pr.3	50Hz
上限频率	Pr.1	50Hz
下限频率	Pr.2	0Hz
运行模式	Pr.79	2

3. 编写程序

变频器有关参数设置好后，还要编写 PLC 控制程序。电动机正、反转控制的 PLC 程序如图 4-25 所示。

下面对照图 4-24 线路图和图 4-25 程序来说明 PLC 与变频器实现电动机正、反转控制的工作原理。

① 通电控制。当按下通电按钮 SB1 时，PLC 的 X000 端子输入为 ON，它使程序中的 [0]X000 常开触点闭合，"SET Y000" 指令执行，线圈 Y000 被置 1，Y000 端子内部的硬触点闭合，接触器 KM 线圈得电，KM 主触点闭合，将 380V 的三相交源送到变频器的 R、S、T 端，Y000 线圈置 1 还会使[7]Y000 常开触点闭合，Y001 线圈得电，Y001 端子内部的硬触点闭合，HL1 灯通电点亮，指示 PLC 作出通电控制。

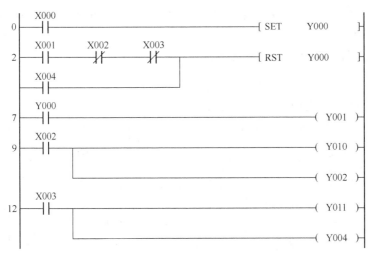

图 4-25 电动机正、反转控制的 PLC 程序

② 正转控制。将三挡开关 SA 置于"正转"位置时，PLC 的 X002 端子输入为 ON，它使程序中的[9]X002 常开触点闭合，Y010、Y002 线圈均得电，Y010 线圈得电使 Y010 端子内部硬触点闭合，将变频器的 STF、SD 端子接通，即 STF 端子输入为 ON，变频器输出电源使电动机正转，Y002 线圈得电后使 Y002 端子内部硬触点闭合，HL2 灯通电点亮，指示 PLC 作出正转控制。

③ 反转控制。将三挡开关 SA 置于"反转"位置时，PLC 的 X003 端子输入为 ON，它使程序中的[12]X003 常开触点闭合，Y011、Y003 线圈均得电，Y011 线圈得电使 Y011 端子内部硬触点闭合，将变频器的 STR、SD 端子接通，即 STR 端子输入为 ON，变频器输出电源使电动机反转，Y003 线圈得电后使 Y003 端子内部硬触点闭合，HL3 灯通电点亮，指示 PLC 作出反转控制。

④ 停转控制。在电动机处于正转或反转时，若将 SA 开关置于"停止"位置，X002 或 X003 端子输入为 OFF，程序中的 X002 或 X003 常开触点断开，Y010、Y002 或 Y011、Y003 线圈失电，Y010、Y002 或 Y011、Y003 端子内部硬触点断开，变频器的 STF 或 STR 端子输入为 OFF，变频器停止输出电源，电动机停转，同时 HL2 或 HL3 指示灯熄灭。

⑤ 断电控制。当 SA 置于"停止"位置使电动机停转时，若按下断电按钮 SB2，PLC 的 X001 端子输入为 ON，它使程序中的[2]X001 常开触点闭合，执行"RST Y000"指令，Y000 线圈被复位失电，Y000 端子内部的硬触点断开，接触器 KM 线圈失电，KM 主触点断开，切断变频器的输入电源，Y000 线圈失电还会使[7]Y000 常开触点断开，Y001 线圈失电，Y001 端子内部的硬触点断开，HL1 灯熄灭。如果 SA 处于"正转"或"反转"位置时，[2]X002 或 X003 常闭触点断开，无法执行"RST Y000"指令，即电动机在正转或反转时，操作 SB2 按钮是不能断开变频器输入电源的。

⑥ 故障保护。如果变频器内部保护功能动作，A、C 端子间的内部触点闭合，PLC 的 X004 端子输入为 ON，程序中的 X004 常开触点闭合，执行"RST Y000"指令，Y000 端子内部的硬触点断开，接触器 KM 线圈失电，KM 主触点断开，切断变频器的输入电源，保护变频器。

4.3.2 PLC 控制变频器驱动三相异步电动机多挡速运行的线路与程序

变频器可以连续调速，也可以分挡调速，FR-A540 变频器有 RH（高速）、RM（中速）

和 RL（低速）3 个控制端子，通过这 3 个端子的组合输入，可以实现 7 挡转速控制。

1. 控制线路图

PLC 与变频器连接实现多挡转速控制的线路图如图 4-26 所示。

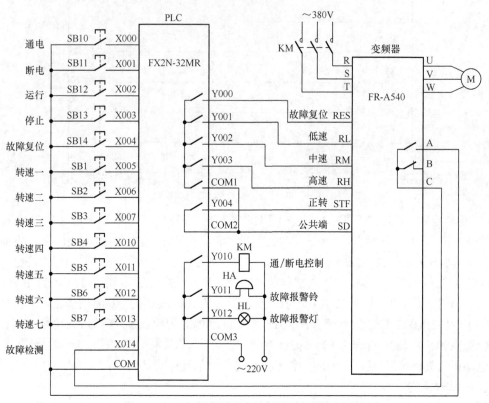

图 4-26　PLC 与变频器连接实现多挡转速控制的线路图

2. 参数设置

在用 PLC 对变频器进行多挡转速控制时，需要对变频器进行有关参数设置，参数可分为基本运行参数和多挡转速参数，具体见表 4-12。

表 4-12　　　　　　　　　变频器的有关参数及设置值

分类	参数名称	参数号	设定值
基本运行参数	转矩提升	Pr.0	5%
	上限频率	Pr.1	50Hz
	下限频率	Pr.2	5Hz
	基底频率	Pr.3	50Hz
	加速时间	Pr.7	5s
	减速时间	Pr.8	4s
	加减速基准频率	Pr.20	50Hz
	操作模式	Pr.79	2
多挡转速参数	转速一（RH 为 ON 时）	Pr.4	15 Hz
	转速二（RM 为 ON 时）	Pr.5	20 Hz
	转速三（RL 为 ON 时）	Pr.6	50 Hz

续表

分类	参数名称	参数号	设定值
多挡转速参数	转速四（RM、RL 均为 ON 时）	Pr.24	40 Hz
	转速五（RH、RL 均为 ON 时）	Pr.25	30 Hz
	转速六（RH、RM 均为 ON 时）	Pr.26	25 Hz
	转速七（RH、RM、RL 均为 ON 时）	Pr.27	10 Hz

3. 编写程序

多挡转速控制的 PLC 程序如图 4-27 所示。

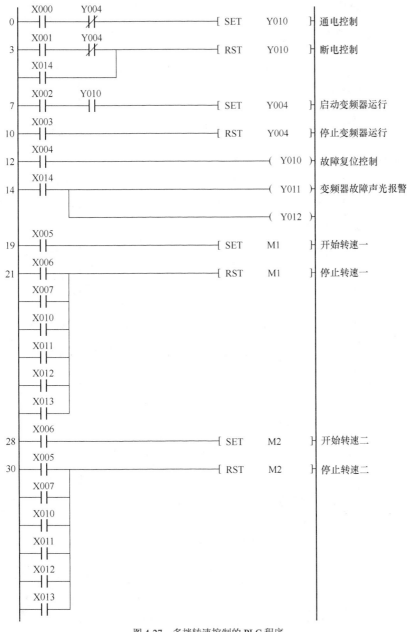

图 4-27　多挡转速控制的 PLC 程序

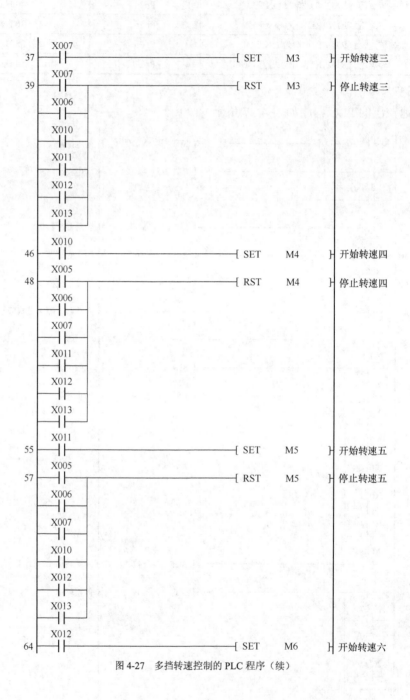

图 4-27　多挡转速控制的 PLC 程序（续）

```
        X005
66      ├┤├──┬──────────────────────────[ RST      M6   ]┤  停止转速六
        X006 │
        ├┤├──┤
        X007 │
        ├┤├──┤
        X010 │
        ├┤├──┤
        X011 │
        ├┤├──┤
        X013 │
        ├┤├──┘

        X013
73      ├┤├─────────────────────────────[ SET      M7   ]┤  开始转速七

        X005
75      ├┤├──┬──────────────────────────[ RST      M7   ]┤  停止转速七
        X006 │
        ├┤├──┤
        X007 │
        ├┤├──┤
        X010 │
        ├┤├──┤
        X011 │
        ├┤├──┤
        X012 │
        ├┤├──┘

        M1
82      ├┤├──┬────────────────────────────────────( Y003 )┤  让 RH 端为 ON
        M5   │
        ├┤├──┤
        M6   │
        ├┤├──┤
        M7   │
        ├┤├──┘

        M2
87      ├┤├──┬────────────────────────────────────( Y002 )┤  让 RM 端为 ON
        M4   │
        ├┤├──┤
        M6   │
        ├┤├──┤
        M7   │
        ├┤├──┘

        M3
92      ├┤├──┬────────────────────────────────────( Y001 )┤  让 RL 端为 ON
        M4   │
        ├┤├──┤
        M6   │
        ├┤├──┤
        M7   │
        ├┤├──┘

97      ─────────────────────────────────────────[ END    ]┤  结束程序
```

图 4-27　多挡转速控制的 PLC 程序（续）

下面对照图 4-26 线路图和图 4-27 程序来说明 PLC 与变频器实现多挡转速控制的工作原理。

① 通电控制。当按下通电按钮 SB10 时，PLC 的 X000 端子输入为 ON，它使程序中的

[0]X000 常开触点闭合，"SET Y010" 指令执行，线圈 Y010 被置 1，Y010 端子内部的硬触点闭合，接触器 KM 线圈得电，KM 主触点闭合，将 380V 的三相交流电压送到变频器的 R、S、T 端。

② 断电控制。当按下断电按钮 SB11 时，PLC 的 X001 端子输入为 ON，它使程序中的 [3]X001 常开触点闭合，"RST Y010" 指令执行，线圈 Y010 被复位失电，Y010 端子内部的硬触点断开，接触器 KM 线圈失电，KM 主触点断开，切断变频器 R、S、T 端的输入电源。

③ 启动变频器运行。当按下运行按钮 SB12 时，PLC 的 X002 端子输入为 ON，它使程序中的[7]X002 常开触点闭合，由于 Y010 线圈已得电，它使 Y010 常开触点处于闭合状态，"SET Y004" 指令执行，Y004 线圈被置 1 而得电，Y004 端子内部硬触点闭合，将变频器的 STF、SD 端子接通，即 STF 端子输入为 ON，变频器输出电源启动电动机正向运转。

④ 停止变频器运行。当按下停止按钮 SB13 时，PLC 的 X003 端子输入为 ON，它使程序中的[10]X003 常开触点闭合，"RST Y004" 指令执行，Y004 线圈被复位而失电，Y004 端子内部硬触点断开，将变频器的 STF、SD 端子断开，即 STF 端子输入为 OFF，变频器停止输出电源，电动机停转。

⑤ 故障报警及复位。如果变频器内部出现异常而导致保护电路动作时，A、C 端子间的内部触点闭合，PLC 的 X014 端子输入为 ON，程序中的[14]X014 常开触点闭合，Y011、Y012 线圈得电，Y011、Y012 端子内部硬触点闭合，报警铃和报警灯均得电而发出声光报警，同时[3]X014 常开触点闭合，"RST Y010" 指令执行，线圈 Y010 被复位失电，Y010 端子内部的硬触点断开，接触器 KM 线圈失电，KM 主触点断开，切断变频器 R、S、T 端的输入电源。变频器故障排除后，当按下故障按钮 SB14 时，PLC 的 X004 端子输入为 ON，它使程序中的[12]X004 常开触点闭合，Y000 线圈得电，变频器的 RES 端输入为 ON，解除保护电路的保护状态。

⑥ 转速一控制。变频器启动运行后，按下按钮 SB1（转速一），PLC 的 X005 端子输入为 ON，它使程序中的[19]X005 常开触点闭合，"SET M1" 指令执行，线圈 M1 被置 1，[82]M1 常开触点闭合，Y003 线圈得电，Y003 端子内部的硬触点闭合，变频器的 RH 端输入为 ON，让变频器输出转速一设定频率的电源驱动电动机运转。按下 SB2～SB7 中的某个按钮，会使 X006～X013 中的某个常开触点闭合，"RST M1" 指令执行，线圈 M1 被复位失电，[82]M1 常开触点断开，Y003 线圈失电，Y003 端子内部的硬触点断开，变频器的 RH 端输入为 OFF，停止按转速一运行。

⑦ 转速四控制。按下按钮 SB4（转速四），PLC 的 X010 端子输入为 ON，它使程序中的[46]X010 常开触点闭合，"SET M4" 指令执行，线圈 M4 被置 1，[87]、[92]M4 常开触点均闭合，Y002、Y001 线圈均得电，Y002、Y001 端子内部的硬触点均闭合，变频器的 RM、RL 端输入均为 ON，让变频器输出转速四设定频率的电源驱动电动机运转。按下 SB1～SB3 或 SB5～SB7 中的某个按钮，会使 X005～X007 或 X011～X013 中的某个常开触点闭合，"RST M4" 指令执行，线圈 M4 被复位失电，[87]、[92]M4 常开触点均断开，Y002、Y001 线圈均失电，Y002、Y001 端子内部的硬触点均断开，变频器的 RM、RL 端输入均为 OFF，停止按转速四运行。

其他转速控制与上述转速控制过程类似，这里不再叙述。RH、RM、RL 端输入状态与对应的速度关系如图 4-28 所示。

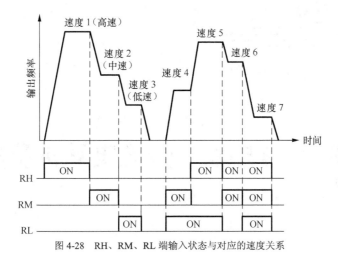

图 4-28　RH、RM、RL 端输入状态与对应的速度关系

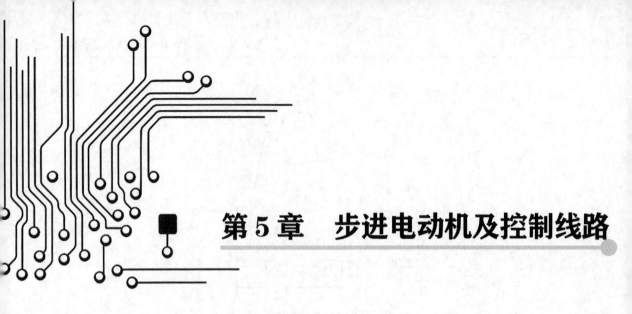

第 5 章　步进电动机及控制线路

5.1　步进电动机

步进电动机是一种用电脉冲控制运转的电动机，每输入一个电脉冲，电机就会旋转一定的角度，因此步进电动机又称为脉冲电机。步进电动机的转速与脉冲频率成正比，脉冲频率越高，单位时间内输入电机的脉冲个数越多，旋转角度越大，即转速越快。

步进电动机广泛用在雕刻机、激光制版机、贴标机、激光切割机、喷绘机、数控机床、机器手等各种大中型自动化设备和仪器中。

5.1.1　外形

步进电动机的外形如图 5-1 所示。

图 5-1　步进电动机的外形

5.1.2　结构与工作原理

1. 与步进电动机有关的实验

在说明步进电动机工作原理前，先来分析图 5-2 所示的实验现象。

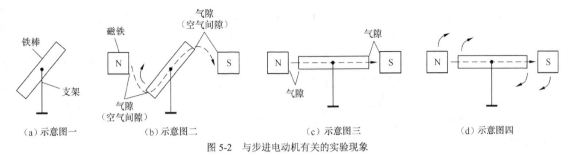

（a）示意图一　　　（b）示意图二　　　（c）示意图三　　　（d）示意图四

图 5-2　与步进电动机有关的实验现象

在图 5-2 所示实验中，一根铁棒斜放在支架上，如图 5-2（a）所示。若将一对磁铁靠近铁棒，N 极磁铁产生的磁感线会通过气隙、铁棒和气隙到达 S 极磁铁，如图 5-2（b）所示。**由于磁感线总是力图通过磁阻最小的途径**，它对铁棒产生作用力，使铁棒旋转到水平位置，如图 5-2（c）所示，此时磁感线所经磁路的磁阻最小（磁阻主要由 N 极与铁棒的气隙和 S 极与铁棒间的气隙大小决定，气隙越大，磁阻越大，铁棒处于图示位置时的气隙最小，因此磁阻也最小）。这时若顺时针旋转磁铁，为了保持磁路的磁阻最小，磁感线对铁棒产生作用力使之也顺时针旋转，如图 5-2（d）所示。

2．工作原理

步进电动机种类很多，根据运转方式可分为旋转式、直线式和平面式，其中旋转式应用最为广泛。**旋转式步进电动机又分为永磁式和反应式，永磁式步进电动机的转子采用永久磁铁制成，反应式步进电动机的转子采用软磁性材料制成。**由于反应式步进电动机具有反应快、惯性小、速度高等优点，因此应用很广泛。

（1）反应式步进电动机

图 5-3 是一个三相六极反应式步进电动机，它主要由凸极式定子、定子绕组和带有 4 个齿的转子组成。

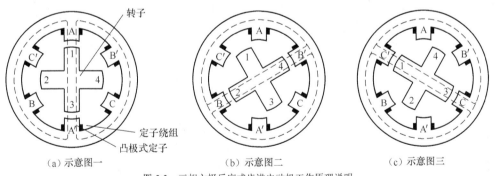

（a）示意图一　　　　　（b）示意图二　　　　　（c）示意图三

图 5-3　三相六极反应式步进电动机工作原理说明

反应式步进电动机工作原理分析如下。

① 当 A 相定子绕组通电时，如图 5-3（a）所示，绕组产生磁场，由于磁场磁感线力图通过磁阻最小的路径，在磁场的作用下，转子旋转使齿 1、3 分别正对 A、A′极。

② 当 B 相定子绕组通电时，如图 5-3（b）所示，绕组产生磁场，在绕组磁场的作用下，转子旋转使齿 2、4 分别正对 B、B′极。

③ 当 C 相定子绕组通电时，如图 5-3（c）所示，绕组产生磁场，在绕组磁场的作用下，转子旋转使 3、1 齿分别正对 C、C′极。

从图中可以看出，当 A、B、C 相按 A→B→C 顺序依次通电时，转子逆时针旋转，并且转子齿 1 由正对 A 极运动到正对 C'；若按 A→C→B 顺序通电，转子则会顺时针旋转。给某定子绕组通电时，步进电动机会旋转一个角度；若按 A→C→B→A→B→C→⋯顺序依次不断给定子绕组通电，转子就会连续不断的旋转。

图 5-3 中的步进电动机为三相单三拍反应式步进电动机，其中"三相"是指定子绕组为三组，"单"是指每次只有一相绕组通电，"三拍"是指在一个通电循环周期内绕组有 3 次供电切换。

步进电动机的定子绕组每切换一相电源，转子就会旋转一定的角度，该角度称为步距角。在图 5-3 中，步进电动机定子圆周上平均分布着 6 个凸极，任意两个凸极之间的角度为 60°，转子每个齿由一个凸极移到相邻的凸极需要前进两步，因此该转子的步距角为 30°。**步进电动机的步距角可用下面的公式计算：**

$$\theta = \frac{360°}{ZN}$$

式中，Z 为转子的齿数，N 为一个通电循环周期的拍数。

图 5-3 中的步进电动机的转子齿数 $Z=4$，一个通电循环周期的拍数 $N=3$，则步距角 $\theta=30°$。

（2）三相单双六拍反应式步进电动机

三相单三拍反应式步进电动机的步距角较大，稳定性较差；而三相单双六拍反应式步进电动机的步距角较小，稳定性更好。三相单双六拍反应式步进电动机结构示意图如图 5-4 所示。

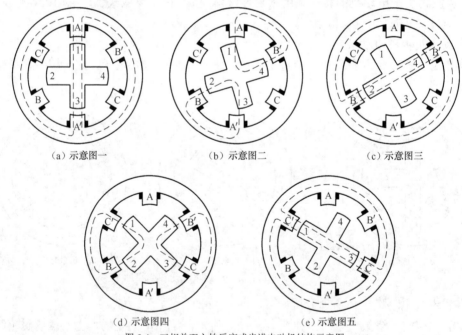

（a）示意图一　　　　　　（b）示意图二　　　　　　（c）示意图三

（d）示意图四　　　　　　（e）示意图五

图 5-4　三相单双六拍反应式步进电动机结构示意图

三相单双六拍反应式步进电动机工作原理分析如下。

① 当 A 相定子绕组通电时，如图 5-4（a）所示，绕组产生磁场，由于磁场磁感线力图通过磁阻最小的路径，在磁场的作用下，转子旋转使齿 1、3 分别正对 A、A'极。

② 当 A、B 相定子绕组同时通电时，绕组产生图 5-4（b）所示的磁场，在绕组磁场的作

用下，转子旋转使齿 2、4 分别向 B、B′极靠近。

③ 当 B 相定子绕组通电时，如图 5-4（c）所示，绕组产生磁场，在绕组磁场的作用下，转子旋转使 2、4 齿分别正对 B、B′极。

④ 当 B、C 相定子绕组同时通电时，如图 5-4（d）所示，绕组产生磁场，在绕组磁场的作用下，转子旋转使齿 3、1 分别向 C、C′极靠近。

⑤ 当 C 相定子绕组通电时，如图 5-4（e）所示，绕组产生磁场，在绕组磁场的作用下，转子旋转使 3、1 齿分别正对 C、C′极。

从图中可以看出，当 A、B、C 相按 A→AB→B→BC→C→CA→A…顺序依次通电时，转子逆时针旋转，每一个通电循环分 6 拍，其中 3 个单拍通电，3 个双拍通电，因此这种反应式步进电动机称为三相单双六拍反应式步进电动机。三相单双六拍反应式步进电动机的步距角为 15°。

3. 结构

不管是三相单三拍步进电动机还是三相单双六拍步进电动机，它们的步距角都比较大，若用它们作为传动设备动力源时往往不能满足精度要求。**为了减小步距角，实际的步进电动机通常在定子凸极和转子上开很多小齿，这样可以大大减小步距角。** 步进电动机的结构示意图如图 5-5 所示。步进电动机的实际结构如图 5-6 所示。

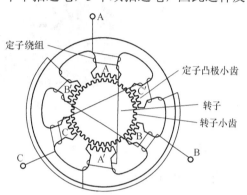

图 5-5　三相步进电动机的结构示意图

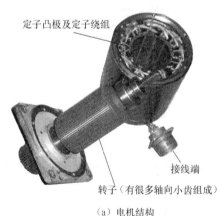

（a）电机结构　　　　　　　　　　（b）定子结构

图 5-6　步进电动机的实际结构

5.2　步进驱动器

步进电动机工作时需要提供脉冲信号，并且提供给定子绕组的脉冲信号要不断切换，这些需要专门的线路来完成。为了使用方便，通常将这些线路做成一个成品设备——步进驱动器。

步进驱动器的功能就是在控制设备（如 **PLC** 或单片机）的控制下，为步进电动机提供工作所需的幅度足够的脉冲信号。

步进驱动器种类很多，使用方法大同小异，下面主要以 HM275D 型步进驱动器为例进行说明。

5.2.1 外形

图 5-7 列出 3 种常见的步进驱动器，其中左侧为 HM275D 型步进驱动器。

图 5-7　3 种常见的步进驱动器

5.2.2 内部组成与原理

图 5-8 虚线框内部分为步进驱动器，其内部主要由环形分配器和功率放大器组成。

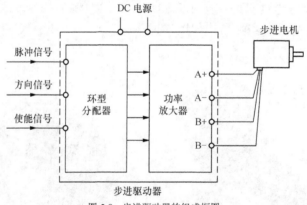

图 5-8　步进驱动器的组成框图

步进驱动器有 3 种输入信号，分别是脉冲信号、方向信号和使能信号，这些信号来自控制器（如 PLC、单片机等）。在工作时，步进驱动器的环形分配器将输入的脉冲信号分成多路脉冲，再送到功率放大器进行功率放大，然后输出大幅度脉冲去驱动步进电动机；方向信号的功能是控制环形分配器分配脉冲的顺序，比如先送 A 相脉冲再送 B 相脉冲会使步进电动机逆时针旋转，那么先送 B 相脉冲再送 A 相脉冲则会使步进电动机顺时针旋转；使能信号的功能是允许或禁止步进驱动器工作，当使能信号为禁止时，即使输入脉冲信号和方向信号，步进驱动器也不会工作。

5.2.3 步进驱动器的接线及说明

步进驱动器的接线包括输入信号接线、电源接线和电机接线。HM275D 型步进驱动器的典型接线图如图 5-9 所示，图 5-9（a）为 HM275D 与 NPN 三极管输出型控制器的接线图，图 5-9（b）为 HM275D 与 PNP 三极管输出型控制器的接线图。

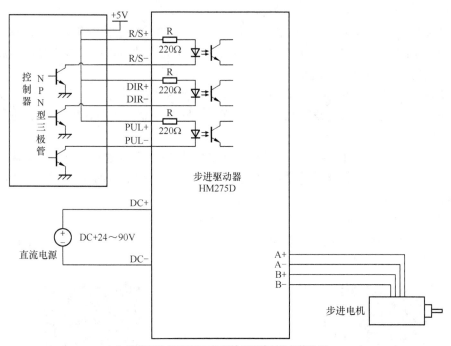

（a）HM275D 与 NPN 三极管输出型控制器的接线图

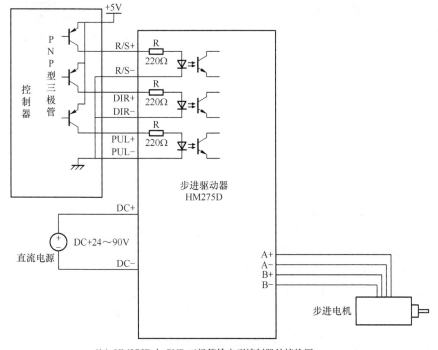

（b）HM275D 与 PNP 三极管输出型控制器的接线图

图 5-9　HM275D 型步进驱动器的典型接线图

1. 输入信号接线

HM275D 型步进驱动器输入信号有 6 个接线端子，如图 5-10 所示，这 6 个端子分别是 R/S+、R/S−、DIR+、DIR−、PUL+和 PUL−。

（1）R/S+（+5V）、R/S−（R/S）端子：使能信号。此信号用于使能和禁止，R/S+接+5V，R/S−接低电平时，驱动器切断电机各相电流使电机处于自由状态，此时步进脉冲不被响应。如不需要这项功能，悬空此信号输入端子即可。

（2）DIR+（+5V）、DIR−（DIR）端子：单脉冲控制方式时为方向信号，用于改变电机的转向；双脉冲控制方式时为反转脉冲信号。单、双脉冲控制方式由 SW5 控制，为了保证电机可靠响应，方向信号应先于脉冲信号至少 5μs 建立。

（3）PUL+（+5V）、PUL−（PUL）端子：单脉冲控制时为步进脉冲信号，此脉冲上升沿有效；双脉冲控制时为正转脉冲信号，脉冲上升沿有效。脉冲信号的低电平时间应大于 3μs，以保证电机可靠响应。

2. 电源与输出信号接线

HM275D 型步进驱动器电源与输出信号有 6 个接线端子，如图 5-11 所示，这 6 个端子分别是 DC+、DC−、A+、A−、B+和 B−。

图 5-10　HM275D 型步进驱动器的 6 个输入接线端子

图 5-11　HM275D 型步进驱动器电源与输出接线端子

（1）DC−端子：直流电源负极，也即电源地。

（2）DC+端子：直流电源正极，电压范围+24～+90V，推荐理论值+70VDC 左右。电源电压在 DC24～90V 范围内都可以正常工作，本驱动器最好采用无稳压功能的直流电源供电，也可以采用变压器降压→桥式整流→电容滤波，电容可取>2200μF。但注意应使整流后电压纹波峰值不超过 95V，避免电网波动超过驱动器电压工作范围。

在连接电源时要特别注意以下几点。

① 接线时电源正负极切勿反接；

② 最好采用非稳压型电源；

③ 采用非稳压电源时，电源电流输出能力应大于驱动器设定电流的 60%，采用稳压电源时，应大于驱动器设定电流；

④ 为了降低成本，两三个驱动器可共用一个电源。

（3）A+、A−端子：A 相脉冲输出。A+，A−互调，电机运转方向会改变。

（4）B+、B−端子：B 相脉冲输出。B+，B−互调，电机运转方向会改变。

5.2.4　步进电动机的接线及说明

HM275D 型步进驱动器可驱动所有相电流为 7.5A 以下的四线、六线和八线的两相、四相步进电动机。由于 HM275D 型步进驱动器只有 A+、A−、B+和 B− 4 个脉冲输出端子，故连接四线以上的步进电动机时需要先对步进电动机进行必要的接线。步进电动机的接线如图 5-12 所示，图中的 NC 表示该接线端悬空不用。

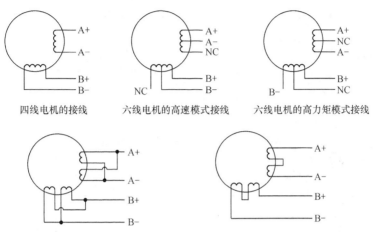

　　四线电机的接线　　　　六线电机的高速模式接线　　　　六线电机的高力矩模式接线

　　八线电机的高速模式接线（并联接线）　　　　八线电机的高力矩模式接线（串联接线）

图 5-12　步进电动机的接线

　　为了达到最佳的电机驱动效果，需要给步进驱动器选取合理的供电电压并设定合适的输出电流值。

　　（1）供电电压的选择

　　一般来说，供电电压越高，电机高速时力矩越大，越能避免高速时掉步。但电压太高也会导致过压保护，甚至可能损害驱动器，而且在高压下工作时，低速运动振动较大。

　　（2）输出电流的设定

　　对于同一电机，电流设定值越大，电机输出的力矩越大，同时电机和驱动器的发热也比较严重。因此一般情况下应把电流设定成电机长时间工作出现温热但不过热的数值。

　　输出电流的具体设置如下。

　　① 四线电机和六线电机高速度模式：输出电流设成等于或略小于电机额定电流值；

　　② 六线电机高力矩模式：输出电流设成电机额定电流的 70%；

　　③ 八线电机串联接法：由于串联时电阻增大，输出电流应设成电机额定电流的 70%；

　　④ 八线电机并联接法：输出电流可设成电机额定电流的 1.4 倍。

　　注意：电流设定后应让电机运转 15～30min，如果电机温升太高，应降低电流设定值。

5.2.5　细分设置

　　为了提高步进电动机的控制精度，现在的步进驱动器都具备了细分设置功能。**所谓细分是指通过设置驱动器来减小步距角。**例如，步进电动机的步距角为 1.8°，旋转一周需要 200 步，若将细分设为 10，则步距角被调整为 0.18°，旋转一周需要 2000 步。

　　HM275D 型步进驱动器面板上有 SW1～SW9 共九个开关，如图 5-13 所示，SW1～SW4 用于设置驱动器的输出工作电流，SW5 用于设置驱动器的脉冲输入方式，SW6～SW9 用于设置细分。SW6～SW9 开关的位置与细分关系见表 5-1，例如，当 SW6～SW9 分别为 ON、ON、OFF、OFF 位置时，将细分数设为 4，电机旋转一周需要 800 步。

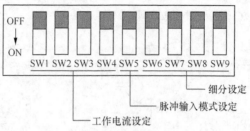

图 5-13　面板上的 SW1～SW9 开关及功能

表 5-1　　　　　　　　　　　　　　SW6～SW9 开关的位置与细分关系

SW6	SW7	SW8	SW9	细分数	步数/圈（1.8°/整步）
ON	ON	ON	OFF	2	400
ON	ON	OFF	OFF	4	800
ON	OFF	ON	OFF	8	1600
ON	OFF	OFF	OFF	16	3200
OFF	ON	ON	OFF	32	6400
OFF	ON	OFF	OFF	64	12800
OFF	OFF	ON	OFF	128	25600
OFF	OFF	OFF	OFF	256	51200
ON	ON	ON	ON	5	1000
ON	ON	OFF	ON	10	2000
ON	OFF	ON	ON	25	5000
ON	OFF	OFF	ON	50	10000
OFF	ON	ON	ON	125	25000
OFF	ON	OFF	ON	250	50000

在设置细分时要注意以下事项。

① 一般情况下，细分不能设置过大，因为在步进驱动器输入脉冲不变的情况下，细分设置越大，电机转速越慢，而且电机的输出力矩会变小。

② 步进电动机的驱动脉冲频率不能太高，否则电机输出力矩会迅速减小，而细分设置过大会使步进驱动器输出的驱动脉冲频率过高。

5.2.6　工作电流的设置

为了能驱动多种功率的步进电动机，大多数步进驱动器具有工作电流（也称动态电流）设置功能，当连接功率较大的步进电动机时，应将步进驱动器的输出工作电流设大一些，对于同一电机，工作电流设置越大，电机输出力矩越大，但发热越严重，因此通常将工作电流设定在电机长时间工作出现温热但不过热的数值。

HM275D 型步进驱动器面板上有 SW1～SW4 四个开关用来设置工作电流大小，SW1～SW4 开关的位置与工作电流值关系见表 5-2。

表 5-2　　　　　　　　　　　**SW1～SW4 开关的位置与工作电流值关系**

SW1	SW2	SW3	SW4	电流值
ON	ON	ON	ON	3.0A
OFF	ON	ON	ON	3.3A
ON	OFF	ON	ON	3.6A
OFF	OFF	ON	ON	4.0A
ON	ON	OFF	ON	4.2A
OFF	ON	OFF	ON	4.6A
ON	OFF	OFF	ON	4.9A
ON	ON	ON	OFF	5.1A
OFF	OFF	OFF	ON	5.3A
OFF	ON	ON	OFF	5.5A
ON	OFF	ON	OFF	5.8A
OFF	OFF	ON	OFF	6.2A
ON	ON	OFF	OFF	6.4A
OFF	ON	OFF	OFF	6.8A
ON	OFF	OFF	OFF	7.1A
OFF	OFF	OFF	OFF	7.5A

5.2.7　静态电流的设置

在停止时，为了锁住步进电动机，步进驱动器仍会输出一路电流给电机的某相定子线圈，该相定子凸极产生的磁场像磁铁一样吸引住转子，使转子无法旋转。**步进驱动器在停止时提供给步进电动机的单相锁定电流称为静态电流。**

HM275D 型步进驱动器的静态电流由内部 S3 跳线来设置，如图 5-14 所示，当 S3 接通时，静态电流与设定的工作电流相同，即静态电流为全流；当 S3 断开（出厂设定）时，静态电流为待机自动半电流，即静态电流为半流。一般情况下，如果步进电动机负载为提升类负载（如升降机），静态电流应设为全流，对于平移动类负载，静态电流可设为半流。

S3 开路时静态电流为半流　S3 短路时静态电流为全流
（出厂设定）
图 5-14　S3 跳线设置静态电流

5.2.8　脉冲输入模式的设置

HM275D 型步进驱动器的脉冲输入模式有单脉冲和双脉冲两种。脉冲输入模式由 SW5 开关来设置，当 SW5 为 OFF 时为单脉冲输入模式，即脉冲+方向模式，PUL 端定义为脉冲输入端，DIR 定义为方向控制端；当 SW5 为 ON 时为双脉冲输入模式，即脉冲+脉冲模式，PUL 端定义为正向（CW）脉冲输入端，DIR 定义为反向（CCW）脉冲输入端。

单脉冲输入模式和双脉冲输入模式的输入信号波形如图 5-15 所示，下面对照图 5-15（a）来说明两种模式的工作过程。

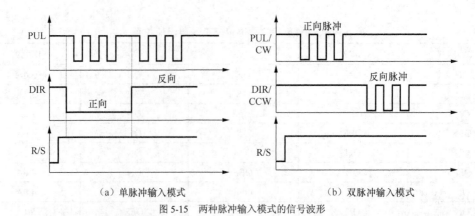

（a）单脉冲输入模式　　　　　　　　　　　　（b）双脉冲输入模式

图 5-15　两种脉冲输入模式的信号波形

当步进驱动器工作在单脉冲输入模式时，控制器首先送高电平（控制器内的三极管截止）到驱动器的 R/S−端，R/S+、R/S−端之间的内部光电耦合器不导通，驱动器内部线路被允许工作，然后控制器送低电平（控制器内的三极管导通）到驱动器的 DIR−端，DIR+、DIR−端之间的内部光电耦合器导通，让驱动器内部线路控制步进电动机正转，接着控制器输出脉冲信号送到驱动器的 PUL−端，当脉冲信号为低电平时，PUL+、PUL−端之间光电耦合器导通，当脉冲信号为高电平时，PUL+、PUL−端之间光电耦合器截止，光电耦合器不断导通截止，就为内部线路提供脉冲信号，在 R/S、DIR、PUL 端输入信号控制下，驱动器控制电机正向旋转。

当步进驱动器工作在双脉冲输入模式时，控制器先送高电平到驱动器的 R/S−端，驱动器内部线路被允许工作，然后控制器输出脉冲信号送到驱动器的 PUL−端，同时控制器送高电平到驱动器的 DIR−端，驱动器控制步进电动机正向旋转，如果驱动器 PUL−端变为高电平、DIR−端输入脉冲信号，驱动器则控制电机反向旋转。

为了让步进驱动器和步进电动机均能可靠运行，应注意以下要点。

① R/S 要提前 DIR 至少 5μs 为高电平，通常建议 R/S 悬空；

② DIR 要提前 PUL 下降沿至少 5μs 确定其状态高或低；

③ 输入脉冲的高、低电平宽度均不能小于 2.5μs；

④ 输入信号的低电平要低于 0.5V，高电平要高于 3.5V。

5.3　步进电动机正、反向定角循环运行的控制线路与程序

5.3.1　明确控制要求

采用 PLC 作为上位机来控制步进驱动器，使之驱动步进电动机定角循环运行。具体控制要求如下。

① 按下启动按钮，控制步进电动机顺时针旋转 2 周（720°），停 5s，再逆时针旋转 1 周（360°），停 2s，如此反复运行。按下停止按钮，步进电动机停转，同时电机转轴被锁住。

② 按下脱机按钮，松开电机转轴。

5.3.2 控制线路及说明

步进电动机正、反向定角循环运行控制的线路图如图 5-16 所示。

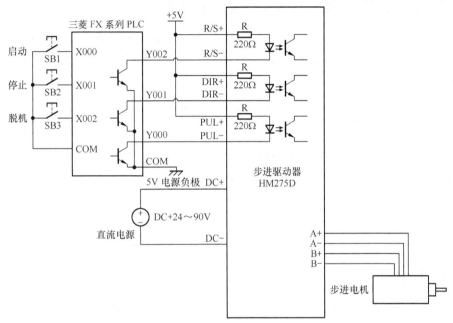

图 5-16 步进电动机正反向定角循环运行控制的线路图

线路工作过程说明如下。

（1）启动控制

按下启动按钮 SB1，PLC 的 X000 端子输入为 ON，内部程序运行，从 Y002 端输出高电平（Y002 端子内部三极管处于截止），从 Y001 端输出低电平（Y001 端子内部三极管处于导通），从 Y000 端子输出脉冲信号（Y000 端子内部三极管导通、截止状态不断切换），结果驱动器的 R/S−端得到高电平、DIR−端得到低电平、PUL−端输入脉冲信号，驱动器输出脉冲信号驱动步进电动机顺时针旋转 2 周，然后 PLC 的 Y000 端停止输出脉冲、Y001 端输出高电平、Y002 端输出仍为高电平，驱动器只输出一相电流到电机，锁住电机转轴，电机停转；5s 后，PLC 的 Y000 端又输出脉冲、Y001 端输出高电平、Y002 端仍输出高电平，驱动器驱动电机逆时针旋转 1 周，接着 PLC 的 Y000 端又停止输出脉冲、Y001 端输出高电平、Y002 端输出仍为高电平，驱动器只输出一相电流锁住电机转轴，电机停转；2s 后，又开始顺时针旋转 2 周控制，以后重复上述过程。

（2）停止控制

在步进电动机运行过程中，如果按下停止按钮 SB2，PLC 的 Y000 端停止输出脉冲（输出为高电平）、Y001 端输出高电平、Y003 端输出为高电平，驱动器只输出一相电流到电机，锁住电机转轴，电机停转，此时手动无法转动电机转轴。

（3）脱机控制

在步进电动机运行或停止时，按下脱机按钮 SB3，PLC 的 Y002 端输出低电平，R/S−端得到低电平，如果步进电动机先前处于运行状态，R/S−端得到低电平后驱动器马上停止输出两相电流，电机处于惯性运转；如果步进电动机先前处于停止状态，R/S–端得到低电平后驱动器马上停止输出一相锁定电流，这时可手动转动电机转轴。松开脱机按钮 SB2，步进电动机又开始运行或进入自锁停止状态。

5.3.3　细分、工作电流和脉冲输入模式的设置

驱动器配接的步进电动机的步距角为 1.8°、工作电流为 3.6A，驱动器的脉冲输入模式为单脉冲输入模式，可将驱动器面板上的 SW1～SW9 开关按图 5-17 所示进行设置，其中将细分设为 4。

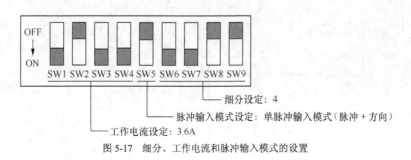

图 5-17　细分、工作电流和脉冲输入模式的设置

5.3.4　编写 PLC 控制程序

根据控制要求，PLC 程序可采用步进指令编写，为了更容易编写梯形图，通常先绘出状态转移图，然后依据状态转移图编写梯形图。

1. 绘制状态转移图

图 5-18 为步进电动机正、反向定角循环运行控制的状态转移图。

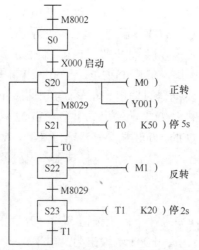

图 5-18　正、反向定角循环运行控制的状态转移图

2. 编写梯形图程序

启动编程软件，按照图 5-18 所示的状态转移图编写梯形图，步进电动机正、反向定角循环运行控制的梯形图如图 5-19 所示。

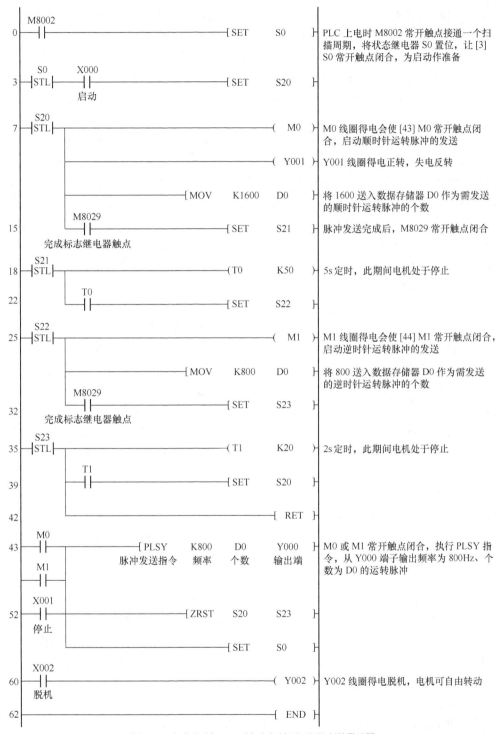

图 5-19　步进电动机正、反向定角循环运行控制的梯形图

5.3.5　PLC 控制程序详解

下面对照图 5-16 来说明图 5-19 梯形图的工作原理。

步进电动机的步距角为 1.8°，如果不设置细分，电机旋转 1 周需要走 200 步（360°/1.8°=200），步进驱动器相应要求需要输入 200 个脉冲，当步进驱动器细分设为 4 时，需要输入 800 个脉冲才能旋转让电机旋转 1 周，旋转 2 周则要输入 1600 个脉冲。

PLC 上电时，[0]M8002 触点接通一个扫描周期，"SET S0" 指令执行，状态继电器 S0 置位，[3]S0 常开触点闭合，为启动作准备。

1. 启动控制

按下启动按钮 SB1，梯形图中的 [3]X000 常开触点闭合，"SET S20" 指令执行，状态继电器 S20 置位，[7]S20 常开触点闭合，M0 线圈和 Y001 线圈均得电，另外 "MOV K1600 D0" 指令执行，将 1600 送入数据存储器 D0 中作为输出脉冲的个数值，M0 线圈得电使 [43]M0 常开触点闭合，"PLSY K800 D0 Y000" 指令执行，从 Y000 端子输出频率为 800Hz、个数为 1600（D0 中的数据）的脉冲信号，送到驱动器的 PUL-端，Y001 线圈得电，Y001 端子内部的三极管导通，Y001 端子输出低电平，送到驱动器的 DIR-端，驱动器驱动电机顺时针旋转，当脉冲输出指令 PLSY 送完 1600 个脉冲后，电机正好旋转 2 周，[15]完成标志继电器 M8029 常开触点闭合，"SET S21" 指令执行，状态继电器 S21 置位，[18]S21 常开触点闭合，T0 定时器开始 5s 计时，计时期间电机处于停止状态。

5s 后，T0 定时器动作，[22]T0 常开触点闭合，"SET S22" 指令执行，状态继电器 S22 置位，[25]S22 常开触点闭合，M1 线圈得电，"MOV K800 D0" 指令执行，将 800 送入数据存储器 D0 中作为输出脉冲的个数值，M1 线圈得电使 [44]M1 常开触点闭合，PLSY 指令执行，从 Y000 端子输出频率为 800Hz、个数为 800（D0 中的数据）的脉冲信号，送到驱动器的 PUL-端，由于此时 Y001 线圈已失电，Y001 端子内部的三极管截止，Y001 端子输出高电平，送到驱动器的 DIR-端，驱动器驱动电机逆时针旋转，当 PLSY 送完 800 个脉冲后，电机正好旋转 1 周，[32]完成标志继电器 M8029 常开触点闭合，"SET S23" 指令执行，状态继电器 S23 置位，[35]S23 常开触点闭合，T1 定时器开始 2s 计时，计时期间电机处于停止状态。

2s 后，T1 定时器动作，[39]T1 常开触点闭合，"SET S20" 指令执行，状态继电器 S20 置位，[7]S20 常开触点闭合，开始下一个周期的步进电动机正反向定角运行控制。

2. 停止控制

在步进电动机正反向定角循环运行时，如果按下停止按钮 SB2，[52]X001 常开触点闭合，ZRST 指令执行，将 S20~S23 状态继电器均复位，S20~S23 常开触点均断开，[7]~[42]之间的程序无法执行，[43]程序也无法执行，PLC 的 Y000 端子停止输出脉冲，Y001 端输出高电平，驱动器仅输出一相电流给电机绕组，锁住电机转轴。另外，[52]X001 常开触点闭合同时会使 "SET S0" 指令执行，将 [3]S0 常开触点闭合，为重新启动电机运行作准备，如果按下启动按钮 SB1，X000 常开触点闭合，程序会重新开始电机正反向定角运行控制。

3. 脱机控制

在步进电动机运行或停止时，按下脱机按钮 SB3，[60]X002 常开触点闭合，Y002 线圈得电，PLC 的 Y002 端子内部的三极管导通，Y002 端输出低电平，R/S-端得到低电平，如果步进电动机先前处于运行状态，R/S-端得到低电平后驱动器马上停止输出两相电流，PUL-端输入脉冲信号无效，电机处于惯性运转；如果步进电动机先前处于停止状态，R/S-端得到低电平后驱动器马上停止输出一相锁定电流，这时可手动转动电机转轴。松开脱机按钮 SB2，步进电动机又开始运行或进入自锁停止状态。

5.4　步进电动机定长运行的控制线路与程序

5.4.1　控制要求

图 5-20 是一个自动切线装置组成示意图，采用 PLC 作为上位机来控制步进驱动器，使之驱动步进电动机运行，让步进电动机抽送线材，每抽送完指定长度的线材后切刀动作，将线材切断。具体控制要求如下。

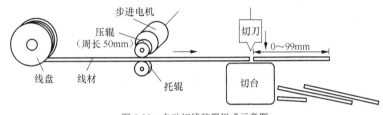

图 5-20　自动切线装置组成示意图

① 按下启动按钮，步进电动机运转，开始抽送线材，当达到设定长度时电机停转，切刀动作，切断线材，然后电机又开始抽送线材，如此反复，直到切刀动作次数达到指定值时，步进电动机停转并停止剪切线材。在切线装置工作过程中，按下停止按钮，步进电动机停转自锁转轴并停止剪切线材。按下脱机按钮，步进电动机停转并松开转轴，可手动抽拉线材。

② 步进电动机抽送线材的压辊周长为 50mm。剪切线材（即短线）的长度值用两位 BCD 数字开关来输入。

5.4.2　控制线路及说明

步进电动机定长运行的控制线路图如图 5-21 所示。

下面对照图 5-20 来说明图 5-21 线路的工作原理，具体如下：

（1）设定移动的长度值

步进电动机通过压辊抽拉线材，抽拉的线材长度达到设定值时切刀动作，切断线材。本系统采用 2 位 BCD 数字开关来设定切割线材的长度值。**BCD 数字开关是一种将十进制数 0～9 转换成 BCD 数 0000～1001 的电子元件**，常见的 BCD 数字开关外形如图 5-22 所示，其内部结构如图 5-21 所示，从图中可以看出，1 位 BCD 数字开关内部由 4 个开关组成，当 BCD 数字开关拨到某个十进制数字时，如拨到数字 6 位置，内部 4 个开关通断情况分别为 d7 断、d6 通、d5 通、d4 断，X007～X004 端子输入分别为 OFF、ON、ON、OFF，也即给 X007～X004 端子输入 BCD 数 0110。如果高、低位 BCD 数字开关分别拨到 7、2 位置时，则 X007～X004 输入为 0111，X003～X000 输入为 0010，即将 72 转换成 01110010 并通过 X007～X000 端子送入 PLC 内部的输入继电器 X007～X000。

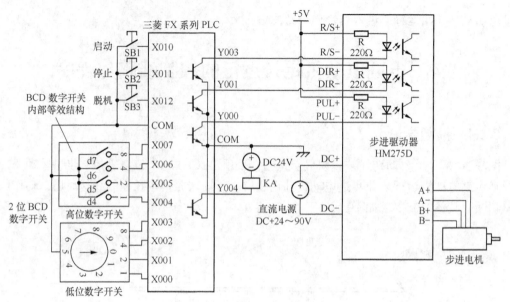

图 5-21　步进电动机定长运行的控制线路图

（2）启动控制

按下启动按钮 SB1，PLC 的 X010 端子输入为 ON，内部程序运行，从 Y003 端输出高电平（Y003 端子内部三极管处于截止），从 Y001 端输出低电平（Y001 端子内部三极管处于导通），从 Y000 端子输出脉冲信号（Y000 端子内部三极管导通、截止状态不断切换），结果驱动器的 R/S−端得到高电平、DIR−端得

图 5-22　常见的 BCD
数字开关外形

到低电平、PUL−端输入脉冲信号，驱动器驱动步进电动机顺时针旋转，通过压辊抽拉线材，当 Y000 端子发送完指定数量的脉冲信号后，线材会抽拉到设定长度值，电机停转并自锁转轴，同时 Y004 端子内部三极管导通，有电流流过 KA 继电器线圈，控制切刀动作，切断线材，然后 PLC 的 Y000 端又开始输出脉冲，驱动器又驱动电机抽拉线材，以后重新上述工作过程，当切刀动作次数达到指定值时，Y001 端输出低电平、Y003 端输出仍为高电平，驱动器只输出一相电流到电机，锁住电机转轴，电机停转。更换新线盘后，按下启动按钮 SB1，又开始按上述过程切割线材。

（3）停止控制

在步进电动机运行过程中，如果按下停止按钮 SB2，PLC 的 X011 端子输入为 ON，PLC 的 Y000 端停止输出脉冲（输出为高电平）、Y001 端输出高电平、Y003 端输出为高电平，驱动器只输出一相电流到电机，锁住电机转轴，电机停转，此时手动无法转动电机转轴。

（4）脱机控制

在步进电动机运行或停止时，按下脱机按钮 SB3，PLC 的 X012 端子输入为 ON，Y003 端子输出低电平，R/S−端得到低电平，如果步进电动机先前处于运行状态，R/S−端得到低电平后驱动器马上停止输出两相电流，电机处于惯性运转；如果步进电动机先前处于停止状态，R/S−端得到低电平后驱动器马上停止输出一相锁定电流，这时可手动转动电机转轴来抽拉线材。松开脱机按钮 SB2，步进电动机又开始运行或进入自锁停止状态。

5.4.3　细分、工作电流和脉冲输入模式的设置

　　驱动器配接的步进电动机的步距角为 1.8°、工作电流为 5.5A，驱动器的脉冲输入模式为单脉冲输入模式，可将驱动器面板上的 SW1～SW9 开关按图 5-23 所示进行设置，其中细分设为 5。

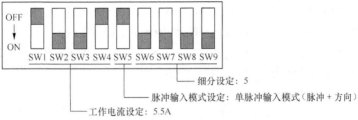

图 5-23　细分、工作电流和脉冲输入模式的设置

5.4.4　编写 PLC 控制程序

　　步进电动机定长运行控制的梯形图如图 5-24 所示。

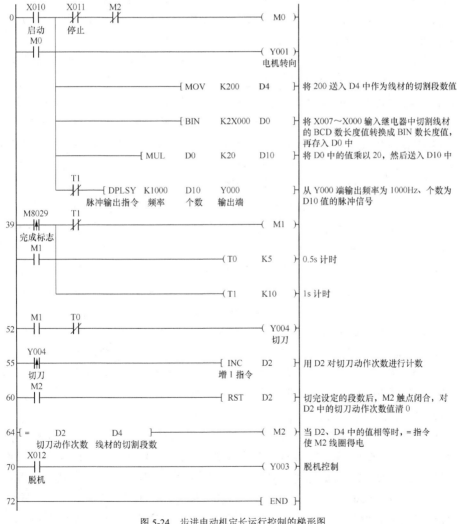

图 5-24　步进电动机定长运行控制的梯形图

5.4.5 PLC 控制程序详解

下面对照图 5-20 和图 5-21 来说明图 5-24 梯形图的工作原理。

步进电动机的步距角为 1.8°，如果不设置细分，电机旋转 1 周需要走 200 步（360°/1.8°=200），步进驱动器相应要求输入 200 个脉冲，当步进驱动器细分设为 5 时，需要输入 1000 个脉冲才能让电机旋转 1 周，与步进电动机同轴旋转的用来抽送线材的压辊周长为 50mm，它旋转一周会抽送 50mm 线材，如果设定线材的长度为 D0 mm，则抽送 D0 mm 长度的线材需旋转 D0/50 周，需要给驱动器输入脉冲数为 D0/50×1000＝D0×20。

（1）设定线材的切割长度值

在控制步进电动机工作前，先用 PLC 输入端子 X007～X000 外接的 2 位 BCD 数字开关设定线材的切割长度值，如设定的长度值为 75，则 X007～X000 端子输入为 01110101，该 BCD 数据由输入端子送入内部的输入继电器 X007～X000 保存。

（2）启动控制

按下启动按钮 SB1，PLC 的 X010 端子输入为 ON，梯形图中的 X010 常开触点闭合，[0]M0 线圈得电，[1]M0 常开自锁触点闭合，锁定 M0 线圈供电，X010 触点闭合还会使 Y001 线圈得电和使 MOV、BIN、MUL、DPLSY 指令相继执行。Y001 线圈得电，Y001 端子内部三极管导通，步进驱动器的 DIR-端输入为低电平，驱动器控制步进电动机顺时针旋转，如果电机旋转方向不符合线材的抽拉方向，可删除梯形图中的 Y001 线圈，让 DIR-端输入高电平，使电机逆时针旋转，另外将电机的任意一相绕组的首尾端互换，也可以改变电机的转向；MOV 指令执行，将 200 送入 D4 中作为线材切割的段数值；BIN 指令执行，将输入继电器 X007～X000 中的 BCD 数长度值 01110101 转换成 BIN 数长度值 01001011，存入数据存储器 D0 中；MUL 指令执行，将 D0 中的数据乘以 20，所得结果存入 D11、D10（使用 MUL 指令进行乘法运算时，操作结果为 32 位，故结果存入 D11、D10）中作为 PLC 输出脉冲的个数；DPLSY 指令执行，从 Y000 端输出频率为 1000Hz、个数为 D11、D10 值的脉冲信号送入驱动器，驱动电机旋转，通过压辊抽拉线材。

当 PLC 的 Y000 端发送脉冲完毕，电机停转，压辊停止抽拉线材，同时[39]完成标志继电器上升沿触点 M8029 闭合，M1 线圈得电，[40]、[52]M1 常开触点均闭合，[40]M1 常开触点闭合，锁定 M1 线圈及定时器 T0、T1 供电，T0 定时器开始 0.5s 计时，T1 定时器开始 1s 计时，[52]]M1 常开触点闭合，Y004 线圈得电，Y004 端子内部三极管导通，继电器 KA 线圈通电，控制切刀动作，切断线材，0.5s 后，T0 定时器动作，[52]T0 常闭触点断开，Y004 线圈失电，切刀回位，1s 后，T1 定时器动作，[39]T1 常闭触点断开，M1 线圈失电，[40]、[52]M1 常开触点均断开，[40]M1 常开触点断开，会使 T0、T1 定时器均失电，[38]、[39]T1 常闭触点闭合，[52]T0 常闭触点闭合，[40]M1 常开触点断开还可使[39]T1 常闭触点闭合后 M1 线圈无法得电，[52]M1 常开触点断开，可保证[52]T0 常闭触点闭合后 Y004 线圈无法得电，[38] T1 常闭触点由断开转为闭合，DPLSY 指令又开始执行，重新输出脉冲信号来抽拉下一段线材。

在工作时，Y004 线圈每得电一次，[55]Y004 上升沿触点会闭合一次，自增 1 指令 INC 会执行一次，这样使 D2 中的值与切刀动作的次数一致，当 D2 值与 D4 值（线材切断的段数值）相等时，＝指令使 M2 线圈得电，[0]M2 常闭触点断开，[0]M0 线圈失电，[1]M0 常开自锁触点断开，[1]～[39]之间的程序不会执行，即 Y001 线圈失电，Y001 端输出高电平，驱动器 DIR-端输入高电平，DPLSY 指令也不执行，Y000 端停止输出脉冲信号，电机停转并自锁，M2 线圈得电还会使[60]M2 常开触点闭合，RST 指令执行，将 D2 中的切刀动作次数值清 0，以便下一次启动时从零开始重新计算切刀动作次数，清 0 后，D2、D4 中的值不再相等，=指令使 M2 线圈失电，[0]M2 常闭触点闭合，为下一次启动作准备，[60]M2 常开触点断开，停止对 D2 复位清 0。

（3）停止控制

在自动切线装置工作过程中，若按下停止按钮 SB2，[0]X011 常开触点断开，M0 线圈失电，[1]M0 常开自锁触点断开，[1]～[64]之间的程序都不会执行，即 Y001 线圈失电，Y000 端输出高电平，驱动器 DIR-端输入高电平，DPLSY 指令也不执行，Y000 端停止输出脉冲信号，电机停转并自锁。

（4）脱机控制

在自动切线装置工作或停止时，按下脱机按钮 SB3，[70]X012 常开触点闭合，Y003 线圈得电，PLC 的 Y003 端子内部的三极管导通，Y003 端输出低电平，R/S-端得到低电平，如果步进电动机先前处于运行状态，R/S-端得到低电平后驱动器马上停止输出两相电流，PUL-端输入脉冲信号无效，电机处于惯性运转；如果步进电动机先前处于停止状态，R/S-端得到低电平后驱动器马上停止输出一相锁定电流，这时可手动转动电机转轴。松开脱机按钮 SB2，步进电动机又开始运行或进入自锁停止状态。

5.5　单片机控制步进电动机的线路与程序

5.5.1　单片机控制步进电动机的线路

由按键、单片机和驱动芯片控制步进电动机的线路图如图 5-25 所示。

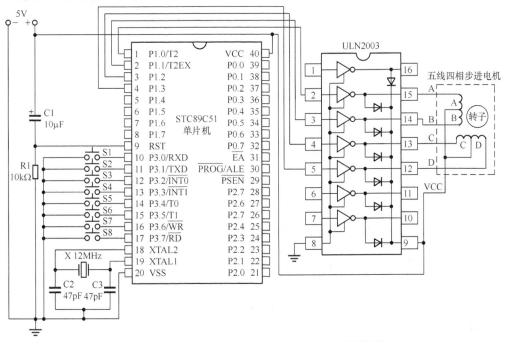

图 5-25　由按键、单片机和驱动芯片控制步进电动机的线路图

5.5.2 用单四拍方式驱动步进电动机正转的程序及详解

图 5-26 是用单四拍方式驱动步进电动机正转的程序，其线路图如图 5-25 所示。

1. 现象

步进电动机单向旋转。

2. 程序说明

程序运行时进入 main 函数，在 main 函数中先将变量 Speed 赋值 6，设置通电时间，然后执行 while 语句，在 while 语句中，先执行 A_ON（即执行 "A1=1、B1=0、C1=0、D1=0"），给 A 相通电，然后延时 6ms，再执行 B_ON（即执行 "A1=0、B1=1、C1=0、D1=0"），给 B 相通电，用同样的方法给 C、D 相通电，由于 while 首尾大括号内的语句会反复循环执行，故电机持续不断朝一个方向运转。如果将变量 Speed 的值设大一些，电机转速会变慢，转动的力矩则会变大。

```
/*用单四拍方式驱动四相步进电机正转的程序*/
#include <reg51.h>        //调用reg51.h文件对单片机各特殊功能寄存器进行地址定义
sbit A1=P1^0;             //用位定义关键字sbit将A1代表P1.0端口
sbit B1=P1^1;
sbit C1=P1^2;
sbit D1=P1^3;
unsigned char Speed;      //声明一个无符号字符型变量Speed
#define A_ON {A1=1;B1=0;C1=0;D1=0;}  //用define(宏定义)命令将A_ON代表"A1=1;B1=0;C1=0;D1=0;",可简化编程
#define B_ON {A1=0;B1=1;C1=0;D1=0;}  //B_ON与"A1=0;B1=1;C1=0;D1=0;"等同
#define C_ON {A1=0;B1=0;C1=1;D1=0;}
#define D_ON {A1=0;B1=0;C1=0;D1=1;}
#define ABCD_OFF {A1=0;B1=0;C1=0;D1=0;}

/*以下DelayUs为微秒级延时函数,其输入参数为unsigned char tu(无符号字符型变量tu),tu值为8位,取值范围 0～255,
如果单片机的晶振频率为12M,本函数延时时间可用T=(tu×2+5)us 近似计算,比如tu=248,T=501 us≈0.5ms */
void DelayUs (unsigned char tu)   //DelayUs为微秒级延时函数,其输入参数为无符号字符型变量tu
{
  while(--tu);                     //while为循环语句,每执行一次while语句,tu值就减1,
                                   //直到tu为0时才执行while尾大括号之后的语句
}

/*以下DelayMs为毫秒级延时函数,其输入参数为unsigned char tm（无符号字符型变量tm）,该函数内部使用了两个
DelayUs (248)函数,它们共延时1002us（约1ms）,由于tm值最大为255,故本DelayMs函数最大延时时间为255ms,
若将输入参数定义为unsigned int tm,则最长可获得65535ms的延时时间*/
void DelayMs(unsigned char tm)
{
  while(tm--)
  {
    DelayUs (248);
    DelayUs (248);
  }
}

/*以下为主程序部分*/
void main()
{
 Speed=6;     //给变量Speed赋值6,设置每相通电时间
 while(1)      //主循环,while首尾大括号内的语句会反复执行
  {
    A_ON             //让A1=1、B1=0、C1=0、D1=0,即给A相通电,B、C、D相均断电
    DelayMs(Speed);  //让A相通电时间持续6ms,该值越大,转速越慢,(但转矩(转动力矩)越大
    B_ON             //让A1=0、B1=1、C1=0、D1=0,即给B相通电,A、C、D均相断电
    DelayMs(Speed);  //延时6ms,让B相通电时间持续6ms
    C_ON
    DelayMs(Speed);
    D_ON
    DelayMs(Speed);
  }
}
```

图 5-26 用单四拍方式驱动步进电动机正转的程序

5.5.3 用双四拍方式驱动步进电动机自动正、反转的程序及详解

图 5-27 是用双四拍方式驱动步进电动机自动正、反转的程序，其线路图如图 5-25 所示。

1. 现象

步进电动机正向旋转 4 周，再反向旋转 4 周，周而复始。

2. 程序说明

程序运行时进入 main 函数，在 main 函数中先声明一个变量 i，接着给变量 Speed 赋值 6，

然后执行第 1 个 while 语句（主循环），先执行 ABCD_OFF（即执行 "A1=0、B1=0、C1=0、D1=0"），让 A、B、C、D 相断电，再给 i 赋值 512，再执行第 2 个 while 语句，在第 2 个 while 语句中，先执行 AB_ON（即执行 "A1=1、B1=1、C1=0、D1=0"），给 A、B 相通电，延时 8ms 后，执行 BC_ON（即执行 "A1=0、B1=1、C1=10、D1=0"），给 B、C 相通电，用同样的方法给 C、D 相和 D、A 相通电，即按 AB→BC→CD→DA 顺序给步进电动机通电，第 1 次执行后，i 值由 512 减 1 变成 511，然后又返回 AB_ON 开始执行第 2 次，执行 512 次后，i 值变为 0，步进电动机正向旋转了 4 周，跳出第 2 个 while 语句，执行之后的 ABCD_OFF 和 i=512，让 A、B、C、D 相断电，给 i 赋值 512，再执行第 3 个 while 语句，在第 3 个 while 语句中，执行有关语句按 DA→CD→BC→AB 顺序给步进电动机通电，执行 512 次后，i 值变为 0，步进电动机反向旋转了 4 周，跳出第 2 个 while 语句。由于第 1、2 个 while 语句处于主循环第 1 个 while 语句内部，故会反复执行，故而步进电动机正转 4 周、反转 4 周且反复进行。

```
/*用双4拍方式驱动步进电机自动正反转的程序*/
#include <reg51.h>        //调用reg51.h文件对单片机各特殊功能寄存器进行地址定义
sbit A1=P1^0;             //用位定义关键字sbit将A1代表P1.0端口
sbit B1=P1^1;
sbit C1=P1^2;
sbit D1=P1^3;
unsigned char Speed;      //声明一个无符号字符型变量Speed

#define A_ON  {A1=1;B1=0;C1=0;D1=0;}   //用define(宏定义)命令将A_ON代表"A1=1;B1=0;C1=0;D1=0; ",可简化编程
#define B_ON  {A1=0;B1=1;C1=0;D1=0;}   //B_ON与"A1=0;B1=1;C1=0;D1=0;"等同
#define C_ON  {A1=0;B1=0;C1=1;D1=0;}
#define D_ON  {A1=0;B1=0;C1=0;D1=1;}
#define AB_ON {A1=1;B1=1;C1=0;D1=0;}
#define BC_ON {A1=0;B1=1;C1=1;D1=0;}
#define CD_ON {A1=0;B1=0;C1=1;D1=1;}
#define DA_ON {A1=1;B1=0;C1=0;D1=1;}
#define ABCD_OFF {A1=0;B1=0;C1=0;D1=0;}

/*以下DelayUs为微秒级延时函数,其输入参数为unsigned char tu(无符号字符型变量tu),tu值为8位,取值范围 0~255,
如果单片机的晶振频率为12M, 本函数延时时间可用T=(tux2+5) us 近似计算, 比如tu=248,T=501 us≈0.5ms */
void DelayUs(unsigned char tu)   //DelayUs为微秒级延时函数,其输入参数为无符号字符型变量tu
{
  while(--tu);                   //while为循环语句,每执行一次while语句,tu值就减1,
                                 //直到tu值为0时才执行while尾大括号之后的语句
}

/*以下DelayMs为毫秒级延时函数,其输入参数为unsigned char tm(无符号字符型变量tm),该函数内部使用了两个
DelayUs(248)函数,它们共延时1002us(约1ms),由于tm值最大为255,故本DelayMs函数最大延时时间为255ms,
若将输入参数定义为unsigned int tm,则最长可获得65535ms的延时时间*/
void DelayMs(unsigned char tm)
{
  while(tm--)
  {
    DelayUs(248);
    DelayUs(248);
  }
}

/*以下为主程序部分*/
void main()
{
  unsigned int i;    //声明一个无符号整数型变量i
  Speed=8;           //给变量Speed赋值8,设置单相或双相通电时间
  while(1)           //主循环,while首尾大括号内的语句会反复执行
  {
    ABCD_OFF         //让A1=0、B1=0、C1=0、D1=0,即让A、B、C、D相断电
    i=512;           //将i赋值512
    while(i--)       //while首尾大括号内的语句每执行一次,i值减1,i值由512减到0时,给步进电机提供了
                     //512个正向通电周期(电机正转4周),跳出本while语句
    {
      AB_ON          //让A1=1、B1=1、C1=0、D1=0,即给A、B相通电,C、D相断电
      DelayMs(Speed);//延时8ms,让A相通电时间持续8ms,该值越大,转速越慢,但力矩越大
      BC_ON
      DelayMs(Speed);
      CD_ON
      DelayMs(Speed);
      DA_ON
      DelayMs(Speed);
    }
    ABCD_OFF         //让A1=0、B1=0、C1=0、D1=0,即让A、B、C、D相均断电,电机停转
    i=512;           //将i赋初值512
    while(i--)       //while首尾大括号内的语句每执行一次,i值减1,i值由512减到0时,给步进电机提供了
                     //512个反向通电周期(电机反转4周),跳出本while语句
    {
      DA_ON          //让A1=1、B1=0、C1=0、D1=1,即给A、D相通电,B、C相断电
      DelayMs(Speed);//延时8ms,让D相通电时间持续8ms,该值越大,转速越慢,但力矩越大
      CD_ON
      DelayMs(Speed);
      BC_ON
      DelayMs(Speed);
      AB_ON
      DelayMs(Speed);
    }
  }
}
```

图 5-27　用双四拍方式驱动步进电动机自动正反转的程序

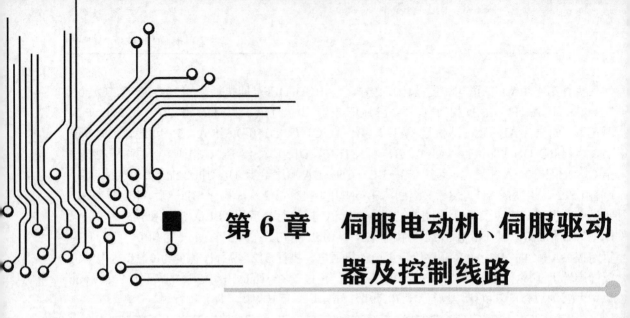

第6章 伺服电动机、伺服驱动器及控制线路

6.1 交流伺服系统的3种控制模式

交流伺服系统是以交流伺服电动机为控制对象的自动控制系统，它主要由伺服控制器、伺服驱动器和伺服电动机组成。交流伺服系统主要有3种控制模式，分别是位置控制模式、速度控制模式和转矩控制模式，在不同的模式下，其工作原理略有不同。交流伺服系统的控制模式可通过设置伺服驱动器的参数来改变。

6.1.1 交流伺服系统的位置控制模式

当交流伺服系统工作在位置控制模式时，能精确控制伺服电动机的转数，因此可以精确控制执行部件的移动距离，即可对执行部件进行运动定位。

交流伺服系统工作在位置控制模式的组成结构图如图6-1所示。伺服控制器发出控制信号和脉冲信号给伺服驱动器，伺服驱动器输出U、V、W三相电源给伺服电动机，驱动电动机工作，与电动机同轴旋转的编码器会将电动机的旋转信息反馈给伺服驱动器，电动机每旋转一周编码器会产生一定数量的脉冲送给驱动器。伺服控制器输出的脉冲信号用来确定伺服电动机的转数，在驱动器中，该脉冲信号与编码器送来的脉冲信号进行比较，若两者相等，表明电动机旋转的转数已达到要求，电动机驱动的执行部件已移动到指定的位置，控制器发出的脉冲个数越多，电动机的转速就越快。

伺服控制器既可以是PLC，也可以是定位模块（如 FX2N-1PG、FX2N-

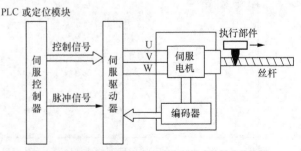

图6-1 交流伺服系统工作在位置控制模式的组成结构图

10GM 和 FX2N-20GM）。

6.1.2　交流伺服系统的速度控制模式

当交流伺服系统工作在速度控制模式时，伺服驱动器无需输入脉冲信号，故可取消伺服控制器，此时的伺服驱动器类似于变频器，但由于驱动器能接收伺服电动机的编码器送来的转速信息，不但能调节电动机转速，还能让电动机转速保持稳定。

交流伺服系统工作在速度控制模式的组成结构图如图 6-2 所示。伺服驱动器输出 U、V、
W 三相电源给伺服电动机，驱动电动机工作，编码器会将伺服电动机的旋转信息反馈给伺服驱动器，如电动机旋转速度越快，编码器反馈给伺服驱动器的脉冲频率就越高。操作伺服驱动器的有关输入开关，可以控制伺服电动机的启动、停止和旋转方向等，调节伺服驱动器的有关输入电位器，可以调节电动机的转速。

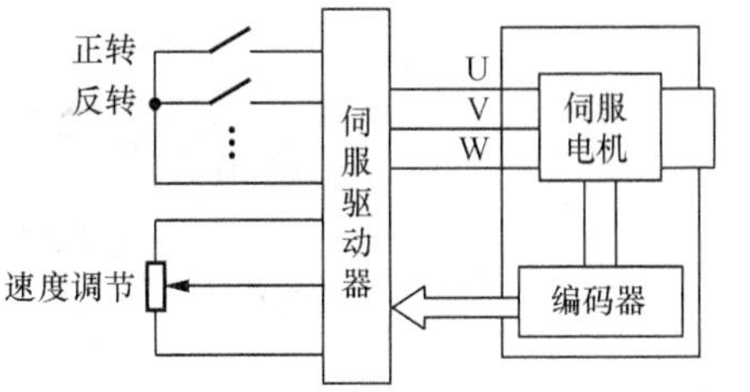

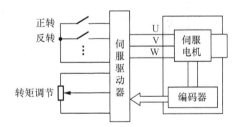

图 6-2　交流伺服系统工作在速度控制模式的组成结构图

伺服驱动器的输入开关、电位器等输入的控制信号也可以用 PLC 等控制设备来产生。

6.1.3　交流伺服系统的转矩控制模式

当交流伺服系统工作在转矩控制模式时，伺服驱动器无需输入脉冲信号，故可取消伺服控制器，通过操作伺服驱动器的输入电位器，可以调节伺服电动机的输出转矩（又称扭矩或转力）。

交流伺服系统工作在转矩控制模式的组成结构图如图 6-3 所示。

图 6-3　交流伺服系统工作在转矩控制模式的组成结构图

6.2　伺服电动机和编码器

交流伺服系统的控制对象是伺服电动机，编码器通常安装在伺服电动机的转轴上，用来检测伺服电动机的转速、转向、位置等信息。

6.2.1　伺服电动机

伺服电动机是指用在伺服系统中，能满足任务所要求的控制精度、快速响应性和抗干扰

性的电动机。为了达到控制要求，伺服电动机通常需要安装位置/速度检测部件（如编码器）。**根据伺服电动机的定义不难看出，只要能满足控制要求的电动机均可作为伺服电动机**，故伺服电动机可以是交流异步电动机、永磁同步电动机、直流电动机、步进电动机或直线电动机，但实际广泛使用的伺服电动机通常为永磁同步电动机，无特别说明，本书介绍的伺服电动机均为永磁同步伺服电动机。

1. 外形与结构

伺服电动机的外形如图 6-4 所示，它内部通常引出两组电缆，一组电缆与电动机内部绕组连接，另一组电缆与编码器连接。

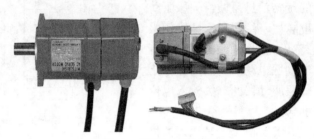

图 6-4　伺服电动机的外形

永磁同步伺服电动机的结构如图 6-5 所示，它主要由端盖、定子铁芯、定子绕组、转轴、轴承、永磁转子、机座、编码器和引出线组成。

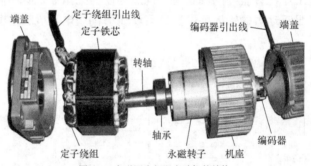

图 6-5　永磁同步伺服电动机的结构

2. 工作原理

永磁同步伺服电动机主要由定子和转子构成，其定子结构与一般的异步电动机相同，并且嵌有定子绕组。永磁同步伺服电动机的转子与异步电动机不同，异步电动机的转子一般为鼠笼式，转子本身不带磁性，而永磁同步伺服电动机的转子上嵌有永久磁铁。

永磁同步伺服电动机的工作原理如图 6-6 所示。

图 6-6（a）为永磁同步伺服电动机结构示意图，其定子铁芯上嵌有定子绕组，转子上安装一个两极磁铁（一对磁极），当定子绕组通三相交流电时，定子绕组会产生旋转磁场，此时的定子就象是旋转的磁铁，如图 6-6（b）所示，根据磁极异性相吸、同性相斥的原理可知，装有磁铁的转子会跟随旋转磁场方向转动，并且转速与磁场的旋转速度相同。

永磁同步伺服电动机在转子上安装永久磁铁来形成磁极，磁极的主要结构形式如图 6-7 所示。

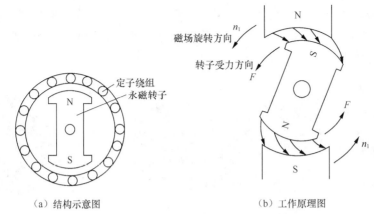

（a）结构示意图　　　　　　　　（b）工作原理图

图 6-6　永磁同步伺电动机的工作原理说明图

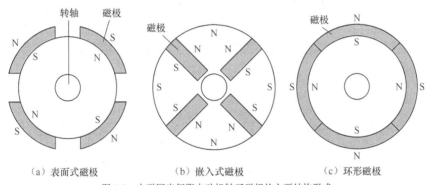

（a）表面式磁极　　　　（b）嵌入式磁极　　　　（c）环形磁极

图 6-7　永磁同步伺服电动机转子磁极的主要结构形式

在定子绕组电源频率不变的情况下，永磁同步伺服电动机在运行时转速是恒定的，其转速 n 与电动机的磁极对数 p、交流电源的频率 f 有关，永磁同步伺服电动机的转速可用下面的式子计算：

$$n=60f/p$$

根据上述式子可知，改变转子的磁极对数或定子绕组电源的频率，均可改变电动机的转速。永磁同步伺服电动机是通过改变定子绕组的电源频率来调节转速的。

6.2.2　编码器

伺服电动机通常使用编码器来检测转速和位置。编码器种类很多，主要可分为增量编码器和绝对值编码器。

1. 增量编码器

增量编码器的特点是每旋转一定的角度或移动一定的距离会生一个脉冲，即输出脉冲随位移增加而不断增多。

（1）外形

增量编码器的外形如图 6-8 所示。

（2）结构与工作原理

增量型光电编码器是一种较常用的增量型编码器，它主要由玻璃码盘、发光管、光电接收管和整形电路组成，玻离码盘的结构如图 6-9 所示，它从外往内分作 3 环，依次为 A 环，B 环和 Z 环，各环中的黑色部分不透明，白色部分透明可通过光线，玻璃码盘中间安装转轴，与伺服电动机同步旋转。

图 6-8 增量编码器的外形

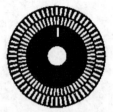
图 6-9 玻璃码盘的结构

增量型光电编码器的结构与工作原理如图 6-10 所示。编码器的发光管发出光线照射玻璃码盘，光线分别透过 A、B 环的透明孔照射 A、B 相光电接收管，从而得到 A、B 相脉冲，脉冲经放大整形后输出，由于 A、B 环透明孔交错排列，故得到的 A、B 相脉冲相位相差 90°，Z 环只有一个透明孔，码盘旋转一周时只产生一个脉冲，该脉冲称为 Z 脉冲（零位脉冲），用来确定码盘的起始位置。

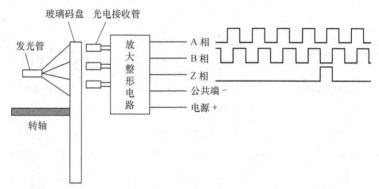
图 6-10 增量型光电编码器的结构与工作原理说明图

通过增量型光电编码器可以检测伺服电动机的转向、转速和位置。由于 A、B 环上的透明孔是交错排列，如果码盘正转时 A 环的某孔超前 B 环的对应孔，编码器得到的 A 相脉冲相位较 B 相脉冲超前，码盘反转时 B 环孔就较 A 环孔超前，B 相脉冲就超前 A 相脉冲，因此了解 A、B 脉冲相位情况就能判断出码盘的转向（即伺服电动机的转向）。如果码盘 A 环上有 100 个透明孔，码盘旋转一周，编码器就会输出 100 个 A 相脉冲，如果码盘每秒钟转 10 转，编码器每秒钟会输出 1000 个脉冲，即输出脉冲的频率为 1kHz，码盘每秒钟转 50 转，编码器每秒钟就会输出 5000 个脉冲，输出脉冲的频率为 5kHz，因此了解编码器输出脉冲的频率就能知道电动机的转速。如果码盘旋转一周会产生 100 个脉冲，从第一个 Z 相脉冲产生开始计算，若编码器输出 25 个脉冲，表明码盘（电动机）已旋转到 1/4 周的位置，若编码器输出 1000 个脉冲，表明码盘（电动机）已旋转 10 周，电动机驱动执行部件移动了相应长度的距离。

编码器旋转一周产生的脉冲个数称为分辨率，它与码盘 A、B 环上的透光孔数目有关，透光孔数目越多，旋转一周产生的脉冲数越多，编码器分辨率越高。

2. 绝对值编码器

增量编码器通过输出脉冲的频率反映电动机的转速，通过 A、B 相脉冲的相位关系反映电动机的转向，故检测电动机转速和转向非常方便。

增量编码器在检测电动机旋转位置时，通过第一个 Z 相脉冲之后出现的 A 相（或 B 相）脉冲的个数来反映电动机的旋转位移。由此可见，增量编码器检测电动机的旋转位移是采用相对方式，当电动机驱动执行机构移到一定位置，增量编码器会输出 N 个相对脉冲来反映该位置，如果系统突然断电，若相对脉冲个数未存储，再次通电后系统将无法知道执行机构的当前位置，需要让电动机回到零位重新开始工作并检测位置，即使系统断电时相对脉冲个数被存储，如果人为移动执行机构，通电后，系统会以为执行机构仍在断电前的位置，继续工作时会出现错误。

绝对值编码器可以解决增量编码器测位时存在的问题，它可分为单圈绝对值编码器和多圈绝对值编码器。

（1）单圈绝对值编码器

图 6-11（a）为 4 位二进制单圈绝对值编码器的码盘，该玻璃码盘分为 B3、B2、B1、B04 个环，每个环分成 16 等份，环中白色部分透光，黑色部分不透光。码盘的一侧有 4 个发光管照射，另一侧有 B3、B2、B1、B0 共 4 个光电接收管，当码盘处于图示位置时，B3、B2、B1、B0 接收管不受光，输出均为 0，即 B3B2B1B0＝0000，如果码盘顺时针旋转一周，B3、B2、B1、B0 接收管输出的脉冲如图 6-11（b）所示，B3B2B1B0 的值会从 0000 变化到 1111。

4 位二进制单圈绝对值编码器将一个圆周分成 16 个位置点，每个位置点都有唯一的编码，通过编码器输出的代码就能确定电动机的当前位置，通过输出代码的变化方向可以确定电动机的转向，如由 0000 往 0001 变化为正转，1100 往 0111 变化为反转，通过检测某光电接收管（如 B0 接收管）产生的脉冲频率就能确定电动机的转速。单圈绝对值编码器定位不受断电影响，再次通电后，编码器当前位置的编码不变，例如当前位置编码为 0111，系统就知道电动机停电前处于 1/2 周位置。

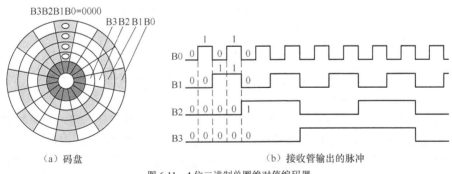

（a）码盘　　　　　　　　　　　（b）接收管输出的脉冲

图 6-11　4 位二进制单圈绝对值编码器

（2）多圈绝对值编码器

单圈绝对值编码器只能对一个圆周进行定位，超过一个圆周定位就会发生重复，而多圈绝对值编码器可以对多个圆周进行定位。

多圈绝对值编码器的工作原理类似机械钟表，当中心码盘旋转时，通过减速齿轮带动另一个圈数码盘，中心码盘每旋转一周，圈数码盘转动一格，如果中心码盘和圈数码盘都是 4

位，那么该编码器可进行 16 周定位，定位编码为 00000000～11111111，如果圈数码盘是 8 位，编码器可定位 256 周。

多圈绝对值编码器优点是测量范围大，如果使用定位范围有富裕，在安装时不必要找零点，只要将某一位置作为起始点就可以了，这样能大大简化安装调试的难度。

6.3　伺服驱动器

伺服驱动器又称伺服放大器，是交流伺服系统的核心设备。**伺服驱动器的功能是将工频（50Hz 或 60Hz）交流电源换成幅度和频率均可变的交流电源提供给伺服电动机。当伺服驱动器工作在速度控制模式时，通过控制输出电源的频率来对电动机进行调速；当工作在转矩控制模式时，通过控制输出电源的幅度来对电动机进行转矩控制；当工作在位置控制模式时，根据输入脉冲来决定输出电源的通断时间。**

伺服驱动器的品牌很多，常见的有三菱、安川、松下、三洋等，图 6-12 列出了一些常见的伺服驱动器及配套使用的伺服电动机，本书以三菱 MR-J2S-A 系列通用伺服驱动器为例进行说明。

图 6-12　一些常见的伺服驱动器及配套的伺服电动机

6.3.1　伺服驱动器的内部结构及说明

图 6-13 为三菱 MR-J2S-A 系列通用伺服驱动器的内部结构简图。

伺服驱动器工作原理说明如下。

三相交流电源（200～230V）或单相交流电源（230V）经断路器 NFB 和接触器触点 NC 送到伺服驱动器内部的整流电路，交流电源经整流电路、开关 S（S 断开时经 R1）对电容 C 充电，在电容上得到上正下负的直流电压，该直流电压送到逆变电路，逆变电路将直流电压转换成 U、V、W 三相交流电压，输出送给伺服电动机，驱动电动机运转。

R1、S 为浪涌保护电路，在开机时 S 断开，R1 对输入电流进行限制，用于保护整流电路中的二极管不被开机冲击电流烧坏，正常工作时 S 闭合，R1 不再限流；R2、VD 为电源指示电路，当电容 C 上存在电压时，VD 就会发光；VT、R3 为再生制动电路，用于加快制动速度，同时避免制动时电动机产生的电压损坏有关电路；电流传感器用于检测伺服驱动器输出电流大小，并通过电流检测电路反馈给控制系统，以便控制系统能随时了解输出电流情况而作出相应控制；有些伺服电动机除了带有编码器外，还带有电磁制动器，在制动器线圈未通电时伺服电动机转轴被抱闸，线圈通电后抱闸松开，电动机可正常运行。

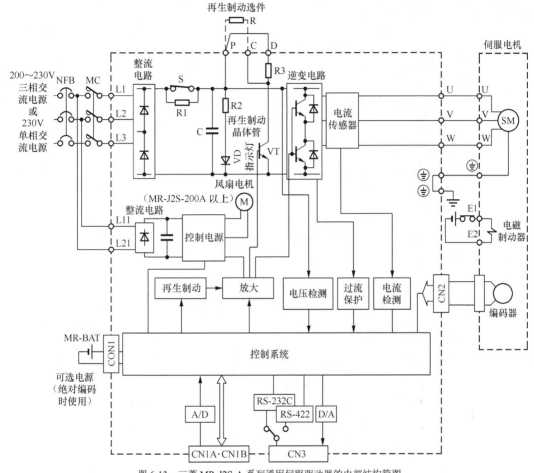

图 6-13　三菱 MR-J2S-A 系列通用伺服驱动器的内部结构简图

　　控制系统有单独的电源电路，它除了为控制系统供电外，对于大功率型号的驱动器，它还要为内置的散热风扇供电；主电路中的逆变电路工作时需要提供驱动脉冲信号，它由控制系统提供，主电路中的再生制动电路所需的控制脉冲也由控制系统提供。过压检测电路用于检测主电路中的电压，过流检测电路用于检测逆变电路的电流，它们都反馈给控制系统，控制系统根据设定的程序作出相应的控制（如过压或过流时让驱动器停止工作）。

　　如果给伺服驱动器接上备用电源（MR-BAT），就能构成绝对位置系统，这样在首次原点（零位）设置后，即使驱动器断电或报警后重新运行，也不需要进行原点复位操作。控制系统通过一些接口电路与驱动器的外接端口（如 CN1A、CN1B、CN3 等）连接，以便接收外部设备送来的指令，也能将驱动器有关信息输出给外部设备。

6.3.2　伺服驱动器与外围设备的接线

　　三菱 MR-J2S-100A 伺服驱动器与外围设备的接线图如图 6-14 所示，这种小功率的伺服驱动器可以使用 200～230V 的三相交流电压供电，也可以使用 230V 的单相交流电压供电。由于我国三相交流电压通常为 380V，故使用 380V 三相交流电压供电时需要使用三相降压变压器，将 380V 降到 220V 再供给伺服驱动器。如果使用 220V 单相交流电压供电，只需将 220V 电压接到伺服驱动器的 L1、L2 端。

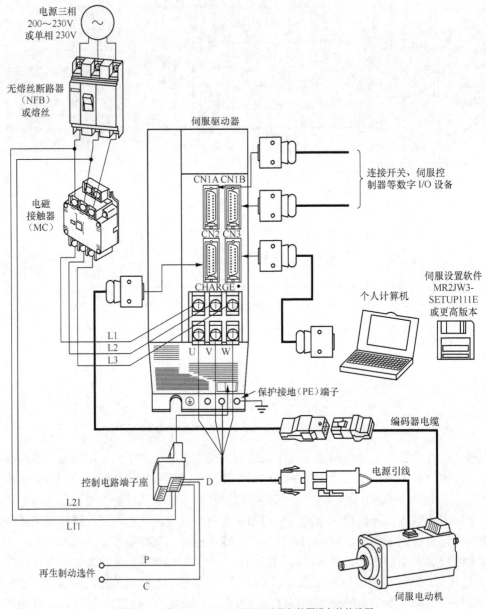

图 6-14　三菱 MR-J2S-100A 伺服驱动器与外围设备的接线图

6.3.3　伺服驱动器的接头引脚功能及内部接口电路

三菱 MR-J2S-100A 伺服驱动器有位置、速度和转矩 3 种控制模式，在这 3 种模式下，

CN2、CN3 接头各引脚功能定义相同，而 CN1A、CN1B 接头中有些引脚在不同模式时功能有所不同，如图 6-15 所示，P 表示位置模式，S 表示速度模式，T 表示转矩模式。例如，CN1B 接头的 2 号引脚在位置模式时无功能（不使用），在速度模式时功能为 VC（模拟量速度指令输入），在转矩模式时的功能为 VLA（模拟量速度限制输入）。在图 6-15 中，左边引脚为输入引脚，右边引脚为输出引脚。

CN1A、CN1B、CN2、CN3 接头的各引脚详细说明见三菱 MR-J2S-100A 伺服驱动器的使用手册。

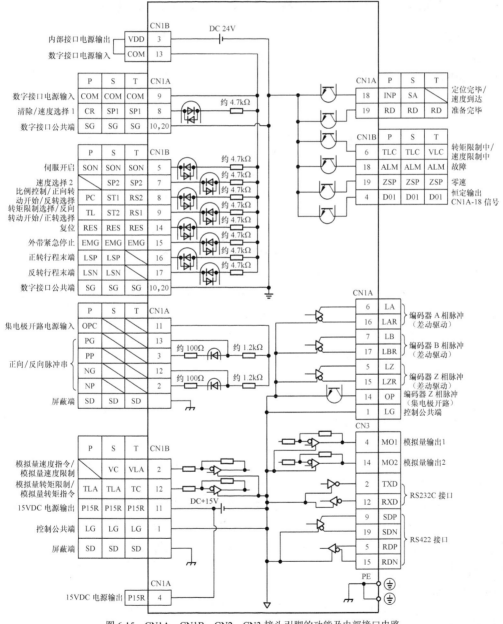

图 6-15　CN1A、CN1B、CN2、CN3 接头引脚的功能及内部接口电路

6.4　伺服驱动器以速度模式控制伺服电动机的应用举例及标准接线

6.4.1　伺服电动机多段速运行的控制线路与 PLC 控制程序

1. 控制要求

采用 PLC 控制伺服驱动器，使之驱动伺服电动机按图 6-16 所示的速度曲线运行，主要运行要求如下。

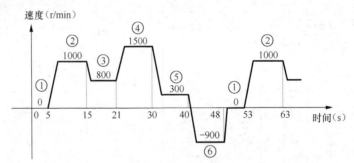

图 6-16　伺服电动机多段速运行的速度曲线

① 按下启动按钮后，在 0～5s 内停转，在 5～15s 内以 1000r/min（转/分）的速度运转，在 15～21s 内以 800r/min 的速度运转，在 21～30s 内以 1500r/min 的速度运转，在 30～40s 内以 300r/min 的速度运转，在 40～48s 内以 900r/min 的速度反向运转，48s 后重复上述运行过程。

② 在运行过程中，若按下停止按钮，要求运行完当前周期后再停止。

③ 由一种速度转为下一种速度运行的加、减速时间均为 1s。

2. 控制线路图

伺服电动机多段速运行控制的线路图如图 6-17 所示。

电路工作过程说明如下。

（1）电路的工作准备

220V 的单相交流电源经开关 NFB 送到伺服驱动器的 L11、L21 端，伺服驱动器内部的控制电路开始工作，ALM 端内部变为 ON，VDD 端输出电流经继电器 RA 线圈进入 ALM 端，电磁制动器外接 RA 触点闭合，制动器线圈得电而使抱闸松开，停止对伺服电动机刹车，同时驱动器启停保护电路中的 RA 触点也闭合，如果这时按下启动 ON 触点，接触器 MC 线圈得电，MC 自锁触点闭合，锁定 MC 线圈供电，另外，MC 主触点也闭合，220V 电源送到伺服驱动器的 L1、L2 端，为内部的主电路供电。

（2）多段速运行控制

按下启动按钮 SB1，PLC 中的程序运行，按设定的时间从 Y3～Y1 端输出速度选择信号到伺服驱动器的 SP3～SP1 端，从 Y4、Y5 端输出正反转控制信号到伺服驱动器的 ST1、

ST2 端，选择伺服驱动器中已设置好的 6 种速度。ST1、ST2 端和 SP3～SP1 端的控制信号与伺服驱动器的速度对应关系见表 6-1。例如，当 ST1＝1、ST2＝0、SP3～SP1 为 011 时，选择伺服驱动器的速度 3 输出（速度 3 的值由数 No.10 设定），伺服电动机按速度 3 设定的值运行。

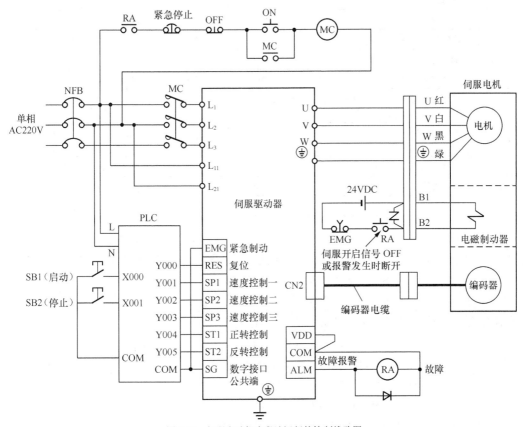

图 6-17　伺服电动机多段速运行的控制线路图

表 6-1　　ST1、ST2 端、SP3～SP1 端的控制信号与伺服驱动器的速度对应关系

ST1（Y4）	ST2（Y5）	SP3（Y3）	SP2（Y2）	SP1（Y1）	对应速度
0	0	0	0	0	电机停止
1	0	0	0	1	速度 1（No.8=0）
1	0	0	1	0	速度 2（No.9=1000）
1	0	0	1	1	速度 3（No.10=800）
1	0	1	0	0	速度 4（No.72=1500）
1	0	1	0	1	速度 5（No.73=300）
0	1	1	1	0	速度 6（No.74=900）

说明：0—OFF，该端子与 SG 端断开；1—ON，该端子与 SG 端接通。

3. 参数设置

由于伺服电动机运行速度有 6 种，故需要给伺服驱动器设置 6 种速度值，另外还要对相关参数进行设置。伺服驱动器参数设置内容见表 6-2。

表 6-2 伺服驱动器的参数设置内容

参数	名称	初始值	设定值	说明
No.0	控制模式选择	0000	0002	设置成速度控制模式
No.8	内部速度 1	100	0	0r/min
No.9	内部速度 2	500	1000	1000r/min
No.10	内部速度 3	1000	800	800r/min
No.11	加速时间常数	0	1000	1000ms
No.12	减速时间常数	0	1000	1000ms
No.41	用于设定 SON、LSP、LSN 的自动置 ON	0000	0111	SON、LSP、LSN 内部自动置 ON.
No.43	输入信号选择 2	0111	0AA1	在速度模式、转矩模式下把 CN1B-5（SON）改成 SP3
No.72	内部速度 4	200	1500	速度是 1500r/min
No.73	内部速度 5	300	300	速度是 300r/min
No.74	内部速度 6	500	900	速度是 900r/min

在表 6-2 中，将 No.0 参数设为 0002，让伺服驱动器的工作在速度控制模式；No.8～No.10 和 No.72～No.74 用来设置伺服驱动器的 6 种输出速度；将 No.11、No.12 参数均设为 1000，让速度转换的加、减速度时间均为 1 秒（1000ms）；由于伺服驱动器默认无 SP3 端子，这里将 No.43 参数设为 0AA1，这样在速度和转矩模式下 SON 端（CN1B-5 脚）自动变成 SP3 端；因为 SON 端已更改成 SP3 端，无法通过外接开关给伺服驱动器输入伺服开启 SON 信号，为此将 No.41 参数设为 0111，让伺服驱动器在内部自动产生 SON、LSP、LSN 信号。

4. 编写 PLC 控制程序

根据控制要求，PLC 控制程序可采用步进指令编写，为了更容易编写梯形图，通常先绘出状态转移图，再依据状态转移图编写梯形图。

（1）绘制状态转移图

图 6-18 为伺服电动机多段速运行控制的状态转移图。

（2）绘制梯形图

启动编程软件，按照图 6-18 所示的状态转移图编写梯形图，伺服电动机多段速运行控制的梯形图如图 6-19 所示。

下面对照图 6-17 来说明图 6-19 梯形图的工作原理。

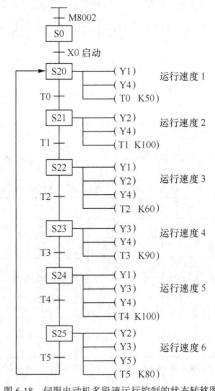

图 6-18 伺服电动机多段速运行控制的状态转移图

PLC 上电时，[0]M8002 触点接通一个扫描周期，"SET S0"指令执行，状态继电器 S0 置位，[7]S0 常开触点闭合，为启动作准备。

① 启动控制

按下启动按钮 SB1，梯形图中的[7]X000 常开触点闭合，"SET S20"指令执行，状态继电器 S20 置位，[17]S20 常开触点闭合，Y001、Y004 线圈得电，Y001、Y004 端子的内部硬触点闭合，同时 T0 定时器开始 5s 计时，伺服驱动器 SP1 端通过 PLC 的 Y001、COM 端之间的内部硬触点与 SG 端接通，相当于 SP1＝1，同理 ST1＝1，伺服驱动选择设定好的速度 1（0r/min）驱动电动机。

5s 后，T0 定时器动作，[23]T0 常开触点闭合，"SET S21"指令执行，状态继电器 S21 置位，[26]S21 常开触点闭合，Y002、Y004 线圈得电，Y002、Y004 端子的内部硬触点闭合，同时 T1 定时器开始 10s 计时，伺服驱动器 SP2 端通过 PLC 的 Y002、COM 端之间的内部硬触点与 SG 端接通，相当于 SP2＝1，同理 ST1＝1，伺服驱动选择设定好的速度 2（1000r/min）驱动伺服电动机运行。

10s 后，T1 定时器动作，[32]T1 常开触点闭合，"SET S22"指令执行，状态继电器 S22 置位，[35]S22 常开触点闭合，Y001、Y002、Y004 线圈得电，Y001、Y002、Y004 端子的内部硬触点闭合，同时 T2 定时器开始 6s 计时，伺服驱动器的 SP1＝1、SP2＝1、ST1＝1，伺服驱动选择设定好的速度 3（800r/min）驱动伺服电动机运行。

6s 后，T2 定时器动作，[42]T2 常开触点闭合，"SET S23"指令执行，状态继电器 S23 置位，[45]S23 常开触点闭合，Y003、Y004 线圈得电，Y003、Y004 端子的内部硬触点闭合，同时 T3 定时器开始 9s 计时，伺服驱动器的 SP4＝1、ST1＝1，伺服驱动选择设定好的速度 4（1500r/min）驱动伺服电动机运行。

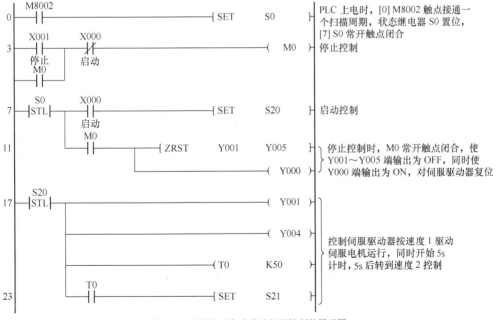

图 6-19　伺服电动机多段速运行控制的梯形图

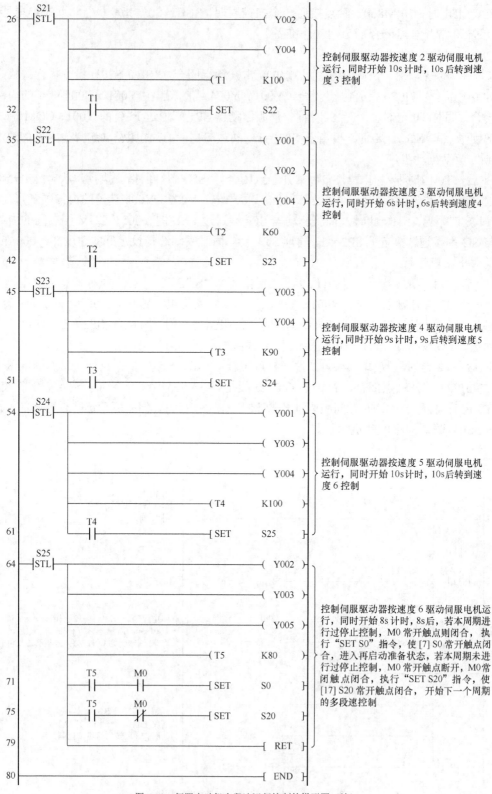

图 6-19 伺服电动机多段速运行控制的梯形图（续）

9s 后，T3 定时器动作，[51]T3 常开触点闭合，"SET S24"指令执行，状态继电器 S24 置位，[54]S24 常开触点闭合，Y001、Y003、Y004 线圈得电，Y001、Y003、Y004 端子的内部硬触点闭合，同时 T4 定时器开始 10s 计时，伺服驱动器的 SP1=1、SP3=1、ST1=1，伺服驱动选择设定好的速度 5（300r/min）驱动伺服电动机运行。

10s 后，T4 定时器动作，[61]T4 常开触点闭合，"SET S25"指令执行，状态继电器 S25 置位，[64]S25 常开触点闭合，Y002、Y003、Y005 线圈得电，Y002、Y003、Y005 端子的内部硬触点闭合，同时 T5 定时器开始 8s 计时，伺服驱动器的 SP2=1、SP3=1、ST2=1，伺服驱动选择设定好的速度 6（900r/min）驱动伺服电动机运行。

8s 后，T5 定时器动作，[75]T5 常开触点均闭合，"SET S20"指令执行，状态继电器 S20 置位，[17]S20 常开触点闭合，开始下一个周期的伺服电动机多段速控制。

② 停止控制

在伺服电动机多段速运行时，如果按下停止按钮 SB2，[3]X001 常开触点闭合，M0 线圈得电，[4]、[11]、[71]M0 常开触点闭合，[71] M0 常闭触点断开，当程序运行[71]梯级时，由于[71]M0 常开触点闭合，"SET S0"指令执行，状态继电器 S0 置位，[7]S0 常开触点闭合，因为[11]M0 常开触点闭合，"ZRST Y001 Y005"指令执行，Y001～Y005 线圈均失电，Y001～Y005 端输出均为 0，同时线圈 Y000 得电，Y000 端子的内部硬触点闭合，伺服驱动器 RES 端通过 PLC 的 Y000、COM 端之间的内部硬触点与 SG 端接通，即 RES 端输入为 ON，伺服驱动器主电路停止输出，伺服电动机停转。

6.4.2　伺服电动机驱动工作台往返限位运行的控制线路与 PLC 控制程序

1. 控制要求

采用 PLC 控制伺服驱动器来驱动伺服电动机运转，通过与电动机同轴的丝杆带动工作台移动，如图 6-20（a）所示，具体要求如下。

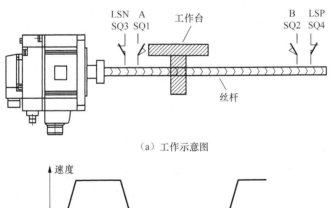

（a）工作示意图

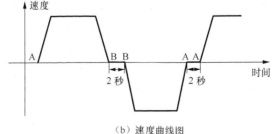

（b）速度曲线图

图 6-20　伺服电动机驱动工作台往返限位运行说明

① 在自动工作时，按下启动按钮后，丝杆带动工作台往右移动，当工作台到达 B 位置（该处安装有限位开关 SQ2）时，工作台停止 2s，然后往左返回，当到达 A 位置（该处安装有限位开关 SQ2）时，工作台停止 2s，又往右运动，如此反复，运行速度/时间曲线如图 6-5（b）所示。按下停止按钮，工作台停止移动。

② 在手动工作时，通过操作慢左、慢右按钮，可使工作台在 A、B 间慢速移动。

③ 为了安全起见，在 A、B 位置的外侧再安装两个极限保护开关 SQ3、SQ4。

2. 控制线路图

伺服电动机驱动工作台往返限位运行的控制线路图如图 6-21 所示。

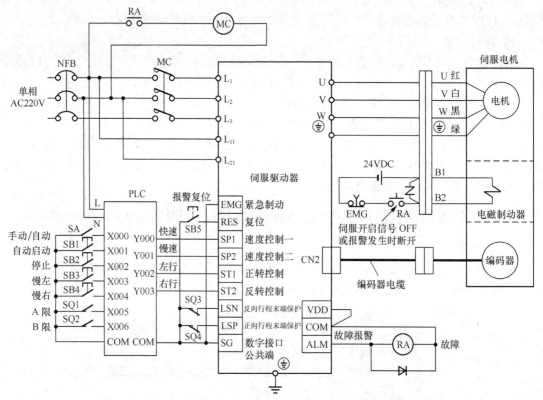

图 6-21　伺服电动机驱动工作台往返限位运行的控制线路图

电路工作过程说明如下。

（1）电路的工作准备

220V 的单相交流电源经开关 NFB 送到伺服驱动器的 L11、L21 端，伺服驱动器内部的控制电路开始工作，ALM 端内部变为 ON，VDD 端输出电流经继电器 RA 线圈进入 ALM 端，RA 线圈得电，电磁制动器外接 RA 触点闭合，制动器线圈得电而使抱闸松开，停止对伺服电动机刹车，同时附属电路中的 RA 触点也闭合，接触器 MC 线圈得电，MC 主触点闭合，220V 电源送到伺服驱动器的 L1、L2 端，为内部的主电路供电。

（2）工作台往返限位运行控制

① 自动控制过程

将手动/自动开关 SA 闭合，选择自动控制，按下自动启动按钮 SB1，PLC 中的程序运行，让 Y000、Y003 端输出为 ON，伺服驱动器 SP1、ST2 端输入为 ON，选择已设定好的高速度驱动伺服电动机反转，伺服电动机通过丝杆带动工作台快速往右移动，当工作台碰到 B 位置的限位开关 SQ2，SQ2 闭合，PLC 的 Y000、Y003 端输出为 OFF，电动机停转，2s 后，PLC 的 Y000、Y002 端输出为 ON，伺服驱动器 SP1、ST1 端输入为 ON，伺服电动机通过丝杆带动工作台快速往左移动，当工作台碰到 A 位置的限位开关 SQ1，SQ1 闭合，PLC 的 Y000、Y002 端输出为 OFF，电动机停转，2s 后，PLC 的 Y000、Y003 端输出又为 ON，重复上述过程。

在自动控制时，按下停止按钮 SB2，Y000～Y003 端输出均为 OFF，伺服驱动器停止输出，电动机停转，工作台停止移动。

② 手动控制过程

将手动/自动开关 SA 断开，选择手动控制，按住慢右按钮 SB4，PLC 的 Y001、Y003 端输出为 ON，伺服驱动器 SP2、ST2 端输入为 ON，选择已设定好的低速度驱动伺服电动机反转，伺服电动机通过丝杆带动工作台慢速往右移动，当工作台碰到 B 位置的限位开关 SQ2，SQ2 闭合，PLC 的 Y000、Y003 端输出为 OFF，电动机停转；按住慢左按钮 SB3，PLC 的 Y001、Y002 端输出为 ON，伺服驱动器 SP2、ST1 端输入为 ON，伺服电动机通过丝杆带动工作台慢速往左移动，当工作台碰到 A 位置的限位开关 SQ1，SQ1 闭合，PLC 的 Y000、Y002 端输出为 OFF，电动机停转。在手动控制时，松开慢左、慢右按钮时，工作台马上停止移动。

③ 保护控制

为了防止 A、B 位置限位开关 SQ1、SQ2 出现问题无法使工作台停止而发生事故，在 A、B 位置的外侧再安装有正、反向行程末端保护开关 SQ3、SQ4，如果限位开关出现问题、工作台继续往外侧移动时，会使保护开关 SQ3 或 SQ4 断开，LSN 端或 LSP 端输入为 OFF，伺服驱动器主电路会停止输出，从而使工作台停止。

在工作时，如果伺服驱动器出现故障，故障报警 ALM 端输出会变为 OFF，继电器 RA 线圈会失电，附属电路中的常开 RA 触点断开，接触器 MC 线圈失电，MC 主触点断开，切断伺服驱动器的主电源。故障排除后，按下报警复位按钮 SB5，RES 端输入为 ON，进行报警复位，ALM 端输出变为 ON，继电器 RA 线圈得电，附属电路中的常开 RA 触点闭合，接触器 MC 线圈得电，MC 主触点闭合，重新接通伺服驱动器的主电源。

3. 参数设置

由于伺服电动机运行速度有快速和慢速，故需要给伺服驱动器的设置两种速度值，另外还要对相关参数进行设置。伺服驱动器的参数设置内容见表 6-3。

表 6-3　　　　　　　　　　　伺服驱动器的参数设置内容

参数	名称	出厂值	设定值	说明
No.0	控制模式选择	0000	0002	设置成速度控制模式
No.8	内部速度 1	100	1000	1000r/min
No.9	内部速度 2	500	300	300r/min
No.11	加速时间常数	0	500	1000ms
No.12	减速时间常数	0	500	1000ms

参数	名称	出厂值	设定值	说明
No.20	功能选择2	0000	0010	停止时伺服锁定，停电时不能自动重新启动
No.41	用于制定 SON、LSP、LSN 是否内部自动置 ON	0000	0001	SON 能内部自动置 ON.LSP、LSN 依靠外部置 ON

在表中，将 No.20 参数设为 0010，其功能是在停电再通电后不让伺服电动机重新启动，且停止时锁定伺服电动机；将 No.41 参数设为 0001，其功能是让 SON 信号由伺服驱动器内部自动产生，则 LSP、LSN 信号则由外部输入。

4. 编写 PLC 控制程序

根据控制要求，PLC 控制程序可采用步进指令编写，为了更容易编写梯形图，通常先绘出状态转移图，然后依据状态转移图编写梯形图。

（1）绘制状态转移图

图 6-22 为伺服电动机驱动工作台往返限位运行的自动控制部分状态转移图。

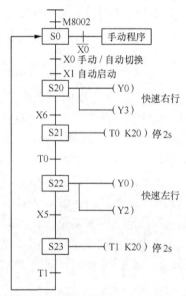

图 6-22　伺服电动机驱动工作台往返限位运行的状态转移图

（2）绘制梯形图

启动编程软件，按照图 6-22 所示的状态转移图编写梯形图，伺服电动机驱动工作台往返限位运行的梯形图如图 6-23 所示。

下面对照图 6-21 来说明图 6-23 梯形图的工作原理。

PLC 上电时，[0]M8002 触点接通一个扫描周期，"SET S0"指令执行，状态继电器 S0 置位，[15]S0 常开触点闭合，为启动作准备。

① 自动控制

将自动/手动切换开关 SA 闭合，选择自动控制，[20]X000 常闭触点断开，切断手动控制程序，[15]X000 常开触点闭合，为接通自动控制程序作准备，如果按下自动启动按钮 SB1，[3]X001 常开触点闭合，M0 线线圈得电，[4]M0 自锁触点闭合，[15]M0 常开触点闭合，"SET S20"指令执行，状态继电器 S20 置位，[31]S20 常开触点闭合，开始自动控制程序。

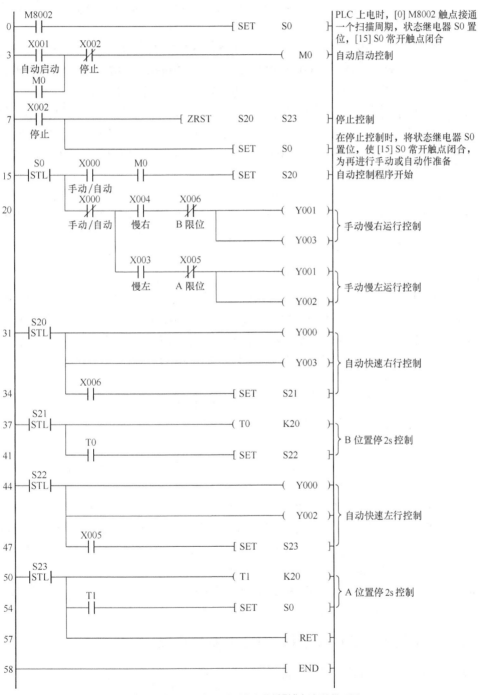

图 6-23　伺服电动机驱动工作台往返限位运行的梯形图

[31]S20 常开触点闭合后，Y000、Y003 线圈得电，Y000、Y003 端子输出为 ON，伺服驱动器的 SP1、ST2 输入为 ON，伺服驱动选择设定好的高速度（1000r/min）驱动电动机反转，工作台往右移动。当工作台移到 B 位置时，限位开关 SQ2 闭合，[34]X006 常开触点闭合，"SET S21" 指令执行，状态继电器 S21 置位，[37]S21 常开触点闭合，T0 定时器开始 2s计时，同时上一步程序复位，Y000、Y003 端子输出为 OFF，伺服电动机停转，工作台停止移动。

2s 后，T0 定时器动作，[41]T0 常开触点闭合，"SET S22" 指令执行，状态继电器 S22置位，[44]S22 常开触点闭合，Y000、Y002 线圈得电，Y000、Y002 端子输出为 ON，伺服驱动器的 SP1、ST1 输入为 ON，伺服驱动选择设定好的高速度（1000r/min）驱动电动机正转，工作台往左移动。当工作台移到 A 位置时，限位开关 SQ1 闭合，[47]X005 常开触点闭合，"SET S23" 指令执行，状态继电器 S23 置位，[50]S23 常开触点闭合，T1 定时器开始 2s计时，同时上一步程序复位，Y000、Y002 端子输出为 OFF，伺服电动机停转，工作台停止移动。

2s 后，T1 定时器动作，[54]T0 常开触点闭合，"SET S0" 指令执行，状态继电器 S0 置位，[15]S0 常开触点闭合，由于 X000、M0 常开触点仍闭合，"SET S20" 指令执行，状态继电器 S20 置位，[31]S20 常开触点闭合，重复上述控制过程，工作台在 A、B 位置之间作往返限位运行。

② 停止控制

在伺服电动机自动往返限位运行时，如果按下停止按钮 SB2，[7]X002 常开触点闭合，"ZRST S20 S30" 指令法执行，S20～S30 均被复位，Y000、Y002、Y003 线圈均失电，这些线圈对应的端子输出均为 OFF，伺服驱动器控制伺服电动机停转。另外，[3]X002 常闭触点断开，M0 线圈失电，[4]M0 自锁触点断开，解除自锁，同时[15]M0 常开触点断开，"SET S20"指令无法执行，无法进入自动控制程序。

在按下停止按钮 SB2 时，同时会执行 "SET S0" 指令，让[15]S0 常开触点闭合，这样在松开停止按钮 SB2 后，可以重新进行自动或手动控制。

③ 手动控制

将自动/手动切换开关 SA 断开，选择手动控制，[15]X000 常开触点断开，切断自动控制程序，[20]X000 常闭触点闭合，接通手动控制程序。

当按下慢右按钮 SB4 时，[20]X004 常开触点闭合，Y001、Y003 线圈得电，Y001、Y003端子输出为 ON，伺服驱动器的 SP2、ST2 端输入为 ON，伺服驱动选择设定好的低速度（300r/min）驱动电动机反转，工作台往右慢速移动，当工作台移到 B 位置时，限位开关 SQ2闭合，[20]X006 常开触点断开，Y001、Y003 线圈失电，伺服驱动器的 SP2、ST2 端输入为OFF，伺服电动机停转，工作台停止移动。当按下慢左按钮 SB3 时，X003 常开触点闭合，其过程过程与手动右移控制相似。

6.4.3 伺服驱动器在速度控制模式时的标准接线

伺服驱动器在速度控制模式时的标准接线图如图 6-24 所示。

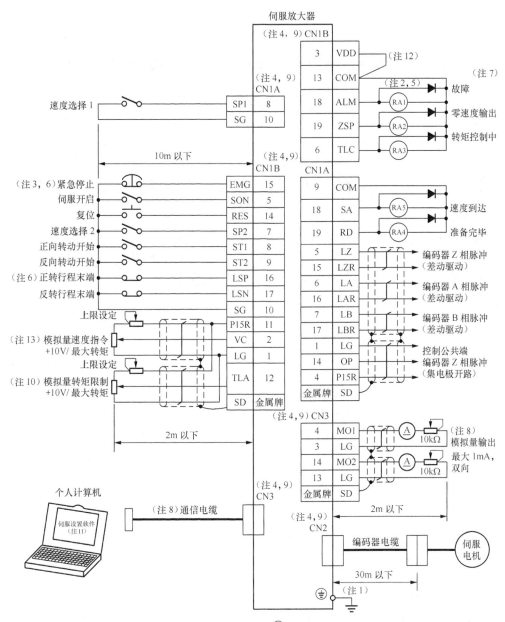

注　1. 为防止触电，必须将伺服放大器保护接地（PE）端子（标有⏚）连接到控制柜的保护接地端子上。

2. 二极管的方向不能接错，否则紧急停止和其他保护电路可能无法正常工作。

3. 必须安装紧急停止开关（常闭）。

4. CN1A、CN1B、CN2 和 CN3 为同一形状，如果将这些接头接错，可能会引起故障。

5. 外部继电器线圈中的电流总和应控制在 80mA 以下。如果超过 80mA，I/O 接口使用的电源应由外部提供。

6. 运行时，异常情况下的紧急停止信号（EMG）、正向/反向行程末端（LSP、LSN）与 SG 端之间必须接通（常闭接点）。

7. 故障端子（ALM）在无报警（正常运行）时与 SG 之间是接通的。

8. 同时使用模拟量输出通道 1/2 和个人计算机通信时，请使用维护用接口卡（MR-J2CN3TM）。

9. 同名信号在伺服放大器内部是接通的。

10. 通过设定参数 No.43～48，能使用 TL（转矩限制选择）和 TLA 功能。

11. 伺服设置软件应使用 MRAJW3-SETUP111E 或更高版本。

12. 使用内部电源（VDD）时，必须将 VDD 连到 COM 上，当使用外部电源时，VDD 不要与 COM 连接。

13. 微小电压输入的场合，请使用外部电源。

图 6-24　伺服驱动器在速度控制模式时的标准接线图

6.5 伺服驱动器以转矩模式控制伺服电动机的
应用举例及标准接线

6.5.1 伺服电动机驱动卷纸机恒张力收卷的控制线路与 PLC 控制程序

1. 控制要求

图 6-25 为卷纸机的结构示意图，在卷纸时，压纸辊将纸压在托纸辊上，卷纸辊在伺服电动机驱动下卷纸，托纸辊与压纸辊也随之旋转，当收卷的纸达到一定长度时切刀动作，将纸切断，然后开始下一个卷纸过程，卷纸的长度由与托纸辊同轴旋转的编码器来测量。

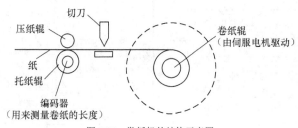

图 6-25 卷纸机的结构示意图

卷纸系统由 PLC、伺服驱动器、伺服电动机和卷纸机组成，控制要求如下。

① 按下启动按钮后，开始卷纸，在卷纸过程中，要求卷纸张力保持不变，即卷纸开始时要求卷纸辊快速旋转，随着卷纸直径不断增大，要求卷纸辊逐渐变慢，当卷纸长度达到 100m 时切刀动作，将纸切断。

② 按下暂停按钮时，机器工作暂停，卷纸辊停转，编码器记录的纸长度保持，按下启动按钮后机器工作，在暂停前的卷纸长度上继续卷纸，直到 100m 为止。

③ 按下停止按钮时。机器停止工作，不记录停止前的卷纸长度，按下启动按钮后机器重新从 0 开始卷纸。

2. 控制线路图

伺服电动机驱动卷纸机恒张力收卷的控制线路图如图 6-26 所示。

电路工作过程说明如下。

（1）电路的工作准备

220V 的单相交流电源经开关 NFB 送到伺服驱动器的 L11、L21 端，伺服驱动器内部的控制电路开始工作，ALM 端内部变为 ON，VDD 端输出电流经继电器 RA 线圈进入 ALM 端，

RA 线圈得电，电磁制动器外接 RA 触点闭合，制动器线圈得电而使抱闸松开，停止对伺服电动机刹车，同时附属电路中的 RA 触点也闭合，接触器 MC 线圈得电，MC 主触点闭合，220V 电源送到伺服驱动器的 L1、L2 端，为内部的主电路供电。

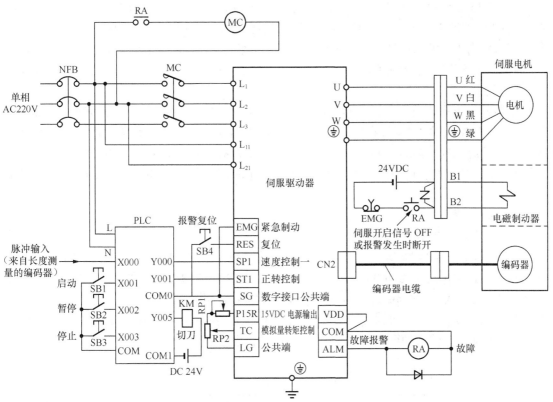

图 6-26　伺服电动机驱动卷纸机恒张力收卷的控制线路图

（2）收卷恒张力控制

① 启动控制

按下启动按钮 SB1，PLC 的 Y000、Y001 端输出为 ON，伺服驱动器的 SP1、ST1 端输入为 ON，伺服驱动器按设定的速度输出驱动信号，驱动伺服电动机运转，电动机带动卷纸辊旋转进行卷纸。在卷纸开始时，伺服驱动器 U、V、W 端输出的驱动信号频率较高，电动机转速较快，随着卷纸辊上的卷纸直径不断增大时，伺服驱动器输出的驱动信号频率自动不断降低，电动机转速逐渐下降，卷纸辊的转速变慢，这样可保证卷纸时卷纸辊对纸的张力（拉力）恒定。在卷纸过程中，可调节 RP1、RP2 电位器，使伺服驱动器的 TC 端输入电压在 0～8V 范围内变化，TC 端输入电压越高，伺服驱动器输出的驱动信号幅度越大，伺服电动机运行转矩（转力）越大。在卷纸过程中，PLC 的 X000 端不断输入测量卷纸长度的编码器送来的脉冲，脉冲数量越多，表明已收卷的纸张越长，当输入脉冲总数达到一定值时，说明卷纸已达到指定的长度，PLC 的 Y005 端输出为 ON，KM 线圈得电，控制切刀动作，将纸张切断，同时 PLC 的 Y000、Y001 端输出为 OFF，伺服电动机停止输出驱动信号，伺服电动机停转，停止卷纸。

② 暂停控制

在卷纸过程中，若按下暂停按钮 SB2，PLC 的 Y000、Y001 端输出为 OFF，伺服驱动器的 SP1、ST1 端输入为 OFF，伺服驱动器停止输出驱动信号，伺服电动机停转，停止卷纸，与此同时，PLC 将 X000 端输入的脉冲数量记录保持下来。按下启动按钮 SB1 后，PLC 的 Y000、Y001 端输出又为 ON，伺服电动机又开始运行，PLC 在先前记录的脉冲数量上累加计数，直到达到指定值时才让 X005 端输出 ON，进行切纸动作，并从 Y000、Y001 端输出 OFF，让伺服电动机停转，停止卷纸。

③ 停止控制

在卷纸过程中，若按下停止按钮 SB3，PLC 的 Y000、Y001 端输出为 OFF，伺服驱动器的 SP1、ST1 端输入为 OFF，伺服驱动器停止输出驱动信号，伺服电动机停转，停止卷纸，与此同时 X005 端输出 ON，切刀动作，将纸切断，另外 PLC 将 X000 端输入反映卷纸长度的脉冲数量清 0，这时可取下卷纸辊上的卷纸，再按下启动按钮 SB1 后可重新开始卷纸。

3. 参数设置

伺服驱动器的参数设置内容见表 6-4。

在表中，将 No.0 参数设为 0004，让伺服驱动器的工作在转矩控制模式；将 No.8 参数均设为 1000，让输出速度为 1000r/min；将 No.11、No.12 参数均设为 1000，让速度转换的加、减速度时间均为 1s（1000ms）；将 No.20 参数设为 0010，其功能是在停电再通电后不让伺服电动机重新启动，且停止时锁定伺服电动机；将 No.41 参数设为 0001，其功能是让 SON 信号由伺服驱动器内部自动产生，则 LSP、LSN 信号则由外部输入。

表 6-4 伺服驱动器的参数设置内容

参数	名称	出厂值	设定值	说明
No.0	控制模式选择	0000	0004	设置成转矩控制模式
No.8	内部速度 1	100	1000	1000r/min
No.11	加速时间常数	0	1000	1000ms
No.12	减速时间常数	0	1000	1000ms
No.20	功能选择 2	0000	0010	停止时伺服锁定，停电时不能自动重新启动
No.41	用于设定 SON、LSP、LSN 是否内部自动置 ON	0000	0001	SON 能内部自动置 ON.LSP、LSN 依靠外部置 ON

4. 编写 PLC 控制程序

图 6-27 为伺服电动机驱动卷纸机恒张力收卷的 PLC 控制程序。

下面对照图 6-26 来说明图 6-27 梯形图工作原理。

卷纸系统采用与托纸辊同轴旋转的编码器来测量卷纸的长度，托纸辊每旋转一周，编码器会产生 N 个脉冲，同时会传送与托纸辊周长 S 相同长度的纸张。

传送纸张的长度 L、托纸辊周长 S、编码器旋转一周产生的脉冲个数 N 与编码器产生的脉冲总个数 D 满足下面的关系：

$$\text{编码器产生的脉冲总个数} D = \frac{\text{传送纸张的长度} L}{\text{托纸辊周长} S} \times \text{编码器旋转一周产生的脉冲个数} N$$

对于一个卷纸系统，N、S 值一般是固定的，而传送纸张的长度 L 可以改变，为了程序编写方便，可将上式变形为 $D = L \times \dfrac{N}{S}$，例如，托纸辊的周长 S 为 0.05m，编码器旋转一周产生的脉冲个数 N 为 1000 个脉冲，那么传送长度 L 为 100m 的纸张时，编码器产生的脉冲总个数 $D = 100 \times \dfrac{1000}{0.05} = 100 \times 20000 = 2000000$。

PLC 采用高速计数器 C235 对输入脉冲进行计数，该计数器对应的输入端子为 X000。

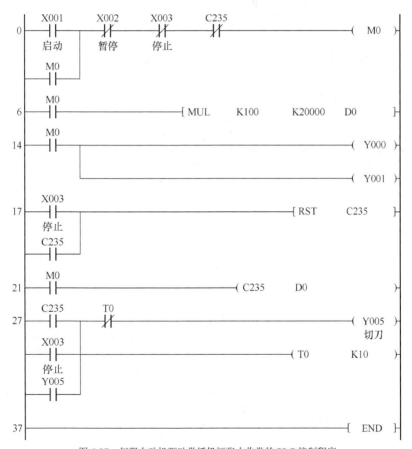

图 6-27　伺服电动机驱动卷纸机恒张力收卷的 PLC 控制程序

① 启动控制

按下启动按钮 SB1→梯形图中的 [0] X001 常开触点闭合→辅助继电器 M0 线圈得电┐

    [1] M0 触点闭合→锁定 M0 线圈得电
    [6] M0 触点闭合→MUL 乘法指令执行，将传送纸张长度值 100 与 20000 相乘，
        得到 2000000 作为脉冲总数存入数据存储器 D0
    [14] M0 触点闭合→Y000、Y001 线圈得电，Y000、Y001 端子输出为 ON，
        伺服驱动器驱动伺服电机运转开始卷纸
    [21] M0 触点闭合→C235 计数器对 X000 端子输入的脉冲进行计数，当卷纸长度达到
        100m 时，C235 的计数值会达到 D0 中的值 (2000000)，C235 动作┐

                [27] Y005 线圈得电，Y005 端子输出为 ON，KM 线圈得电
                    切刀动作切断纸张
      [27] C235 常开触点闭合 [29] Y005 自锁触点闭合，锁定 Y005 线圈得电
                [28] T0 定时器开始 1s 计时，1s 后 T0 动作，[27] T0 常闭
                    触点断开，Y005 线圈失电，KM 线圈失电，切刀返回

                    [1] M0 触点断开，解除 M0 线圈自锁
                    [6] M0 触点断开，MUL 乘法指令无法执行
                    [14] M0 触点断开，Y000、Y001 线圈失电，Y000、
      [0] C235 常闭触点断开，M0 线圈失电 Y001 端子输出为 OFF，伺服驱动器使伺服电
                    机停转，停止卷纸
                    [21] M0 触点断开，C235 计数器停止计数

      [18] C235 常开触点闭合，RST 指令执行，将计数器 C235 复位清 0

② 暂停控制

    按下暂停按钮 SB2，[0] X002 常闭触点断开┐

              [1] M0 触点断开，解除 M0 线圈自锁
              [6] M0 触点断开，MUL 乘法指令无法执行
→M0 线圈失电 [14] M0 触点断开，Y000、Y001 线圈失电，Y000、Y001 端子
              输出为 OFF，伺服驱动器使伺服电机停转，停止卷纸
              [21] M0 触点断开，C235 计数器停止计数

在暂停控制时，只是让伺服电动机停转而停止卷纸，不会对计数器的计数值复位，切刀也不会动作，当按下启动按钮时，会在先前卷纸长度的基础上继续卷纸，直到纸张长度达到 100m。

③ 停止控制

                        [1] M0 触点断开，解除 M0 线圈自锁
                        [6] M0 触点断开，MUL 乘法指令无法执行
                        [14] M0 触点断开，Y000、Y001 线圈失电，
    [0] X003 常闭触点断开，M0 线圈失电 Y000、Y001 端子输出为 OFF，伺服驱
                        动器使伺服电机停转，停止卷纸
                        [21] M0 触点断开，C235 计数器停止计数

停下停止
按钮 SB3 [17] X003 常开触点闭合，RST 指令执行，将计数器 C235 复位清 0

                    [27] Y005 线圈得电，Y005 端子输出为 ON，KM 线圈得电
                    切刀动作切断纸张
    [28] X003 常开触点闭合 [29] Y005 自锁触点闭合，锁定 Y005 线圈得电
                    [28] T0 定时器开始 1s 计时，1s 后 T0 动作，[27] T0 常闭
                    触点断开，Y005 线圈失电，KM 线圈失电，切刀返回

6.5.2 伺服驱动器在转矩控制模式时的标准接线

伺服驱动器在转矩控制模式时的标准接线图如图 6-28 所示。

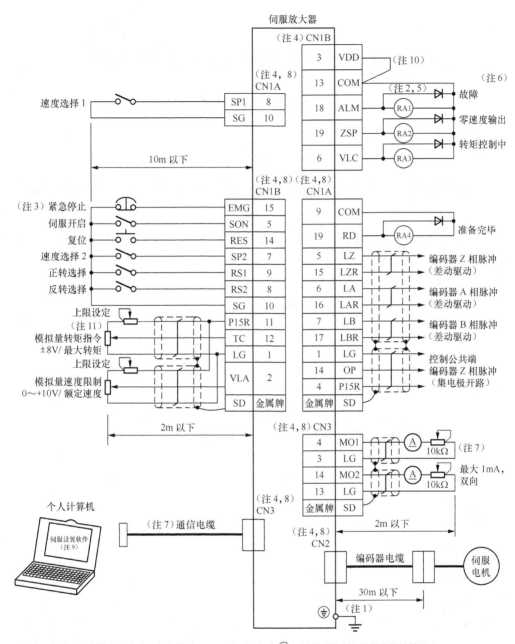

注　1. 为防止触电，必须将伺服放大器保护接地（PE）端子（标有 ⏚）连接到控制柜的保护接地端子上。

2. 二极管的方向不能接错，否则紧急停止和其他保护电路可能无法正常工作。

3. 必须安装紧急停止开关（常闭）。

4. CN1A、CN1B、CN2 和 CN3 为同一形状，如果将这些接头接错，可能会引起故障。

5. 外部继电器线圈中的电流总和应控制在 80mA 以下。如果超过 80mA，I/O 接口使用的电源应由外部提供。

6. 故障端子（ALM）在无报警（正常运行）时与 SG 之间是接通的。

7. 同时使用模拟量输出通道 1/2 和个人计算机通信时，请使用维护用接口卡（MR-J2CN3TM）。

8. 同名信号在伺服放大器内部是接通的。

9. 伺服设置软件应使用 MRAJW3-SETUP111E 或更高版本。

10. 使用内部电源 VDD 时，必须将 VDD 连到 COM 上，当使用外部电源时，VDD 不要与 COM 连接。

11. 微小电压输入的场合，请使用外部电源。

图 6-28　伺服驱动器在转矩控制模式时的标准接线图

6.6 伺服驱动器以位置模式控制伺服电动机的
应用举例及标准接线

6.6.1 伺服电动机驱动工作台往返定位运行的控制线路与 PLC 控制程序

1. 控制要求

采用 PLC 控制伺服驱动器来驱动伺服电动机运转，通过与电动机同轴的丝杆带动工作台移动，如图 6-29（a）所示，具体要求如下。

① 按下启动按钮，伺服电动机通过丝杆驱动工作台从 A 位置（起始位置）往右移动，当移动 30mm 后停止 2s，然后往左返回，当到达 A 位置，工作台停止 2s，又往右运动，如此反复。

② 在工作台移动时，按下停止按钮，工作台运行完一周后返回到 A 点并停止移动。

③ 要求工作台移动速度为 10mm/s，已知丝杆的螺距为 5mm。

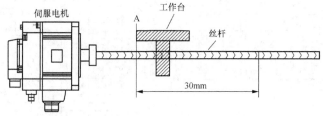

图 6-29　伺服电动机驱动工作台往返定位运行示意图

2. 控制线路图

伺服电动机驱动工作台往返定位运行的控制线路图如图 6-30 所示。

电路工作过程说明如下。

（1）电路的工作准备

220V 的单相交流电源经开关 NFB 送到伺服驱动器的 L11、L21 端，伺服驱动器内部的控制电路开始工作，ALM 端内部变为 ON，VDD 端输出电流经继电器 RA 线圈进入 ALM 端，RA 线圈得电，电磁制动器外接 RA 触点闭合，制动器线圈得电而使抱闸松开，停止对伺服电动机刹车，同时附属电路中的 RA 触点也闭合，接触器 MC 线圈得电，MC 主触点闭合，220V 电源送到伺服驱动器的 L1、L2 端，为内部的主电路供电。

（2）往返定位运行控制

按下启动按钮 SB1，PLC 的 Y001 端子输出为 ON（Y001 端子内部三极管导通），伺服驱动器 NP 端输入为低电平，确定伺服电动机正向旋转，与此同时，PLC 的 Y000 端子输出一定数量的脉冲信号进入伺服驱动器的 PP 端，确定伺服电动机旋转的转数。在 NP、PP 端输入信号控制下，伺服驱动器驱动伺服电动机正向旋转一定的转数，通过丝杆带动工作台从起始位置往右移动 30mm，然后 Y000 端子停止输出脉冲，伺服电动机停转，工作台停止，2s 后，Y001 端子输出为 OFF（Y001 端子内部三极管截止），伺服驱动器 NP 端输入为高电平，同时

Y000 端子又输出一定数量的脉冲到 PP 端,伺服驱动器驱动伺服电动机反向旋转一定的转数,通过丝杆带动工作台往左移动 30mm 返回起始位置,停止 2 秒后又重复上述过程,从而使工作台在起始位置至右方 30mm 之间往返运行。

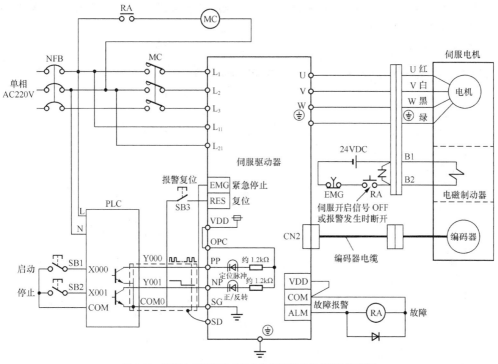

图 6-30　伺服电动机驱动工作台往返定位运行的控制线路图

在工作台往返运行过程中,若按下停止按钮 SB2,PLC 的 Y000、Y001 端并不会马上停止输出,而是必须等到 Y001 端输出为 OFF,Y000 端的脉冲输出完毕,这样才能确保工作台停在起始位置。

3. 参数设置

伺服驱动器的参数设置内容见表 6-5。在表中,将 No.0 参数设为 0000,让伺服驱动器的工作在位置控制模式;将 No.21 参数设为 0000,其功能是将伺服电动机转数和转向的控制形式设为脉冲(PP)+方向(NP);将 No.41 参数设为 0001,其功能是让 SON 信号由伺服驱动器内部自动产生,则 LSP、LSN 信号则由外部输入。

表 6-5　　　　　　　　　　　　　　　伺服驱动器的参数设置内容

参数	名称	出厂值	设定值	说　明
No.0	控制模式选择	0000	0000	设定位置控制模式
No.3	电子齿轮分子	1	16384	设定上位机 PLC 发出 5000 个脉冲电动机转一周
No.4	电子齿轮分母	1	625	
No.21	功能选择 3	0000	0001	用于设定电动机转数和转向的脉冲串输入形式为脉冲+方向
No.41	用于设定 SON、LSP、LSN 是否自动为 ON	0000	0001	设定 SON 内部自动置 ON,LSP、LSN 需外部置 ON

在位置控制模式时需要设置伺服驱动器的电子齿轮值。电子齿轮设置规律为：电子齿轮值＝编码器产生的脉冲数/输入脉冲数。由于使用的伺服电动机编码器分辨率为 131072（即编码器每旋转一周会产生 131072 个脉冲），如果要求伺服驱动器输入 5000 个脉冲电动机旋转一周，电子齿轮值应为 131072/5000=16384/625，故将电子齿轮分子 No.3 设为 16384、电子齿轮分母 No.4 设为 625。

4. 编写 PLC 控制程序

图 6-31 为伺服电动机驱动工作台往返定位运行的梯形图。

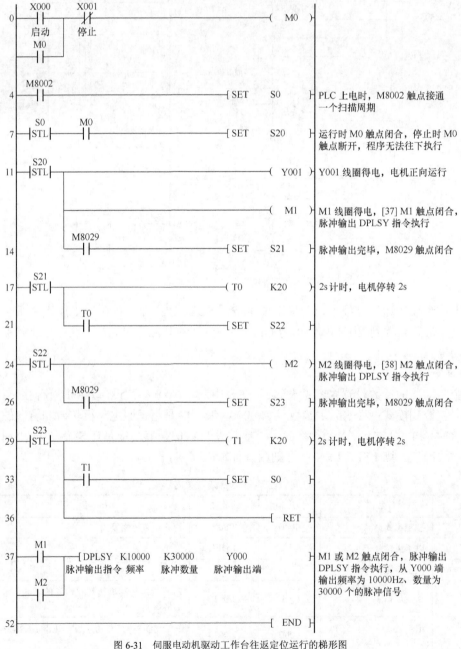

图 6-31　伺服电动机驱动工作台往返定位运行的梯形图

下面对照图 6-30 来说明图 6-31 梯形图工作原理。

在 PLC 上电时，[4]M8002 常开触点接通一个扫描周期，"SET S0"指令执行，状态继电器 S0 被置位，[7]S0 常开触点闭合，为启动作准备。

① 启动控制

按下启动按钮 SB1，[0]X000 常开触点闭合，M0 线圈得电，[1]、[7]M0 常开触点均闭合，[1]M0 常开触点闭合，锁定 M0 线圈供电，[7]M0 常开触点闭合，"SET S20"指令执行，状态继电器 S20 被置位，[11]S20 常开触点闭合，Y001 线圈得电，Y001 端子内部三极管导通，伺服驱动器 NP 端输入为低电平，确定伺服电动机正向旋转，同时 M1 线圈得电，[37]M1 常开触点闭合，脉冲输出 DPLSY 指令执行，PLC 从 Y000 端子输出频率为 10000Hz、数量为 30000 个脉冲信号，该脉冲信号进入伺服驱动器的 PP 端。因为伺服驱动器的电子齿轮设置值对应 5000 个脉冲使电动机旋转一周，当 PP 端输入 30000 个脉冲信号时，伺服驱动器驱动电动机旋转 6 周，丝杆也旋转 6 周，丝杆螺距为 5mm，丝杆旋转 6 周会带动工作台右移 30mm。PLC 输出脉冲信号频率为 10000Hz，即 1s 会输出 10000 个脉冲进入伺服驱动器，输出 30000 个脉冲需要 3s，也即电动机和丝杆旋转 6 周需要 3s，工作台的移动速度为 30mm/3s= 10mm/s。

当 PLC 的 Y000 端输出完 30000 个脉冲后，伺服驱动器 PP 端无脉冲输入，电动机停转，工作台停止移动，同时 PLC 的完成标志继电器 M8029 置 1，[14]M8029 常开触点闭合，"SET S21"指令执行，状态继电器 S21 被置位，[17]S21 常开触点闭合，T0 定时器开始 2 秒计时，2 秒后，T0 定时器动作，[21]T0 常开触点闭合，"SET S22"指令执行，状态继电器 S22 被置位，[24]S22 常开触点闭合，M2 线圈得电，[38]M2 常开触点闭合，DPLSY 指令又执行，PLC 从 Y000 端子输出频率为 10000Hz、数量为 30000 个脉冲信号，由于此时 Y001 线圈失电，Y001 端子内部三极管截止，伺服驱动器 NP 端输入高电平，它控制电动机反向旋转 6 周，工作台往左移动 30mm，当 PLC 的 Y000 端输出完 30000 个脉冲后，电动机停止旋转，工作台停在左方起始位置，同时完成标志继电器 M8029 置 1，[26]M8029 常开触点闭合，"SET S23"指令执行，状态继电器 S23 被置位，[29]S23 常开触点闭合，T1 定时器开始 2s 计时，2s 后，T1 定时器动作，[33]T1 常开触点闭合，"SET S0"指令执行，状态继电器 S0 被置位，[7]S0 常开触点闭合，开始下一个工作台运行控制。

② 停止控制

在工作台运行过程中，如果按下停止按钮 SB2，[0]X001 常闭触点断开，M0 线圈失电，[1]、[7]M0 常开触点均断开，[1]M0 常开触点断开，解除 M0 线圈供电，[7]M0 常开触点断开，"SET S20"指令无法执行，也就是说工作台运行完一个周期后执行"SET S0"指令，使[7]S0 常开触点闭合，但由于[7]M0 常开触点断开，下一个周期的程序无法开始执行，工作台停止起始位置。

6.6.2　伺服驱动器在位置控制模式时的标准接线

当伺服驱动器工作在位置控制模式时，需要接收脉冲信号来定位，脉冲信号可以由 PLC 产生，也可以由专门的定位模块来产生。图 6-32 为伺服驱动器在位置控制模式时与定位模块 FX-10GM 的标准接线图。

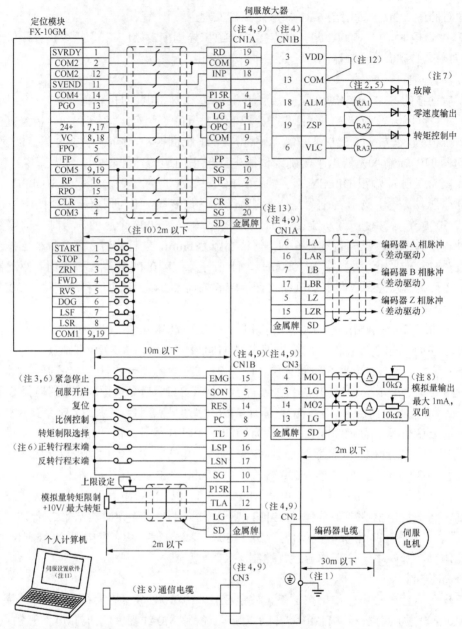

图 6-32　伺服驱动器在位置控制模式时与定位模块 FX-10GM 的标准接线图

注　1. 为防止触电，必须将伺服放大器保护接地（PE）端子（标有⊕）连接到控制柜的保护接地端子上。

2. 二极管的方向不能接错，否则紧急停止和其他保护电路可能无法正常工作。

3. 必须安装紧急停止开关（常闭）。

4. CN1A、CN1B、CN2 和 CN3 为同一形状，如果将这些接头接错，可能会引起故障。

5. 外部继电器线圈中的电流总和应控制在 80mA 以下。如果超过 80mA，I/O 接口使用的电源应由外部提供。

6. 运行时，异常情况下的紧急停止信号（EMG）、正向/反向行程末端（LSP、LSN）与 SG 端之间必须接通。（常闭）

7. 故障端子（ALM）在无报警（正常运行）时与 SG 之间是接通的，OFF（发生故障）时请通过程序停止伺服放大器的输出。

8. 同时使用模拟量输出通道 1/2 和个人计算机通信时，请使用维护用接口卡（MR-J2CN3TM）。

9. 同名信号在伺服放大器内部是接通的。

10. 指令脉冲串的输入采用集电极开路的方式，差动驱动方式为 10m 以下。

11. 伺服设置软件应使用 MRAJW3-SETUP111E 或更高版本。

12. 使用内部电源 VDD 时，必须将 VDD 连到 COM 上，当使用外部电源时，VDD 不要与 COM 连接。

13. 使用中继端子台的场合，需连接 CN1A-10。

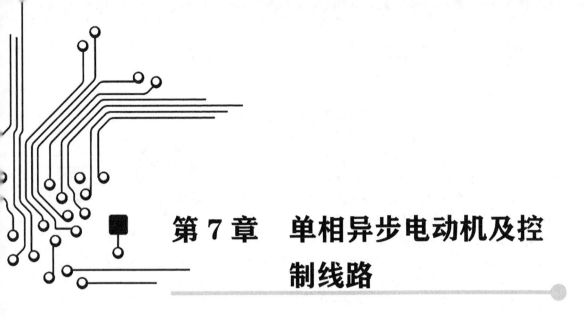

第7章 单相异步电动机及控制线路

7.1 单相异步电动机的种类、结构与工作原理

单相异步电动机是一种采用单相交流电源供电的小容量电动机。它具有供电方便、成本低廉、运行可靠、结构简单和振动噪声小等优点，广泛应用在家用电器、工业和农业等领域的中小功率设备中。单相异步电动机可分为分相式单相异步电动机和罩极式单相异步电动机。

7.1.1 分相式单相异步电动机

分相式单相异步电动机是指将单相交流电转变为两相交流电来启动运行的单相异步电动机。

1. 结构

分相式单相异步电动机种类很多，但结构基本相同，分相式单相异步电动机典型结构如图 7-1 所示，从图中可以看出，其结构与三相异步电动机基本相同，都是由机座、定子绕组、转子、轴承、端盖、接线等部分组成。定子绕组与转子实物外形如图 7-2 所示。

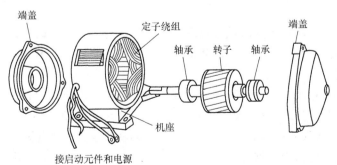

图 7-1 分相式单相异步电动机典型结构

2．工作原理

三相异步电动机的定子绕组有 U、V、W 三相，当三相绕组接三相交流电时会产生旋转磁场推动转子旋转。单相异步电动机在工作时接单相交流电源，所以定子应只有一相绕组，如图 7-3（a）所示，而单相绕组产生的磁场不会旋转，故转子不会产生转动。

为了解决这个问题，**分相式单相异步电动机定子绕组通常采用两相，一相绕组称为工作绕组（或主绕组），另一相称为启动绕组（或副绕组）**，如图 7-3（b）所示，

图 7-2　定子绕组与转子实物外形

两相绕组在定子铁心上的位置相差 90°，并且给启动绕组串接电容将交流电源相位改变 90°（超前移相 90°），当单相交流电源加到定子绕组时，有 i_1 电流直接流入主绕组，i_2 电流经电容超前移相 90°后流入启动绕组，两个相位不同的电流分别流入空间位置相差 90°的两个绕组，两绕组就会产生旋转磁场，处于旋转磁场内的转子就会随之旋转起来。

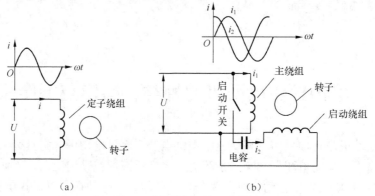

（a）　　　　　　　　　　　　　　　　　　（b）

图 7-3　单相异步电动机工作原理

转子运转后，如果断开启动开关切断启动绕组，转子仍会继续运转，这是因为单独主绕组产生的磁场不会旋转，但由于转子已转动起来，若将已转动的转子看成不动，那么主绕组的磁场就相当于发生了旋转，因此转子会继续运转。

由此可见，**启动绕组的作用就是启动转子旋转，转子继续旋转依靠主绕组就可单独实现**，所以有些分相式单相异步电动机在启动后就将启动绕组断开，只让主绕组工作。对于主绕组正常、启动绕组损坏的单相异步电动机，通电后不会运转，但若用人工的方法使转子运转，电动机可仅在主绕组的作用下一直运转下去。

3．启动元件

分相式单相异步电动机启动后是通过启动元件来断开启动绕组的。分相式单相异步电动机常用的启动元件主要有离心开关、起动继电器、热敏电阻器（**PTC**）等。

（1）离心开关

离心开关是一种利用物体运动时产生的离心力来控制触点通断的开关。图 7-4 是一种常见的离心开关结构图，它分为静止部分和旋转部分。静止部分一般与电动机端盖安装在一起，它主要由两个相互绝缘的半圆铜环组成，这两个铜环就相当于开关的两个触片，它们通过引线与启动绕组连接；旋转部分与电动机转子安装在一起，它主要由弹簧和三个铜触片组成，这三个铜触片通过导体连接在一起。

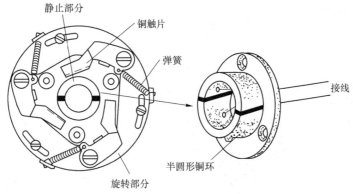

图 7-4 一种常见离心开关的结构

电动机转子未旋转时，依靠弹簧的拉力，旋转部分的三个铜触片与静止部分的两个半圆形铜环接触，两个半圆形铜环通过铜触片短接，相当于开关闭合；当电动机转子运转后，离心开关的旋转部分也随之旋转，转速达到一定值时，离心力使三个铜触片与铜环脱离，两个半圆铜环之间又相互绝缘，相当于开关断开。

（2）启动继电器

启动继电器种类较多，其中电流启动继电器最为常见。图 7-5 是采用了电流启动继电器的单相异步电动机接线图，继电器的线圈与主绕组串接在一起，常开触头与启动绕组串接。在启动时，流过主绕组和继电器线圈的电流很大，继电器常开触头闭合，有电流流过启动绕组，电动机被启动运转，随着电动机转速的提高，流过主绕组的电流减小，减小到某一值时，继电器线圈电流不足以吸合常开触头，触头断开切断启动绕组。

（3）PTC

PTC 是指具有正温度系数的热敏元件，最为常见 PTC 为正温度系数热敏电阻器。PTC 的特点是在低温时阻值很小，当温度升高到一定值时阻值急剧增大。PTC 的这种特点与开关相似，其阻值小时相当于开关闭合，阻值很大时相当于开关断开。

图 7-6 是采用 PTC（正温度系数热敏电阻器）作为启动开关的单相异步电动机接线图。

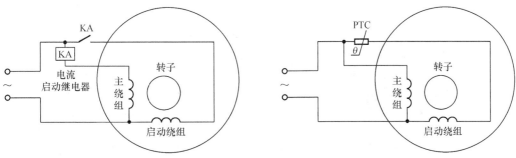

图 7-5 采用电流启动继电器的单相异步电动机接线图   图 7-6 是采用 PTC 作为启动开关的单相异步电动机接线图

4. **分相式单相异步电动机的种类**

分相式单相异步电动机通常可分电阻分相单相异步电动机、电容分相启动单相异步电动机、电容运行单相异步电动机和电容启动运行单相异步电动机。

（1）电阻分相异步电动机

电阻分相单相异步电动机是指在启动绕组回路串接启动开关，并且转子运转后断开启动

绕组的单相异步电动机。

电阻分相单相异步电动机外形与接线图如图 7-7 所示。

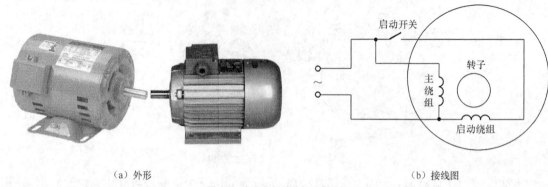

（a）外形 　　　　　　　　　　　　　　　　（b）接线图

图 7-7　电阻分相单相异步电动机

从图 7-7（b）接线图可以看出，电阻分相单相异步电动机的启动绕组与一个启动开关串接在一起，在刚通电时启动开关闭合，有电流通过启动绕组，当转子启动转速达到额定转速的 75%～80% 时，启动开关断开，转子在主绕组的磁场作用下继续运转。

为了让启动绕组和主绕组流过的电流相位不同（只有两绕组电流相位不同，才能产生旋转磁场），在设计时让启动绕组的感抗（电抗）较主绕组的小，直流电阻较主绕组大，如让启动绕组采用线径细的线圈绕制，这样在通相同的交流电时，启动绕组的电流较主绕组的电流超前，两绕组就会产生旋转的磁场驱动转子运转。

电阻分相单相异步电动机的起动转矩较小，一般为额定转矩的 1.2～2 倍，但启动电流较大，电冰箱的压缩机常采用这种类型的电动机。

（2）电容分相启动单相异步电动机

电容分相启动单相异步电动机是指在启动绕组回路串接电容器和启动开关，并且转子运转后断开启动绕组的单相异步电动机。

电容分相启动单相异步电动机的外形与接线图如图 7-8 所示。

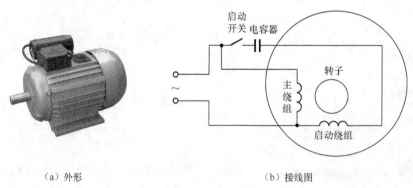

（a）外形 　　　　　　　　　　　　　　　　（b）接线图

图 7-8　电容分相启动单相异步电动机

从图 7-8（b）接线图可以看出，电容分相启动单相异步电动机的启动绕组串接有电容器和启动开关。在启动时启动开关闭合，启动绕组有电流通过，因为电容对电流具有超前移相作用，启动绕组的电流相位超前主绕组电流的相位，不同相位的电流通过空间位置相差 90°的两绕组，两绕组产生旋转磁场驱动转子运转。电动机运转后，启动开关自动断开，断开启动绕组与电源的连接，转子由主绕组单独驱动运转。

电容分相启动单相异步电动机的启动转矩大、启动电流小，适用于各种满载启动的机械设备，如木工机械、空气压缩机等。

（3）电容分相运行单相异步电动机

电容分相运行单相异步电动机是指在启动绕组回路串接电容器，转子运转后启动绕组仍参与运行驱动的单相异步电动机。

电容分相运行单相异步电动机的外形与接线图如图 7-9 所示。从接线图可以看出，电容分相运行单相异步电动机的启动绕组串接有电容器。在启动时启动绕组有电流通过，电动机运转后，启动绕组仍与电源的连接，转子由主绕组和启动绕组共同驱动运转。由于电动机运行时启动绕组始终工作，因此启动绕组需要与主绕组一样采用较粗的异线绕制。

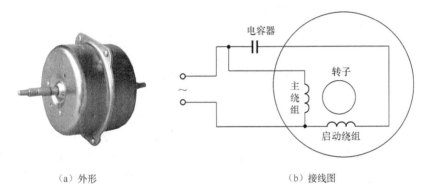

（a）外形　　　　　　　　（b）接线图

图 7-9　电容分相运行单相异步电动机

电容分相运行单相异步电动机具有结构简单、工作可靠、价格低、运行性能好等优点，但启动性能较差，广泛用在洗衣机、电风扇等设备中。

（4）电容分相启动运行单相异步电动机

电容分相启动运行单相异步电动机是指启动绕组回路串接电容器，转子运转后启动绕组仍参与运行驱动的单相异步电动机。

电容分相启动运行单相异步电动机的外形与接线图如图 7-10 所示。从接线图可以看出，电容分相运行单相异步电动机的启动绕组接有两个电容器，在启动时启动开关闭合，C1、C2均接入电路，当电动机转速达到一定值时，启动开关断开，容量大的 C2 被切断，容量小的 C1 仍与启动绕组连接，保证电动机有良好的运行性能。

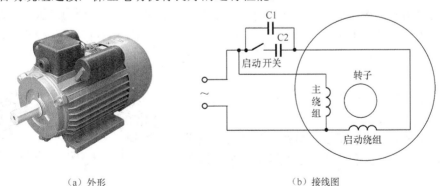

（a）外形　　　　　　　　（b）接线图

图 7-10　电容分相启动运行单相异步电动机

电容分相启动运行单相异步电动机结构较复杂，但启动、运行性能好都比较好，主要用在起动转矩大的设备中，如水泵、空调、电冰箱和小型机床中。

5. 分相式单相异步电动机三个接线端子的极性判别

分相式单相异步电动机的内部有启动绕组和主绕组（运行绕组），对外接线有公共端、主绕组端和启动绕组端共三个接线端子。在使用时，主绕组端直接接电源，启动绕组端串接电容器后接电源，如果将启动绕组端直接接电源，而将主绕组端串接电容后再接电源，电动机也会运转，但旋转方向相反，根据这一点可以判别电动机的主绕组端和启动绕组端。图 7-11 是一个绕组和接线端子均未知的分相式单相异步电动机，在检测时，先找出公共端，再区分启动绕组端和主绕组端。

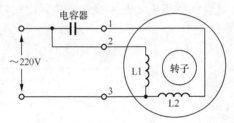

图 7-11　绕组和接线端子均未知的分相式单相异步电动机

用万用表测量任意两个接线端子之间的阻值，找到阻值最大的两个接线端子，这两个端子分别是主绕组端和启动绕组端（两个端子之间为主绕组和启动绕组串联，故阻值最大），余下的一个端子为公共端（图中标号为 3）。找到公共端子后，给另外两个端子（标号分别为 1、2）并联一个耐压 400V 以上、容量大于 1μF 的电容器（电动机功率越大，电容器容量也应越大），再给 2、3 号端子接上 220V 电压，电动机开始运转（运转时间不要太长），如果电动机按顺时针方向旋转，与实际要求的转向一致，则 2 号端子为主绕组端，1 号端子为启动绕组端，L1 为主绕组，L2 为启动绕组，如果要求电动机工作时按逆时针方向旋转，而现在电动机却顺时针旋转，表明电源线直接接 2 号端子是错误的，正确应接 1 号端子，1 号端子为主绕组端，2 号端子为启动绕组端，L1 为启动绕组，L2 为主绕组。

总之，当分相式单相异步电动机接上电源和启动电容器后，如果电动机转向与实际工作时的转向相同时，一根电源接的为主绕组端，另一根电源线接的为公共端。

7.1.2　罩极式单相异步电动机

罩极式单相异步电动机是一种结构简单无启动绕组的电动机，它分为隐极式和凸极式两种，两者的工作原理基本相同，其中凸极式应用更为广泛。本节主要介绍凸极式罩极单相异步电动机。

1. 外形

罩极式单相异步电动机的外形如图 7-12 所示。

2. 结构与工作原理

罩极式单相异步电动机以凸极式最为常用，凸极式又可分为单独励磁式和集中励磁式两种，其结构如图 7-13 所示。

图 7-12　罩极式单相异步电动机外形

图 7-13（a）为单独励磁式罩极单相异步电动机。该形式电动机的定子绕组绕在凸极式

定子铁芯上，在定子铁芯每个磁极的 1/4～1/3 处开有小槽，将每个磁极分成两部分，并在较小部分套有铜制的短路环（又称为罩极）。当定子绕组通电时，绕组产生的磁场经铁芯磁极分成两部分，由于短路环的作用，套有短路环铁芯通过的磁场与无短路环的铁芯通过的磁场不同，两磁场类似于分相式异步电动机主绕组和启动绕组产生的磁场，两磁场形成旋转磁场并作用于转子，转子就运转起来。

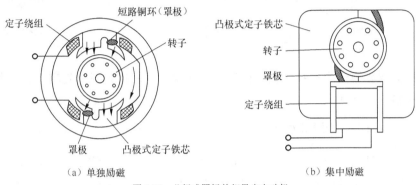

（a）单独励磁　　　　　　　　　　　　（b）集中励磁

图 7-13　凸极式罩极单相异步电动机

图 7-13（b）为集中励磁式罩极单相异步电动机。该形式电动机的定子绕组绕集中绕在一起，定子铁芯分成两大部分，在每大部分又成一大一小两部分，在小部分铁芯上套有短路环（罩极）。当定子绕组通电时，绕组产生的磁场通过铁芯，由于短路环的作用，套有短路环铁芯通过的磁场与无短路环的铁芯通过的磁场不同，这种磁场形成旋转磁场会驱动转子运转。

罩极式单相异步电动机结构简单、成本低廉、运行噪声小，但起动和运行性能差，主要用在小功率空载或轻载起动的设备中，如小型风扇。

7.2　单相异步电动机的转向与调速控制线路

单相异步电动机的控制线路主要包括转向控制线路和调速控制线路。单相异步电动机调速主要有变极调速和变压调速两类方法，变极调速是指通过改变电动机定子绕组的极对数来调节转速，变压调速是指改变定子绕组的两端电压来调节转速。在这两类方法中，变压调速最为常见，变压调速具体可分为串联电抗器调速、串联电容器调速、自耦变压器调速、抽头调速和晶闸管调速。

7.2.1　转向控制线路

单相异步电动机是在旋转磁场的作用下运转的，其运行方向与旋转磁场方向相同，所以只要改变旋转磁场的方向就可以改变电动机的转向。

对于分相式单相异步电动机，只要将主绕组或启动绕组的接线反接就可以改变转向，注意不能将主绕组和启动绕组同时反接。图 7-14 是正转接线方式和两种反转接线方式线路。

图 7-14（a）为正转接线方式，图 7-14（b）为反转接线方式一，该方式是将主绕组与电源的接线对调，启动绕组与电源的接线不变，图 7-14（c）为反转接线方式二，主绕组与电源的接线不变，启动绕组与电源的接线对调。

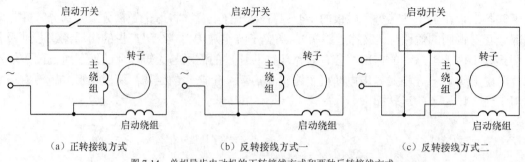

（a）正转接线方式　　　　（b）反转接线方式一　　　　（c）反转接线方式二

图7-14　单相异步电动机的正转接线方式和两种反转接线方式

对于罩极式单相异步电动机，其转向只能由未罩部分往被罩部分旋转，无法通过改变绕组与电源的接线来改变转向。

7.2.2　串联电抗器调速线路

电抗器又称电感器，它对交流电有一定的阻碍，电抗器对交流电的阻碍称为电抗（也可称为感抗），电抗器电感量越大，电抗越大，对交流阻碍越大，交流电通过时在电抗器上产生的压降就越大。

图7-15是两种较常见的串联电抗器调速线路，图中的L为电抗器，它有"高、中、低"三个接线端，A为启动绕组，M为主绕组，C为电容器。

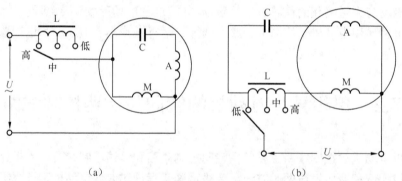

（a）　　　　　　　　　　　　　　　　（b）

图7-15　两种较常见的串联电抗器调速线路

图7-15（a）为一种形式的电抗器调速线路。当挡位开关置于"高"时，交流电压全部加到电动机定子绕组上，定子绕组两端电压最大，产生的磁场很强，电动机转速最快；当挡位开关置于"中"时，交流电压需经过电抗器部分线圈再送给电动机定子绕组，电抗器线圈会产生压降，使送到定子绕组两端电压会降低，产生的磁场变弱，电动机转速变慢。

图7-15（b）为另一种形式的电抗器调速线路。当挡位开关置于"高"时，交流电压全部加到电动机主绕组上，电动机转速最快；当挡位开关置于"低"时，交流电压需经过整个电抗器再送给电动机主绕组，主绕组两端电压很低，电动机转速很慢。

上面两种电抗器调速线路除了可以调节单相异步电动机转速外，还可以调节启动转矩大小。图7-15（a）调速线路在低挡时，提供给主绕组和启动绕组的电压都会降低，故转速就变慢，启动转矩也会减小；而图7-15（b）调速线路在低挡时，主绕组两端电压较低，而启动绕组两端电压很高，故转速慢，但启动转矩却很大。

7.2.3　串联电容器调速线路

电容器与电阻器一样，对交流电有一定的阻碍，电容器对交流电的阻碍称为容抗，电容器容量越小，容抗越大，对交流阻碍越大，交流电通过时在电容器上产生的压降就越大。

串联电容器调速线路如图 7-16 所示。

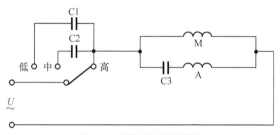

图 7-16　串联电容器调速线路

在图 7-16 线路中，当开关置于"低"时，由于 C1 容量很小，它对交流电源容抗大，交流电源在 C1 上会产生较大的压降，加到电动机定子绕组两端的电压就会很低，电动机转速很慢。当开关置于"中"时，由于电容器 C2 的容量大于 C1 的容量，C2 对交流电源容抗较 C1 小，加到电动机定子绕组两端的电压较低档时高，电动机转速变快。

7.2.4　自耦变压器调速线路

自耦变压器可以通过调节来改变电压的大小。图 7-17 为三种常见的自耦变压器调速线路。

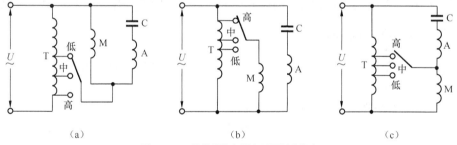

图 7-17　三种常见的自耦变压器调速线路

图 7-17（a）自耦变压器调速线路在调节电动机转速的同时，会改变启动转矩，如自耦变压器档位置于"低"时，主绕组和启动绕组两端的电压都很低，转速和启动转矩都会减小。

图 7-17（b）自耦变压器调速线路只能改变电动机的转速，不会改变启动转矩，因为调节档位时只能改变主绕组两端的电压。

图 7-17（c）自耦变压器调速线路在调节电动机转速的同时，也会改变启动转矩，当自耦变压器档位置于"低"时，主绕组两端电压降低，而启动绕组两端的电压升高，故转速变慢，启动转矩增大。

7.2.5　抽头调速线路

抽头调速的单相异步电动机与普通电动机不同，它的定子绕组除了有主绕组和启动绕组外，还增加了一个调速绕组。根据调速绕组与主绕组和启动绕组连接方式不同，抽头调速有

L1 型接法、L2 型接法和 T 型接法 3 种形式，这 3 种形式的抽头调速线路如图 7-18 所示。

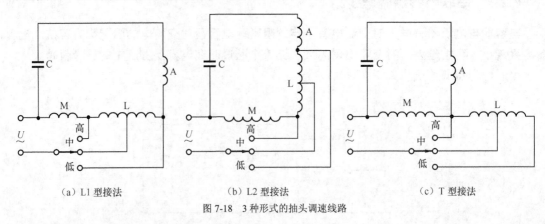

| （a）L1 型接法 | （b）L2 型接法 | （c）T 型接法 |

图 7-18　3 种形式的抽头调速线路

图 7-18（a）为 L1 型接法抽头调速线路。这种接法是将调速线组与主绕组串联，并嵌在定子铁心同一槽内，与启动绕组有 90°相位差。调速绕组的线径较主绕组细，匝数可与主绕组匝数相等或是主绕组的一倍，调速绕组可根据调速档位数从中间引出多个抽头。当挡位开关置于"低"时，全部调速绕组与主绕组串联，主绕组两端电压减小，另外调速绕组产的磁场还会削弱主绕组磁场，电动机转速变慢。

图 7-18（b）为 L2 型接法抽头调速线路。这种接法是将调速线组与副绕组串联，并嵌在同一槽内，与主绕组有 90°相位差。调速绕组的线径和匝数与 L1 接法相同。

图 7-18（c）为 T 接法抽头调速线路。这种接法在电动机高速运转时，调速绕组不工作，而在低速工作时，主绕组和启动绕组的电流都会流过调速绕组，电动机有发热现象发生。

7.2.6　晶闸管调速线路

晶闸管调速线路主要由两种类型：一种是由双向晶闸管和双向触发二极管构成；另一种是由单向晶闸管和单结晶管构成。

1. 双向二极管和双向晶闸管构成的交流调压电路

由双向二极管和双向晶闸管构成的调速线路如图 7-19 所示，它实际上是一个交流调压电路。

电路工作过程说明如下。

当 220V 交流电压正半周来时，电压 U 的极性是上正下负，该电压经电动机、电位器 RP 对电容 C 充得上正下负的电压，随着充电的进行，当 C 上的上正下负电压达到一定值时，该电压使双向二极管 VD 导通，C 上的正电压经 VD 送到 VT 的 G 极，VT 的 G 极电压较主极 T1 的电压高，VT 被正向触发，两主极 T2、T1 之间随之导通，有电流流过电动机。在 220V 电压过零时，流过晶闸管 VT 的电流为 0，VT 由导通转入截止。

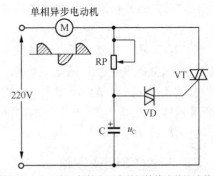

图 7-19　由双向二极管和双向晶闸管构成的调速线路

当 220V 交流电压负半周来时，电压 U 的极性是上负下正，该电压对电容 C 反向充电，先将上正下负的电压中和，然后再充得上负下正电压，随着充电的进行，当 C 上的上负下正电压达到一定值时，该电压使双向二极管 VD 导通，上负电压经 VD 送到 VT 的 G 极，VT 的 G 极电压较主极 T1 电压低，VT 被反向触发，两主极 T1、T2 之间随之导通，有电流流过电动机。在 220V 电压过零时，VT 由导通转入截止。

从上面的分析可知，只有在晶闸管导通期间，交流电压才能加到电动机两端，晶闸管导通时间越短，电动机两端得到的交流电压有效值越小，而调节电位器 RP 的值可以改变晶闸管导通时间，进而改变电动机上的电压。例如，RP 滑动端下移，RP 阻值变小，220V 电压经 RP 对电容 C 充电电流大，C 上的电压很快上升到使双向二极管导通的电压值，晶闸管导通提前，导通时间长，电动机上得到的交流电压有效值高，转速变快。

2. 单结晶管和单向晶闸管构成的交流调压线路

由单结晶管和单向晶闸管构成的调速线路如图 7-20 所示，它实际上也是一种交流调压电路。

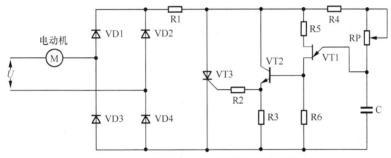

图 7-20　由单结晶管和单向晶闸管构成的调速线路

电路工作过程说明如下。

交流电压 U 通过 S、电动机加到桥式整流电路输入端。当交流电压为正半周时，U 电压的极性是上正下负，VD1、VD4 导通，有较小的电流对电容 C 充电，电流途径是：U 上正→VD1 →R1→R4→RP→C→VD4→U 下负，该电流对 C 充得上正下负电压，随着充电的进行，C 上的电压逐渐上升，当电压达到单结晶管 VT1 的峰值电压时，VT1 的发射极 E 与第一基极 B1 之间马上导通，C 通过 VT1 的 EB1 极、R6 和 VT2 的发射结、R3 放电，放电电流使 VT2 的发射结导通，VT2 的集-射极之间也导通，VT2 发射极电压升高，该电压经 R2 加到晶闸管 VT3 的 G 极，VT3 导通。VT3 导通后，有大电流经 VD1、VT3、VD4 流过电动机，在交流电压 U 过零时，流过 VT3 的电流为 0，VT3 关断。

当交流电压为负半周时，U 电压的极性是上负下正，VD2、VD3 导通，有较小的电流对电容 C 充电，电流途径是：U 下正→VD2→R1→R4→RP→C→VD3→→U 上负，该电流对 C 充得上正下负电压，随着充电的进行，C 上的电压逐渐上升，当电压达到单结晶管 VT1 的峰值电压时，VT1 的 E、B1 极之间导通，C 由充电转为放电，放电使 VT2 导通，晶闸管 VT3 由截止转为导通。VT3 导通后，有大电流经 VD2、VT3、VD3 流过电动机，在交流电压 U 过零时，流过 VT3 的电流为 0，VT3 关断。

从上面的分析可知，只有晶闸管导通时电动机两端才有电压，晶闸管导通时间越长，电动机两端的有效电压值越大，改变晶闸管的导通时间，就可以调节电动机两端交流电压有效值的大小。调节电位器 RP 可以改变晶闸管的导通时间，如 RP 滑动端上移，RP 阻值变大，对 C 充电电流减小，C 上电压升高到 VT1 的峰值电压所需时间延长，晶闸管 VT3 会维持较长的截止时间，即晶闸管截止时间长，导通时间相对会缩短，电动机两端的交流电压有效值会减小，电动机转速就会变慢。

7.3　空调器的单相异步电动机控制线路

空调器是一种使用电动机较多的电气设备，其室外机风扇和室内机风扇大多采用单相异步电动机驱动，另外，定频空调器的压缩机也采用单相异步电动机。

7.3.1　室外风扇电动机和压缩机的控制线路

空调器的室外风扇电动机和压缩机的控制线路图如图 7-21 所示。

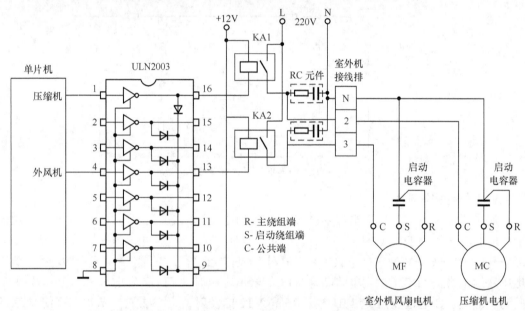

图 7-21　室外风扇电动机、压缩机和四通电磁阀的控制线路图

（1）压缩机的启停控制线路

当需要启动压缩机时，单片机的压缩机控制端输出高电平，高电平进入驱动集成块 ULN2003 的 1 脚，使 1、16 脚之间的内部三极管导通，继电器 KA1 线圈有电流流过（电流途径是：+12V→KA1 线圈→ULN2003 的 16 脚→内部三极管 C、E 极→8 脚输出→地），KA1 触点闭合，220V 的 L 线通过 KA1 触点和接线排的 2 脚接到压缩机电动机的 C 端（公共端），N 线通过接线排的 N 脚接到压缩机 R 端和启动电容器的一端，压缩机开始运转。当需要压缩机停机时，单片机的压缩机控制端输出低电平，ULN2003 的 1、16 脚之间的内部三极管截止，继电器 KA1 线圈失电，KA1 触点断开，切断压缩机电动机的供电，压缩机停转。

（2）室外风扇电动机的启停控制线路

当需要启动室外风扇电动机时，单片机的外风机控制端输出高电平，ULN2003 的 4、13 脚之间的内部三极管导通，继电器 KA2 线圈有电流流过，KA2 触点闭合，220V 的 L 线通过

KA2 触点和接线排的 3 脚接到室外机风扇电动机的 C 端（公共端），N 线通过接线排的 N 脚接到风扇电动机 R 端和启动电容器的一端，风扇电动机开始运转。当需要室外风扇电动机停转时，单片机的外风机控制端输出低电平，ULN2003 的 4、13 脚之间的内部三极管截止，继电器 KA2 线圈失电，KA2 触点断开，切断风扇电动机的供电，风扇电动机停转。

图 7-22　阻容元件（内含电阻和电容）

空调器电控系统常常使用一体化的 RC 元件，即将电容和电阻封装在一起成为一个元件，其外形如图 7-22 所示，它有 2 个引脚，又称 X 型安规电容器，引脚不分极性。根据允许承受的峰值脉冲电压不同，安规电容器可分为 X1（耐压大于 2.5kV 而小于 4.0kV）、X2（耐压小于 2.5kV）、X3（耐压小于 1.2kV）三个等级，空调器采用的 X 型安规电容器一般为 X2 等级。

7.3.2　室外风扇电动机和压缩机的检测

室外风扇电动机和压缩机都安装在室外机内，直接测量需要拆开室外机，从图 7-21 所示的室外机接线图可以看出，这些部件与接线排的端子连接关系比较简单，故也可以在接线排处检测这些器件。

1. 室外风机的检测

在室外机接线排处检测室外风扇电动机如图 7-23 所示。检测时，数字万用表选择 2kΩ 挡，黑、红表笔分别接室外机接线排的 N 和 3 端子（不分极性），万用表显示 ".366" 表示测得阻值为 0.366kΩ，即 366Ω，从图 7-21 所示的接线图和图 7-11 所示的单相异步电动机内部绕组接线方式不难看出，该阻值为主绕组和启动绕组的串联电阻值。

图 7-23　在室外机接线排处检测室外风扇电动机

判别室外风机好坏还有一个方法，就是直接将 220V 电压接到室外机接线排的 N 和 3 端子，为室外风机直接提供电源，如图 7-24 所示，如果室外风机及启动电容器正常，风机会运转起来。

2. 压缩机的检测

在室外机接线排处检测压缩机如图 7-25 所示。由于压缩机功率大，其绕组线径粗，因此绕组的阻值较室外机小很多，一般压缩机功率越大，其绕组阻值越小。在检测压缩机绕组时，数字万用表选择 200Ω 挡，黑、红表笔分别接室外机接线排的 N 和 2 端子（不分极性），万用表显示"04.2"表示测得阻值为 4.2Ω，该阻值为压缩机的主绕组和启动绕组的串联电阻值。

图 7-24　直接给室外风机接 220V 电源判别其好坏　　　图 7-25　在室外机接线排处检测四通阀线圈

　　压缩机的工作电源为 220V，但一般不要直接将 220V 电压接室外机接线排的压缩机供电端子，正常压缩机会运行起来，但压缩机绕组可能会烧坏。这是因为如果空调器的制冷管道出现堵塞，制冷剂循环通道受阻，压缩机运行后压力越来越大，流过绕组的电流会越来越大，若压缩机内部无过热或过流保护器件，压缩机会被烧坏。

　　如果确实需要直接为压缩机供电来确定其好坏，应注意以下几点。

　　① 室外机和室内机制冷管道已连接在一起，并且制冷管道无严重堵塞。

　　② 在直接为压缩机供电时，应监视压缩机的运行电流（可用钳形表钳入一根电源线，如图 7-26 所示），一旦电流超过压缩机的额定电流 I（可用"$I=$ 空调器电功率 $\div 220$"近似求得），应马上切断压缩机电源。

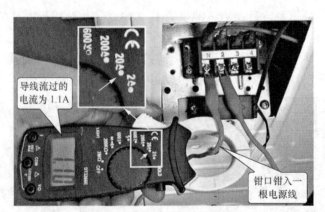

图 7-26　用钳形表测量压缩机工作电流

　　③ 直接为压缩机供电时间不要太长。空调器工作时压缩机之所以可以长时间运行，是因为电控系统为其供电时还会通过保护电路监视压缩机的工作电流，一旦出现过流，马上切断压缩机电源，防止压缩机被烧坏。

7.3.3　室内抽头式风扇电动机的控制线路

　　室内风扇电动机的作用是驱动贯流风扇旋转，强制室内空气通过室内热交换器进行冷却或加热后排出。室内风扇电动机主要有抽头式电动机和 PG 电动机两种类型，柜式空调器和早期的壁挂式空调器多采用抽头式电动机，现在的壁挂式空调器多采用 PG 电动机，由于两者调速方式不同，故调速控制线路也不同。

1. 控制线路

抽头式风扇电动机的控制线路如图 7-27 所示。

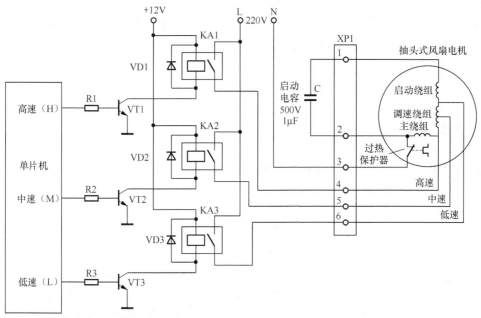

图 7-27 抽头式风扇电动机的控制线路

电路工作原理说明如下。

（1）低速运行控制

当需要风扇电动机低速运行时，单片机的低速（L）控制端输出高电平，三极管 VT3 导通，有电流流过继电器 KA3 的线圈（电流途径：+12V→KA3 线圈→VT3 的 C 极→E 极→地），线圈产生磁场吸合 KA3 触点，KA3 触点闭合后，有电流流经电动机的启动绕组和主绕组。启动绕组电流途径是：220V 电压的 L 端→KA3 触点→XP1 插件的 6 脚→启动绕组→启动电容→XP1 的 2 脚→过热保护器→XP1 的 3 脚→220V 电压的 N 端；启动绕组有电流流过会产生磁场启动电动机运转，启动电流越大，启动力量越大，电动机运转起来后，启动绕组任务完成，电动机持续运行主要依靠主绕组。主绕组电流途径是：220V 电压的 L 端→KA3 触点→XP1 插件的 6 脚→全部调速绕组→主绕组→过热保护器→XP1 的 3 脚→220V 电压的 N 端；由于全部调速绕组的降压和限流作用，主绕组两端电压最低、流过的电流最小，电动机运转速度最慢。

（2）高速运行控制

当需要风扇电动机高速运行时，单片机的高速（H）控制端输出高电平，三极管 VT1 导通，有电流流过继电器 KA1 的线圈，KA1 触点闭合，有电流流经电动机的启动绕组和主绕组。主绕组电流途径是：220V 电压的 L 端→KA1 触点→XP1 插件的 4 脚→主绕组→过热保护器→XP1 的 3 脚→220V 电压的 N 端；由于无调速绕组的降压和限流作用，主绕组两端电压最高、流过的电流最大，电动机运转速度最快。

VD1～VD3 为保护二极管，当三极管由导通转为截止时，流过继电器线圈的电流突然为 0，线圈会产生很高的反峰电压（极性为上负下正），由于反峰电压很高，易击穿三极管（C、

E 极内部损坏性短路），在线圈两端接上保护二极管，上负下正的反峰电压恰好使二极管导通而降低，从而保护了三极管，为了起到保护作用，二极管的负极应与接电源正极的线圈端连接。为了防止电动机过热而损坏绕组的绝缘层，有的电动机内部设有过热保护器，当绕组温度很高时，过热保护器断开，切断绕组的电源，当绕组温度下降时，过热保护器又会自动闭合，如果电动机内部未设过热保护器，电动机对外引出 5 根线（3 线被取消），电源 N 端与启动电容的一端共同接电动机主绕组的一端。

2. 抽头式调速电动机介绍

抽头式调速电动机是一种具有调速功能的单相异步电动机，其内部定子绕组由主绕组、启动绕组和调速绕组组成。

（1）外形和内部接线

抽头式调速电动机的内部有主绕组、启动绕组和调速绕组，往外引出 **5 根或 6 根**接线，其外形与接线如图 7-28 所示。

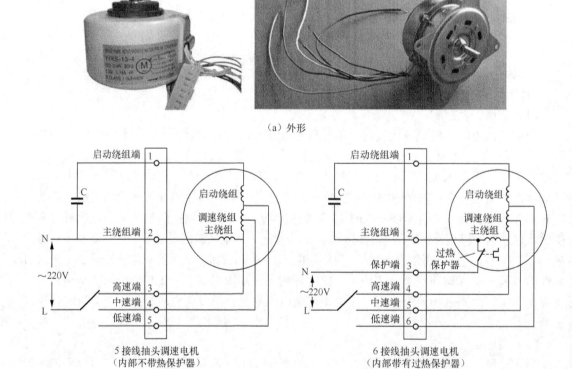

（a）外形

5 接线抽头调速电机
（内部不带热保护器）

6 接线抽头调速电机
（内部带有过热保护器）

（b）接线

图 7-28　抽头式调速电动机外形与内部接线

（2）各接线的区分

抽头式调速电动机（三速）往外引出 5 根或 6 根接线，在使用时这些接线不能乱接，否则可能烧坏电动机内部的绕组。抽头式调速电动机各接线的区分可采用以下方法。

① 查看电动机上标注的接线图来区分各接线。抽头式调速电动机一般会标示各接线与

内部绕组之间的接线图，如图 7-29 所示，查看该图可以区分出各接线。这种方法是最可靠的方法。

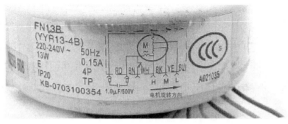

图 7-29　查看电动机上标注的接线图来区分接线的极性

② 查看接线颜色来区分各接线。抽头调速电动机的各接线颜色的一般规律为：启动绕组端-红色（RD），主绕组端-棕色（BN），保护端-白色（WH），高速端-黑色（BK），中速端-黄色（YE），低速端-蓝色（BU）。不过有很多抽头调速电动机的接线不会按这些颜色规律，因此查看接线颜色区分各接线的方法仅供参考。

③ 在电路板上查看电动机接线旁的标注来区分各接线。如果电动机的接线未从电路板上取下，可在电路板上查看接线旁的标注来识别各接线，与电容器连接的两根线分别为电动机的启动绕组接线端和主绕组接线端，主绕组端还与电源线（一般为 N 线）直接连通。

④ 用万用表测量来区分各接线。如果无法用前面 3 种方法来区分电动机的各接线，可使用万用表测电阻的方法来区分。以 5 接线的抽头调速电动机为例，具体过程如下。

a. 找出主绕组和启动绕组两个端子。用万用表测量任意两根接线之间的阻值，找出阻值最大的两个接线，这两根接线分别是启动绕组端和主绕组端，因为这两端之间为主绕组、调速绕组和启动绕组三者的串联，故阻值最大。

b. 区分出主绕组端子和启动绕组端子。用导线将高速端、中速端和低速端短路（相当于将调速绕组短路），并将电源、启动电容器（耐压 400V 以上、容量大于 1μF）与电动机各接线按图 7-30 所示方法接好，电动机开始运转，如果电动机转向与实际工作时要求的转向相同，则与电源线、电容器一端同时连接的端子为主绕组端（图中为 2 号端子），单独与电容器另一端连接的端子为启动绕组端（图中为 1 号端子），如果电动机转向与实际工作时要求的转向相反，说明电源线未接到主绕组端，1 号端子应为主绕组端，2 号端子为启动绕组端。

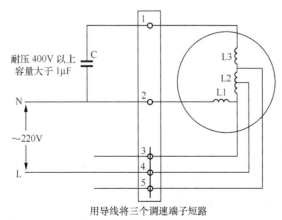

用导线将三个调速端子短路

图 7-30　区分出主绕组端子和启动绕组端子的接线

c. 区分三个调速端子。拆掉三个调速端子的短路导线，万用表一根表笔接主绕组端子不动，另一根表笔依次接三个调速端子，测得阻值最小的为高速端子，阻值最大的为低速端子，阻值在两者之间的为中速端子。

对于 6 接线的抽头调速电动机，其主绕组端与保护端内部接有一个过热保护器，正常时阻值接近 0Ω，从阻值上看，这两个端子就象是同一个端子，用测电阻的方法难于将两者区分开来，只能查看电动机上的接线标识或拆开电动机查看。在使用时，如果主绕组端与保护端接错，电动机可以正常运转，但电动机过热时只会断开启动绕组，无法断开整个电源进行过热保护。

7.3.4 室内 PG 风扇电动机的控制线路

1. 控制线路图

室内 PG 风扇电动机的控制线路图如图 7-31 所示，图中虚线框内的为 PG 电动机，它实际是一个带测速装置的单相异步电动机。

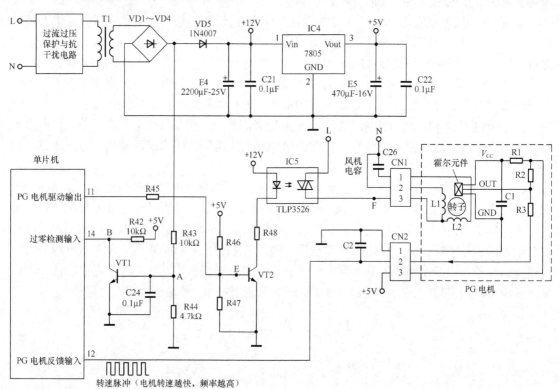

图 7-31 室内 PG 风扇电动机的控制线路图

电路工作原理说明如下。

（1）过零信号的产生

空调器电源电路的变压器二次绕组上的交流低压经桥式整流后，得到脉动直流电压，经 R43 送到 A 点，即三极管 VT1 的基极，A 点电压见图 7-32（a）中的 U_A 波形，在 A 点电压低于 0.5V 时，VT1 处于截止状态。VT1 集电极电压上升而变为高电平，在 A 点电压高于 0.5V 时，VT1 处于导通状态。VT1 集电极电压下降而为低电平，B 点电压（即 VT1 集电极电压）

见图 7-32（a）中的 U_B 波形，U_B 电压的高电平脉冲在交流电源接近零电位时产生，故 U_B 信号称为过零信号，它进入单片机作为 PG 电动机驱动的基准信号。

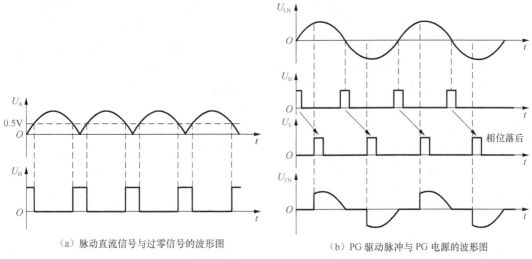

（a）脉动直流信号与过零信号的波形图　　　　　（b）PG 驱动脉冲与 PG 电源的波形图

图 7-32　电路的有关信号波形图

（2）PG 电动机的驱动

空调器运行时，设定的风扇转速模式不同，单片机会从 11 脚输出不同的 PG 电动机驱动信号，若设定的转速模式为高速，单片机输出的 PG 电动机驱动信号与过零信号相位相同，即过零信号高电平进入 14 脚时，11 脚会马上输出高电平，若设定的转速模式为中速或低，单片机输出的 PG 电动机驱动信号相位要落后过零信号，即过零信号高电平进入 14 脚时，11 脚要落后一定时间（约几毫秒时间）才输出高电平。以风扇转速模式设为中速为例，单片机输出相位较过零信号相位落后的 PG 电动机驱动信号，该信号送到 E 点（即三极管 VT2 的基极），E 点电压波形见图 7-32（b）中的 U_E 波形，当 U_E 电压为高电平时，VT1 导通，有电流流过光控晶闸管 IC5 内的发光二极管，IC5 内的晶闸管受光马上导通，L 线通过晶闸管接到 F 点，晶闸管导通后即使发光二极管熄灭，晶闸管也会维持导通状态，直到交流电源的零电位来到才关断（晶闸管过零关断），当下一个 PG 信号高电平来时才能使晶闸管再次导通。L、N 电压 U_{LN} 经晶闸管变为 F、N 电压 U_{FN} 提供给 PG 电动机。

PG 电动机实际上也是一个单相异步电动机，提供给主绕组的电源电压越高，电动机转速越快。在高转速模式时，PG 信号相位与过零信号相同，第一个 PG 信号高电平使晶闸管导通后，晶闸管导通状态会维持到交流电源的零电位到来，当交流电源零电位出现时，过零检测电路会形成过零信号进入单片机 14 脚，由于高速模式时 PG 信号与过零信号相位相同，故在 14 脚输入过零脉冲时，11 脚会输出 PG 信号高电平，晶闸管在将要过零关断时，PG 驱动脉冲使它无法关断，所以高速模式时，晶闸管始终导通，提供给 PG 电动机的 U_{FN} 电压与 U_{LN} 电压与一样的，PG 电动机高速运转。在中转速模式时，PG 信号相位落后于过零信号，晶闸管过零关断一定时间后单片机才输出 PG 脉冲，因此提供给 PG 电动机的 U_{FN} 电压与 U_{LN} 电压不同的，U_{FN} 电压、U_{LN} 电压波形见图 7-32（b），U_{FN} 电压有效值较 U_{LN} 电压低，故 PG 电动机中速运行。在低转速模式时，PG 脉冲相位较过零信号更为落后，提供给 PG 电动机的 U_{FN} 电压更低，电动机转速更慢。

（3）转速检测及精确转速控制

为了能精确控制电动机的转速，PG 电动机内部装设一个用于检测转速的霍尔元件，在电动机运转时，霍尔元件会产生转速脉冲信号并送入单片机的 12 脚，电动机转速越快，产生的转速脉冲信号频率越高，比如电动机转一周产生 3 个脉冲，一秒转 30 周，则电动机产生的转速脉冲频率为 90Hz。在用遥控器通过遥控接收器向单片机发送风扇中速模式指令后，单片机以 14 脚输入的过零信号为基准，从 11 脚输出合适相位的 PG 电动机驱动信号，通过光控晶闸管的导通时间来为 PG 电动机提供合适的 U_{FN} 电压，PG 电动机以中等转速运行。

如果 220V 电源电压下降或风扇受到阻力增大时，均会使 PG 电动机转速变慢，送入单片机 12 脚的转速脉冲频率降低，单片机将其与内部设定标准转速比较后，知道电动机转速偏慢，马上从 11 脚输出相位略超前的 PG 驱动信号，控制光控晶闸管导通时间提前（即延长导通时间），U_{FN} 电压有效值升高，电动机转速变快。只要电动机实际转速未达到设定的标准转速，11 脚输出的 PG 驱动信号相位会不断变化，当电动机转速达到设定模式的标准转速时，电动机进入单片机的转速脉冲频率与设定转速一致，11 脚才会输出相位稳定的 PG 驱动信号，电动机转速稳定下来。

2. PG 电动机介绍

PG 电动机是一种带有测速装置的单相异步电动机，内部有主绕组、启动绕组和测速装置。

（1）外形、内部电路及接线

PG 电动机的外形、内部电路及接线如图 7-33 所示。**PG 电动机有一个强电插头和一个弱电插头，强电插头用于外接交流电源（220V）和启动电容器，弱电插头用于外接低压电源（+5V）并输出转速信号。**

（a）外形

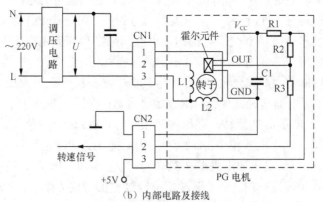

（b）内部电路及接线

图 7-33 PG 电动机的外形、内部电路及接线

（2）工作原理

交流电源先经调压电路改变电压大小，再将电压提供给 PG 电动机内部绕组，如图 7-33（b）所示，绕组产生磁场驱动转子运转，在转子上安装有磁环，它与转子同步转动。在磁环旁边安装有一个对磁场敏感的霍尔元件，如图 7-34 所示，当磁环随转子同步旋转时，磁环旁边的霍尔元件会产生电信号，若磁环的 N 极接近时霍尔元件输出高电平，则磁环的 S 极接近时霍尔元件输出低电平，磁环旋转越快，单位时间内经过霍尔元件的磁极越多，霍尔元件输出的信号频率越高。

（3）各接线的区分

PG 电动机有强电和弱电两个 3 针插头，强电插头由于需要输送高电压和强电流，故插头体积大、导线粗，弱电插头体积较小、导线细。**强电插头 3 根接线分别是主绕组端、启动绕组端和公共端，弱电插头 3 根接线分别是电源端、接地端和信号输出端。**

PG 电动机可查看电动机上的接线图来区分各接线。PG 电动机一般会在外壳上标示接线图，如图 7-35 所示。

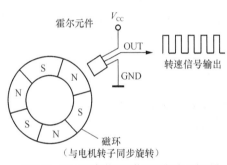

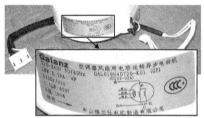

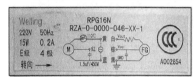

图 7-34　PG 电动机的测速装置工作原理说明图　　图 7-35　查看 PG 电动机标示的接线图来区分各接线

（4）检测

PG 电动机可分成单相异步电动机和转速检测电路两部分。

在检测单相异步电动机部分时，只要用万用表测量其主绕组和启动绕组有无开路或短路即可，或者直接加 220V 电源（要给启动绕组接上启动电容器），如果电动机运转正常，说明单相异步电动机部分是正常的。在检测转速检测电路时，在弱电插头的电源和接地端接上 5V 电压，然后转动电动机转轴，同时测量弱电插头的输出端，如果转速检测部分正常，电动机在转动时该输出端的电压应有高、低变化，转速越快，高、低电压变化越快，否则转速检测电路损坏，需拆开 PG 电动机来检查该电路，特别是霍尔元件。

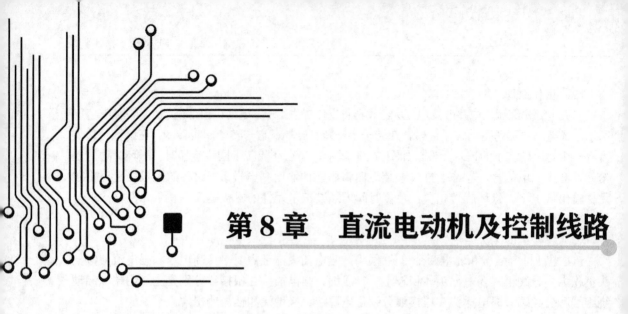

第8章 直流电动机及控制线路

直流电动机是一种采用直流电源供电的电动机。直流电动机具有起动力矩大、调速范围宽、调速平滑且精度高和可以频繁启动等优点，它不但可用在小功率设备（电动玩具）中，还可用在大功率设备中，如大型轧钢机、卷扬机、电力机车、龙门刨床、高精度的金属切削机床等常采用直流电动机作为动力源。

8.1 直流电动机的工作原理、结构和种类

8.1.1 工作原理

直流电动机是根据通电导体在磁场中受力旋转来工作的。直流电动机结构与工作原理如图 8-1 所示。从图中可看出，直流电动机主要由磁铁、转子线圈（又称电枢绕组）、电刷和换向器组成。电动机的换向器与转子线圈连接，换向器再与电刷接触，电动机在工作时，换向器与转子线圈同步旋转，而电刷静止不动。当直流电源通过导线、电刷、换向器为转子线圈供电时，通电的转子线圈在磁铁产生的磁场作用下会旋转起来，

直流电动机工作过程分析如下。

① 当转子线圈处于图 8-1（a）所示的位置时，流过转子线圈的电流方向是电源正极→电刷 A→换向器 C→转子线圈→换向器 D→电刷 B→电源负极，根据左手定则可知，转子线圈上导线受到的作用力方向为左，下导线受力方向为右，于是转子线圈按逆时针方向旋转。

② 当转子线圈转至图 8-1（b）所示的位置时，电刷 A 与换向器 C 脱离断开，电刷 B 与换向器 D 也断开，转子线圈无电流通过，不受磁场作用力，但由于惯性作用，转子线圈会继续逆时针旋转。

③ 在转子线圈由图 8-1（b）位置旋转到图 8-1（c）位置期间，电刷 A 与换向器 D 接触，

电刷 B 与换向器 C 接触，流过转子线圈的电流方向是电源正极→电刷 A →换向器 D→转子线圈→换向器 C→电刷 B→电源负极，转子线圈上导线（即原下导线）受到的作用力方向为左，下导线（即原上导线）受力方向为右，转子线圈按逆时针方向继续旋转。

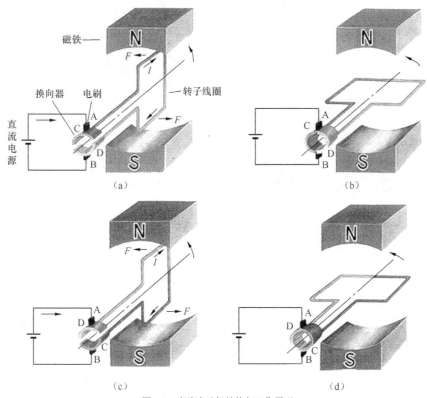

图 8-1 直流电动机结构与工作原理

④ 当转子线圈转至图 8-1（d）所示的位置时，电刷 A 与换向器 D 脱离断开，电刷 B 与换向器 C 断开，转子线圈无电流通过，不受磁场作用力，由于惯性作用，转子线圈会继续逆时针旋转。

以后会不断重复上述过程，转子线圈就持续不断旋转起来。直流电动机中的换向器和电刷的作用是当转子线圈转到一定位置时能及时改变转子线圈中电流的方向，这样才能让转子线圈连续不断地运转。

8.1.2 外形与结构

1. 外形

图 8-2 是一些常见直流电动机的实物外形。

2. 结构

直流电动机的典型结构如图 8-3 所示。从图中可以看出，直流电动机主要由前端盖、风扇、机座（含磁铁或励磁绕组等）、转子（含换向器）、电刷装置和后端盖组成。在机座中，有的电动机安装有磁铁，如永磁直流电动机，有的电动机则安装有励磁绕组（用来产生磁场的线圈），如并励直流电动机、串励直流电动机等。直流电动机的转子中嵌有转子绕组，转子绕组通过换向器与电刷接触，直流电源通过电刷、换向器为转子绕组供电。

图 8-2 常见直流电动机的实物外形

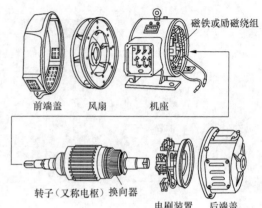

图 8-3 直流电动机的典型结构

8.1.3 种类与特点

直流电动机种类很多，根据励磁方式不同，可分为永磁直流电动机、他磁直流电动机、并磁直流电动机、串励直流电动机和复励直流电动机。在这些类型的直流电动机中，除了永磁直流电动机的励磁磁场由永久磁铁产生外，其他几种励磁磁场都由励磁绕组来产生，这些**励磁磁场由励磁绕组产生的电动机又称电磁电动机**。

1. 永磁直流电动机

永磁直流电动机是指采用永久磁铁作为定子来产生励磁磁场的电动机。永磁直流电动机的结构图如图 8-4 所示。从图中可以看出，这种直流电动机定子为永久磁铁，当给电枢（转子）绕组通直流电时，在磁铁产生的磁场作用下，电枢会运转起来。

永磁直流电动机具有结构简单、价格低廉、体积小、效率高、使用寿命长等优点，永磁直流电动机开始主要用在一些小功率设备中，如电动玩具、小电器、家用音像设备等。近年来由于强磁性的钕铁硼永磁材料的应用，一些大功率的永磁直流电动机开始出现，使永磁直流电动机应用更为广泛。

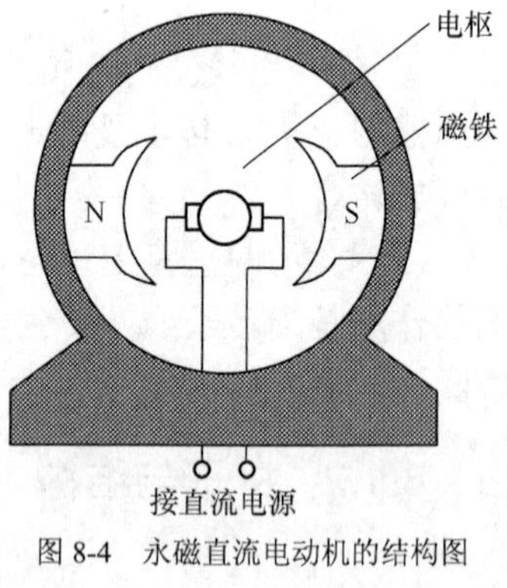

2. 他励直流电动机

他励直流电动机是指励磁绕组和电枢绕组分别由不同直流电源供电的直流电动机。他励直流电动机的结构与接线图

图 8-4 永磁直流电动机的结构图

如图 8-5 所示。从图中可以看出，他励直流电动机的励磁绕组和电枢绕组分别由两个单独的直流电源供电，两者互不影响。

他励直流电动机的励磁绕组由独立的励磁电源供电，故其励磁电流不受电枢绕组电流影响，在励磁电流不变情况下，电动机的起动转矩与电枢电流成正比。他励直流电动机可以通过改变励磁绕组或电枢绕组的电流大小来提高或降低电动机的转速。

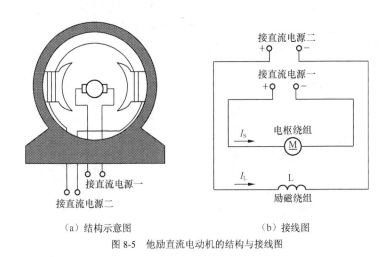

（a）结构示意图　　　　　（b）接线图

图 8-5　他励直流电动机的结构与接线图

3. 并励直流电动机

并励直流电动机是指励磁绕组和电枢绕组并联，并且由同一直流电源供电的直流电动机。并励直流电动机结构与接线图如图 8-6 所示。从图中可以看出，并励直流电动机的励磁绕组和电枢绕组并接在一起，并且接同一直流电源。

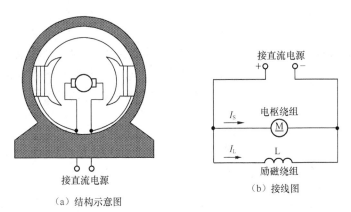

（a）结构示意图

（b）接线图

图 8-6　并励直流电动机结构与接线图

并励直流电动机的励磁绕组采用较细的导线绕制而成，其匝数多、电阻大且励磁电流较恒定。电动机起动转矩与电枢绕组电流成正比，起动电流约为额定电流的 2.5 倍，转速随电流及转矩的增大而略有下降，短时过载转矩约为额定转矩的 1.5 倍。

4. 串励直流电动机

串励直流电动机是指励磁绕组和电枢绕组串联，再接同一直流电源的直流电动机。串励直流电动机结构与接线图如图 8-7 所示。从图中可以看出，串励直流电动机的励磁绕组和电枢绕组串接在一起，并且由同一直流电源供电。

串励直流电动机的励磁绕组和电枢绕组串联，故励磁磁场随着电枢电流的改变有显著的变化，为了减小励磁绕组的损耗和电压降，要求励磁绕组的电阻应尽量小，所以励磁绕组通常用较粗的导线绕制而成，并且匝数较少。串励直流电动机的转矩近似与电枢电流的平方成正比，转速随转矩或电流的增加而迅速下降，其起动转矩可达额定转矩的 5 倍以上，短时间过载转矩可达额定转矩的 4 倍以上，串励直流电动机轻载或空载时转速很高，为了安全起见，一般不允许空载起动，不允许用皮带或链条传动。

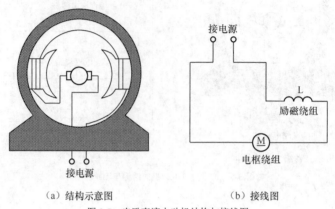

（a）结构示意图　　　　　　　　　　（b）接线图

图 8-7　串励直流电动机结构与接线图

串励直流电动机还是一种交直流两用电动机，既可用直流供电，也可用单相交流供电，因为交流供电更为方便，所以串励直流电动机又称作单相串励电动机。由于串励直流电动机具有交直流供电的优点，故应用较广泛，如电钻、电吹风、电动缝纫机和吸尘器中常采用串励直流电动机作动力源。

5. 复励直流电动机

复励直流电动机有两个励磁绕组，一个与电枢绕组串联，另一个与电枢绕组并联。复励直流电动机结构与接线图如图 8-8 所示。从图中可以看出，复励直流电动机的一个励磁绕组 L1 和电枢绕组串接在一起，另一个励磁绕组 L2 与电枢绕组为并联关系。

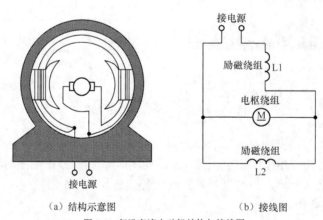

（a）结构示意图　　　　　　　　　　（b）接线图

图 8-8　复励直流电动机结构与接线图

复励直流电动机的串联励磁绕组匝数少，并联励磁绕组匝数多，两个励磁绕组产生的磁场方向相同的电动机称为积复励电动机，反之称为差复励电动机，由于积复励电动机工作稳定，所以更为常用。复励直流电动机起动转矩约为额定转矩的 4 倍，短时间过载转矩为额定转矩的 3.5 倍左右。

8.2　并励直流电动机的控制线路

8.2.1　启动控制线路

小功率直流电动机一般用开关直接启动，功率较大的直流电动机启动方式主要有两种：一是降低电源电压启动；二是电枢绕组串接电阻启动。并励直流电动机常采用电枢绕组串接电阻启动。

1. 变阻器启动线路

对于 10kW 以下的直流电动机常采用启动变阻器来启动。图 8-9 是一种启动变阻器外形，图 8-10 是采用启动变阻器的直流电动机启动线路图。

图 8-9　启动变阻器外形

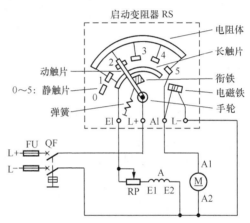

图 8-10　采用启动变阻器的直流电动机启动线路图

图 8-10 虚线框内为启动变阻器结构，从图中可以看出，启动变阻器有四个接线端，其中 L+、L-端分别接直流电源的正、负极，E1、A1 端分别接电动机的励磁绕组和电枢绕组。

电路工作过程分析如下。

在启动前，启动变阻器手轮应旋至"0"挡，动触片与电阻体处于开路状态。在启动时，先将电源开关 QF 闭合，然后将启动变阻器手轮旋至"1"挡，直流电源通过手轮动触片分作两路：一路经长触片→E1 端→电位器 RP→励磁线圈；另一路经"1"挡的静触片→1、5 之间整个电阻体→A1 端→电枢绕组。直流电动机的励磁绕组和电枢绕组得到供电后开始运转，由于 1、5 之间电阻体阻值很大，电枢绕组流过电流很小，故电动机慢速启动。电动机启动运转后，再将手轮依次旋至 2、3、4 挡，电枢绕组回路电阻逐渐减小，电动机转速逐渐加快，当手轮旋至第 5 挡时，整个电阻体被短路，与此同时，电磁铁吸合手轮衔铁，将手柄锁定在"5"挡，电动机开始正常运转，启动结束。

电动机工作后，若断开电源开关 QF，电动机供电被切断而停止工作，同时由于电磁铁线圈失电，无法继续吸引衔铁，在弹簧的拉力下，手轮自动复位到"0"挡，为下一次启动作好准备。电磁铁还有欠压保护功能，当电源电压很低时，电磁铁不足于吸引住衔铁，在弹簧作用下手轮也会自动复位到"0"挡，进行停机保护。另外，若启动时需要电动机具有较大的转矩，可将电位器 RP 阻值调到最小，让励磁绕组电流增大以产生较强的励磁磁场。

2. 自动启动控制线路

启动变阻器启动线路在操作时较为麻烦，而自动启动可以较好解决这个问题。自动启动控制线路图如图 8-11 所示。

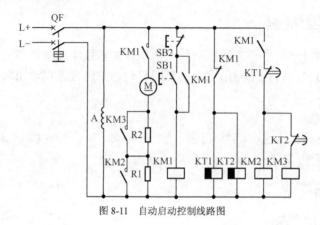

图 8-11 自动启动控制线路图

电路工作过程分析如下。

① 启动准备。

合上电源开关 QF
- 直流电动机励磁绕组 A 得电
- 时间继电器 KT1 线圈得电→KT1 延时闭合常闭开关瞬间断开→接触器 KM2 线圈供电电路被切断→KM2 主触头断开→电阻 R1 串接在电枢绕组回路中
- 时间继电器 KT2 线圈得电→KT2 延时闭合常闭开关瞬间断开→接触器 KM3 线圈供电电路被切断→KM3 主触头断开→电阻 R2 串接在电枢绕组回路中

② 启动运行。

按下启动按钮 SB1→接触器 KM1 线圈得电
- KM1 常开自锁触头闭合→锁定 KM1 线圈得电
- KM1 主触头闭合，电枢绕组串接 R2、R1 得电启动
- KM1 常开辅助触头闭合，为 KM2、KM3 线圈得电作准备
- KM1 常闭辅助触头断开→KT1、KT2 线圈失电

→经 KT1 整定时间后，KT1 延时常闭触头闭合→KT2 线圈得电→KM2 主触头闭合→R1 被短接→经 KT2 整定时间后，KT2 延时常闭触头闭合→KM3 线圈得电→KM3 主触头闭合→R2 被短接→电动机进入正常运行

③ 停止控制。

按下停止按钮 SB2→KM1 线圈失电→KM1 主触头断开→电枢绕组失电→电动机停止工作。

④ 断开电源开关 QF。

8.2.2 转向控制线路

直流电动机转向控制主要有两种方式：一是改变励磁绕组电流方向；二是改变电枢绕组电流的方向。并励直流电动机常采用改变电枢绕组电流的方向来控制电动机的正、反转。之所以不采用改变励磁绕组电流方向的方向来控制转向，是因为并励直流电动机的励磁绕组匝数多、电感量大，在突然改变电流方向时励磁绕组会产生很高的自感电动势，易击穿绕组绝缘层和产生电弧烧坏接触器的触头，且在励磁绕组突然断开失磁时，易出现电枢绕组电流过大而引起电枢转速过快出现"飞车"现象。

并励直流电动机的转向控制线路图如图 8-12 所示。

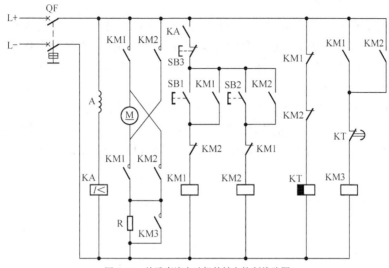

图 8-12　并励直流电动机的转向控制线路图

电路工作过程分析如下。

① 启动准备。

合上电源开关 QF →
┌ 励磁绕组 A 得电
│
│ 欠电流继电器 KA 线圈得电 → KA 常开触头闭合，为 KM1、KM2 线圈得电作准备
│
│ 时间继电器 KT 线圈得电 → KT 延时常闭触头瞬间断开 →接触器 KM3 线圈供电电路
└ 被切断 → KM3 主触头断开 →电阻 R 串接在电枢绕组回路中

② 正向启动运行。

按下反向启动按钮 SB1 →接触器 KM1 线圈得电 →
┌ KM1 常开自锁触头闭合 →锁定 KM1 线圈得电
│ KM1 两个主触头闭合，电枢绕组串接电阻 R 得电启动
│ KM1 常闭联锁触头断开，使 KM2 线圈无法得电
│ KM1 常开辅助触头闭合，为 KM3 线圈得电作准备
└ KM1 常闭辅助触头断开 → KT 线圈失电 →

└→ 经 KT 整定的时间后，KT 延时常闭触头闭合 → KM3 线圈得电 → KM3 主触头闭合 → R 被短接 →电动机反向正常运行

③ 停止控制。

按下停止按钮 SB3 → KM1、KM2 线圈失电 → KM1、KM2 主触头断开 →电枢绕组失电 →
电动机停止工作。

④ 反向启动运行。

按下反向启动按钮 SB2 →接触器 KM2 线圈得电 →
┌ KM2 常开自锁触头闭合 →锁定 KM2 线圈得电
│ KM2 两个主触头闭合，电枢绕组电流由下往上且串接电阻 R 启动
│ KM2 常闭联锁触头断开，使 KM1 线圈无法得电
│ KM2 常开辅助触头闭合，为 KM3 线圈得电作准备
└ KM2 常闭辅助触头断开 → KT 线圈失电

└→ 经 KT 整定的时间后，KT 延时常闭触头闭合 → KM3 线圈得电 → KM3 主触头闭合 → R 被短接 →电动机反向正常运行

⑤ 断开电源开关 **QF**。

8.2.3 制动控制线路

并励直流电动机制动方式与三相异步交流电动机相似，也有机械制动和电力制动。机械制动是采用电磁抱闸制动器或电磁离合器对电动机进行制动；电力制动主要有能耗制动和反接制动。由于电力制动具有操作方便、制动力矩大、无噪声等优点，故应用更广泛。

1. 能耗制动控制线路

并励直流电动机的能耗制动是指在保持励磁绕组供电不变的情况下，切断电枢绕组的电源，同时给电枢绕组接入制动电阻构成回路，将惯性机械能转换成热能消耗在制动电阻和电枢绕组上，以此达到制动效果。并励直流电动机的能耗制动控制线路图如图 8-13 所示。

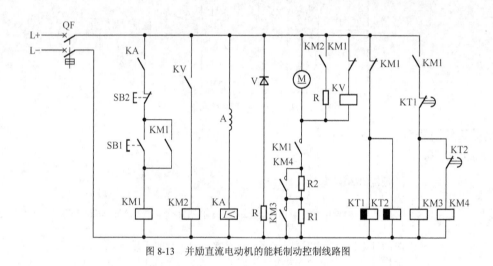

图 8-13　并励直流电动机的能耗制动控制线路图

电路工作过程分析如下。

① 启动准备。

合上电源开关 QF→
- 励磁绕组 A 得电
- 欠电流继电器 KA 线圈得电→KA 常开触头闭合，为 KM 1 线圈得电作准备
- 时间继电器 KT1、KT2 线圈得电→KT1、KT2 延时常闭触头瞬间断开→接触器 KM3、KM4 线圈供电电路被切断→KM3、KM4 主触头断开→电阻 R1、R2 串接在电枢绕组回路中

② 启动运行。

按下启动按钮 SB1→接触器 KM1 线圈得电→
- KM1 常开自锁触头闭合→锁定 KM1 线圈得电
- KM1 主触头闭合，电枢绕组串接电阻 R2、R1 启动
- 与电压继电器 KV 线圈串接的 KM1 常闭辅助触头断开，使 KV 线圈无法得电
- KM1 常开辅助触头闭合，为 KM3、KM4 线圈得电作准备
- 与 KT1、KT2 线圈连接的 KM1 常闭辅助触头断开，KT1、KT2 线圈失电→

→经 KT1 整定时间后，KT1 延时常闭触头闭合→KM3 线圈得电→KM3 主触头闭合→R1 被短接→经 KT2 整定时间后，KT2 延时常闭触头闭合→KM4 线圈得电→KM4 主触头闭合→R2 被短接→电动机正常运行

③ 能耗制动控制。

按下停止按钮 SB2→KM1 线圈失电

- KM1 常开自锁触头断开，切断 KM1 线圈供电电路
- KM1 常开辅助触头断开→KM3、KM3 线圈失电→KM3、KM4 主触头断开
- KM1 常闭辅助触头闭合→KT1、KT2 线圈得电→KT1、KT2 常闭触头瞬间断开
- KM1 主触头断开，切断电枢绕组回路→电枢绕组两端产生很高的电动势
- 与 KV 线圈串接的 KM1 常闭辅助触头闭合

电枢绕组的电动势为 KV 线圈供电→KV 常开触头闭合→KM2 线圈得电→KM2 常开辅助触头闭合→制动电阻 R 并接在电枢绕组两端构成回路进行能耗制动→当电动机转速减小到一定值时，电枢绕组电动势下降无法让 KV 线圈继续吸合 KV 常开触头断→KV 常开触头断开→KM2 线圈失电→KM2 常开辅助触头断开→制动电阻 R 被断开→能耗制动结束

④ **断开电源开关 QF。**

KA 为欠电流继电器，它与励磁绕组串接在一起，当流过励磁绕组的电流小到一定值时，KA 线圈无法吸合常开触头，常开触头断开，KM1 线圈失电，线路对电动机进行制动停车保护。二极管 V 和电阻 R 为励磁绕组提供放电途径，在断开电源开关 QF 的瞬间，励磁绕组会产生很高的上负下正的自感电动势，该电动势通过 KA 线圈、电阻 R 和续流二极管 V 进行能量释放而迅速降低电动势，避免过高的电动势击穿电路中的电器。

2. 反接制动控制线路

反接制动是通过改变电枢绕组两端电压极性或励磁绕组电流的方向，让电磁转矩方向变反形成制动力矩对电动机进行制动。并励直流电动机一般采用改变电枢绕组两端电压极性的反接制动方式。由于电枢绕组突然改变电压极性会使绕组产生很大的反向电流，易使电刷和换向器间出现强烈的电弧而烧环两者接触面，所以在反接制动时需要串入附加电阻来限制电枢绕组的电流，其阻值一般与电枢绕组阻值相同。

并励直流电动机的双向启动反接制动控制线路如图 8-14 所示。

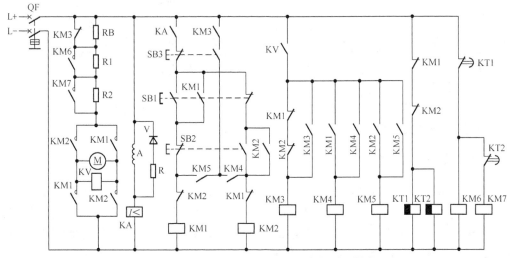

图 8-14　并励直流电动机的双向启动反接制动控制线路

电路工作过程分析如下。

① **启动准备。**

合上电源开关 QF→

- 励磁绕组 A 得电
- 欠电流继电器 KA 线圈得电→KA 常开触头闭合，为 KM1、KM2 线圈得电作准备
- 时间继电器 KT1、KT2 线圈得电→KT1、KT2 延时常闭触头瞬间断开→接触器 KM6、KM7 线圈供电电路被切断→KM6、KM7 主触头断开→电阻 R1、R2 串接在电枢绕组回路中

② 正向启动运行。

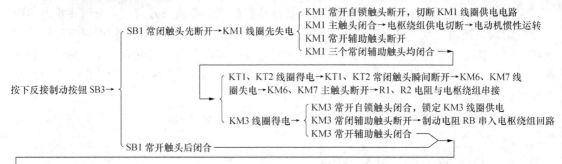

电压继电器线圈 KV 接在电枢绕组两端，在电动机转速慢时，电枢绕组产生的反电动势低，电压继电器不动作，当电动机转速达到一定值时，电枢绕组两端的反电动势很高，KV 线圈产生的磁场吸合 KV 常开触头，KM4 线圈得电，KM4 常开辅助触头闭合，为反接制动作好准备。

③ 反接制动控制。

④ 反向启动运行。

SB2 为反向启动运行按钮，线路的反向启动运行工作过程可参看正向启动运行说明。

⑤ 断开电源开关 QF。

8.2.4 调速控制线路

直流电动机是一种调速性能较好的电动机，与异步电动机相比，它具有调速范围宽，能够实现无级调速，所以在一些对调速要求高的机械设备中，常采用直流电动机作为动力源。

直流电动机调速有 3 种方式：一是电枢绕组回路串接电阻调速；二是改变励磁绕组的励磁磁场调速；三是改变电枢绕组电压来调速。

1. 电枢绕组回路串接电阻调速控制线路

电枢绕组回路串接电阻调速控制线路图如图 8-15 所示。RP 为调速变阻器，它接电枢绕组串接在一起，当 RP 阻值增大时，RP 两端的电压增大，由于电源电压不变，故电枢绕组两端的电压下降，电动机转速下降；当 RP 阻值减小时，电枢绕组两端的电压增大，电动机转速升高。

电枢绕组回路串接电阻调速方法只能将电动机转速调低，无法将转速调高（不会超过额定转速）。另外，电动机工作时电枢绕组流过的电流比较大，而调速变阻器又与电枢绕线串联，故在变阻器上有很大的能量损耗，且转速易受负载影响，稳定性差。但由于这种调速方法操作方便，设备简单，对于功率不大、工作时间短、要求不高设备常采用这种调速方法，如电池吊车、铲车，电池搬运车等设备中的直流电动机广泛采用这种调速方法。

2. 改变励磁磁场调速控制线路

改变励磁磁场调速控制线路图如图 8-16 所示。RP 为调速变阻器，它与励磁绕组串接在一起，当 RP 阻值增大时，流过励磁绕组的电流减小，励磁绕组产生的磁场变弱，磁通量减小，电动机转速升高；当 RP 阻值减小时，励磁绕组的磁通量增加，电动机转速降低。

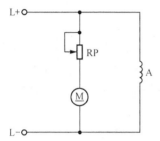

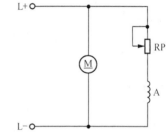

图 8-15　电枢绕组回路串接电阻调速控制线路图　　　图 8-16　改变励磁磁场调速控制线路图

由于电动机励磁绕组的电流很小，为电枢绕组电流的 3%～5%，故调速变阻器的能量损耗小。并励直流电动机在额定条件运行时，励磁磁场基本饱和，很难通过增强励磁磁场来降速，只能通过减弱磁场来提速，故这种调速方法又称弱磁调速，但不能将转速过于调高，否则易出现电动机振动大和"飞车"事故。

3. 改变电枢绕组电压调速控制电路

若采用改变电枢绕组电压的方法来调速，需要为电枢绕组提供独立可调的直流电源，这种方法适用于他励直流电动机（或接成他励式的并励直流电动机）。在一些生产设备中，常采用直流发电机产生直流电压提供给他励直流电动机作为电枢绕组电源组成直流发电机—电动机拖动系统（简称为 G-M 系统），来实现通过改变电枢绕组电压调速。

图 8-17 是一种较典型的直流发电机—电动机拖动系统线路图。M2 为三相交流异步电动机，G2 为并励直流发电机，G1 为他励直流发电机，M1 为他励直流电动机。发电机与电动机结构基本相同，不同在于电动机的电枢绕组通电后会运转，将电能转换成机械能，而发电机的电枢绕组在外力驱动运转时，会输出电压，将机械能转换成电能。

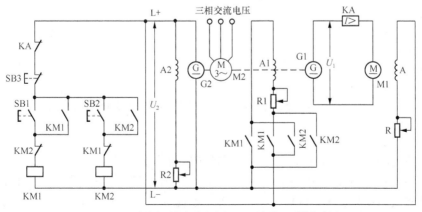

图 8-17　一种较典型的直流发电机—电动机拖动系统线路图

电路工作过程分析如下。

① **启动准备。**

电动机 M2 通电后运转，带动发电机 G2、G1 同步转动，发电机 G2 运转后，其旋转的电枢绕组切割定子铁芯磁场（定子铁芯本身具有一定的剩磁）会输出较低电压，该电压送给自身的励磁绕组 A2，增强励磁磁场，由于励磁磁场的增强，G2 输出电压增大，如此循环，G2 电枢绕组输出的电压 U_2 很快达到额定值。U_2 电压除了供给励磁绕组 A2 外，还作为电源提供给控制电路和电动机 M1 的励磁绕组。

② **正向启动运行控制。**

按下正向启动按钮 SB1→接触器 KM1 线圈得电→ $\begin{cases} \text{KM1 常开自锁触头闭合，锁定 KM1 线圈得电} \\ \text{KM1 常闭辅助触头断开，切断 KM2 线圈供电电路} \\ \text{KM1 主触头闭合→发电机 G2 的电压 } U_2 \text{ 提供给发电机 G1 的励磁绕组 A1} \end{cases}$

发电机 G1 的励磁绕组 A1 的电感量很大，A1 的电流由小增大有一段时间，在 A1 的电流增大过程中，发电机 G1 的电枢绕组输出电压也逐渐上升，该逐渐上升电压送给电动机 M1 的电枢绕组，电动机 M1 转速慢慢升高，实现逐渐升压平滑启动。

③ **调速控制。**

电动机 M1 有两种调速方法：一是调节变阻器 R 改变励磁磁场来调速；二是调节变阻器 R1 改变电枢绕组电压来调速。

当 R 阻值增大时，通过电动机 M1 励磁绕组 A 的电流减小，励磁磁场减弱，电动机 M1 转速加快；反之，R 阻值减小，电动机转速变慢。

当 R1 阻值增大时，通过发电机 G1 励磁绕组 A1 的电流减小，A1 产生的励磁磁场减弱，发电机 G1 的电枢绕组输出电压下降，电动机 M1 电枢绕组电压也下降，M1 的转速变慢；反之，R1 阻值减小，电动机转速变快。

④ **停转制动控制。**

按下停止按钮 SB3→接触器 KM1 线圈失电→ $\begin{cases} \text{KM1 常开自锁触头断开，解除 KM1 线圈得电} \\ \text{KM1 常闭辅助触头闭合} \\ \text{KM1 主触头断开→发电机 G1 的励磁绕组 A1 失电→G1 电枢绕组无} \\ \text{电压输出→电动机 M1 电枢绕组失电惯性运转，它与 G1 电枢绕组} \\ \text{接成回路进行能耗制动} \end{cases}$

电动机 M1 的反向启动运行、调速和停转控制与正向控制基本相同，这里不再叙述。

直流发电机—电动机拖动系统线路调速性能好，并具有良好的启动、调速、制动控制性能，因此广泛用在龙门刨床、轧钢机、重型镗床等设备中，但由于这种系统也有一些缺点，如电机多，设备费用高，效率低等。

8.3 串励直流电动机的控制线路

串励直流电动机是一种启动转矩大、启动性能好的直流电动机，适用于要求启动转矩大、对转速变化要求不高的设备中，如吊车、起重机、电力机车等。在使用时，严禁串励直流电动机空载或轻载启动和运行，以免电动机转速过高而损坏电枢，一般应带 **20%～30%额定功**率的负载，并且要与机械设备直接传动，不宜采用皮带传动，防止皮带打滑造成空载高速运行而造成事故。

8.3.1　启动控制线路

1. 变阻器启动线路

串励直流电动机与并励直流电动机一样，也可以采用变阻器启动。图 8-18 是采用启动变阻器的串励直流电动机启动线路图。

在启动前，启动变阻器手轮应旋至"0"挡，动触片与电阻体处于开路状态。在启动时，先将电源开关 QS 闭合，然后将启动变阻器手轮旋至"1"挡，直流电源 L+→手轮动触片→"1"档的静触片→1、5 之间整个电阻体→A1 端→电枢绕组→A2 端→D2 端→励磁绕组→D1→直流电源 L−。电动机的励磁绕组和电枢绕组得到供电后开始运转，由于 1、5 之间电阻体阻值很大，电枢绕组流过电流很小，故电动机慢速启动。电动机启动运转后，再将手轮依次旋至 2、3、4 挡，电枢绕组回路电阻逐渐减小，电动机转速逐渐加快，当手轮旋至第 5 挡时，整个电阻体被短路，与此同时，电磁铁吸合手轮衔铁，将手柄锁定在"5"挡，电动机开始正常运转，启动结束。

电动机工作后，若断开电源开关 QF，电动机会因供电被切断而停止工作，同时由于电磁铁线圈失电，无法继续吸引衔铁，在弹簧的拉力下，手轮自动复位到"0"挡，为下一次启动作好准备。电磁铁还有欠压保护功能，当电源电压很低时，电磁铁不足于吸引住衔铁，在弹簧作用下手轮也会自动复位到"0"挡，进行停机保护。调节变阻器 RP 的阻值可以对电动机进行调速，当 RP 阻值调小时，电枢绕组两端电压升高，励磁绕组流过的电流减小（RP 小，分流大），两方面同时使电动机转速变慢。

2. 自动启动控制线路

串励电动机的自动启动控制线路图如图 8-19 所示。

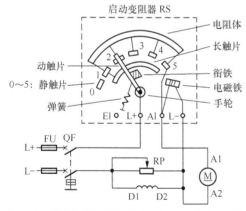

图 8-18　采用启动变阻器的串励直流电动机启动线路图

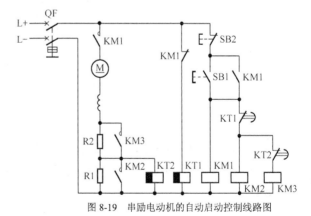

图 8-19　串励电动机的自动启动控制线路图

电路工作过程分析如下。

① 启动准备。

合上电源开关 QF→时间继电器 KT1 线圈得电→KT1 延时常闭触头瞬间断开→接触器 KM2、KM3 线圈无法得电→KM2、KM3 主触头断开→电动机串接电阻器 R1、R2，为启动作准备。

② 启动运行。

按下启动按钮 SB1→KM1 线圈得电→

{
KM1 主触头闭合，电动机绕组串接 R2、R1 启动→R1 两端的电压使
KT2 线圈得电→KT2 常闭触头瞬间断开

KM1 常开自锁触头闭合，锁定 KM1 线圈得电
KM1 常闭辅助触头断开→KT1 线圈失电
}

→经 KT1 整定时间后→KT1 常闭触头闭合→KM2 线圈得电→KM2 主触头闭合→R1 被短接→KT2 线圈失电
→KT2 整定时间后→KT2 常闭触头闭合→KM3 线圈得电→KM3 主触头闭合→R2 被短接→电动机正常运行

③ 停止控制。

按下停止按钮 SB2→KM1 线圈失电→KM1 主触头断开→电动机绕组失电→电动机停止工作。

④ 断开电源开关 QF。

8.3.2　转向控制线路

将电枢绕组或励磁绕组两端的反接时，直流电动机的转向随之改变。串励直流电动机一般采用励磁绕组两端反接的方法进行转向控制，之所以不采用电枢绕组两端反接，是因为在工作时电枢绕组两端电压很高，而励磁绕组两端电压要低得多。

串励直流电动机的转向控制线路图如图 8-20 所示。

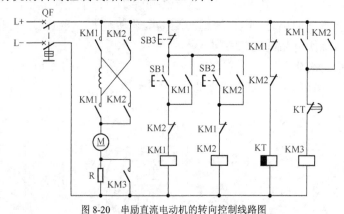

图 8-20　串励直流电动机的转向控制线路图

电路工作过程分析如下。

① 启动准备。

合上电源开关 QF→时间继电器 KT 线圈得电→KT 延时闭合常闭触头瞬间断开→接触器 KM3 线圈失电→KM3 主触头断开→电动机绕组串接电阻器 R，为启动作准备。

② 正向启动运行控制。

按下正向启动按钮 SB1→KM1 线圈得电→

{
KM1 常开自锁触头闭合，锁定 KM1 线圈供电
KM1 常闭联锁触头断开→KM2 线圈无法得电
KM1 主触头闭合→电动机绕组串接 R 启动
KM1 常闭辅助触头断开→KT 线圈失电
KM1 常开辅助触头闭合
}

→经 KT 整定时间后→KT 常闭触头闭合→KM3 线圈得电→KM3 主触头闭合→电阻 R 被短接
→电动机正常运行

③ **停止控制。**

按下停止按钮 SB3→KM1 线圈失电→KM1 主触头断开→电动机绕组失电→电动机停止工作。

④ **反向启动运行控制。**

按下反向启动按钮 SB2→KM2 线圈得电→ $\begin{cases} \text{KM2 常开自锁触头闭合，锁定 KM2 线圈供电} \\ \text{KM2 常闭联锁触头断开→KM1 线圈无法得电} \\ \text{KM2 主触头闭合→电动机励磁绕组两端反接并串接 R 启动} \\ \text{KM2 常闭辅助触头断开→KT 线圈失电} \\ \text{KM2 常开辅助触头闭合} \end{cases}$

→经 KT 整定时间后→KT 常闭触头闭合→KM3 线圈得电→KM3 主触头闭合→电阻 R 被短接→电动机正常运行

⑤ **断开电源开关 QF。**

8.3.3 制动控制线路

串励直流电动机采用的制动方式有两种：能耗制动和反接制动。其中能耗制动控制又分为自励式能耗制动和他励式能耗制动。

1. **自励式能耗制动控制线路**

自励式制动是指在电动机断开电源后，将励磁绕组反接并与电枢绕组和制动电阻构成回路，这时惯性运转的电动机相当于一台发电机，电枢绕组有电流产生，载流的电枢绕组受力与其惯性运转方向相反，电枢绕组被电磁力强行制动。串励电动机自励式能耗制动控制线路图如图 8-21 所示。

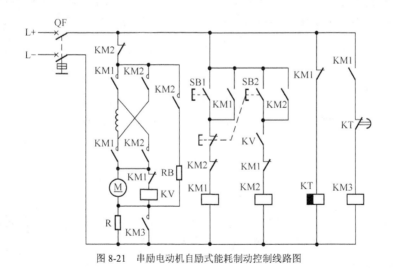

图 8-21 串励电动机自励式能耗制动控制线路图

电路工作过程分析如下。

① **启动准备。**

合上电源开关 QF→时间继电器 KT 线圈得电→KT 延时闭合常闭触头瞬间断开→接触器 KM3 线圈无法得电→KM3 主触头断开→电动机绕组串接电阻 R，为启动作准备。

② **启动运行。**

按下启动按钮 SB1→KM1 线圈得电→

- KM1 常开自锁触头闭合，锁定 KM1 线圈供电
- KM1 常闭辅助触头（与 KV 线圈串接）断开→KV 线圈无法得电→KV 常开触头断开
- KM1 常闭联锁触头断开→KM2 线圈无法得电
- KM1 主触关闭合→电动机绕组串接 R 启动
- KM1 常开辅助触头闭合
- KM1 常闭辅助触头断开→KT 线圈失电→经 KT 整定时间后→KT 常闭触头闭合

→ KM3 线圈得电→KM3 主触头闭合→R 被短接→电动机正常运行

③ **能耗制动控制。**

按下停止按钮 SB2

SB2 常闭触头先断开
- KM1 常开自锁触头断开，触除 KM1 线圈供电
- KM1 常开辅助触头断开→KM3 线圈失电→KM3 主触头断开
- KM1 常闭辅助触头闭合→KT 线圈得电→KT 触头瞬间断开
- KM1 常闭联锁触头闭合
- KM1 常闭辅助触头（与 KV 线圈串接）闭合
- KM1 主触头断开→电动机失电惯性运转→电枢绕组输出电压

→ KV 线圈得电→KV 常触头闭合

SB2 常开触头后闭合

→ KM2 线圈得电→KM2 常开自锁触头闭合、常闭联锁触头断开、主触头闭合→KM2 主触头闭合，使励磁绕组反接并与电枢绕组和电阻 RB 接成回路→电动机制动停转→电枢绕组无输出电压→KV 线圈失电→KV 常开触头断开→KM2 线圈失电→KM2 主触头断开，制动结束

④ **断开电源开关 QF。**

2. **他励式能耗制动控制线路**

他励式制动是在制动前，电枢绕组和励磁绕组串接再与直流电源连接，如图 **8-22（a）** 所示，而制动时将电枢绕组和励磁绕组分开，将电枢绕组接制动电阻，而励磁绕组另接直流电源（为防止阻值小的励磁绕组消耗大，往往还需串接降压电阻），如图 8-22（b）所示。

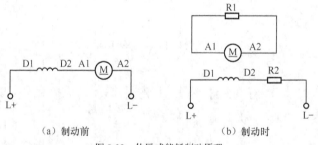

（a）制动前　　　　　　　（b）制动时

图 8-22　他励式能耗制动原理

在将小型串励直流电动机在作为伺服电动机使用时，常采用他励式能耗制动方式。小型串励直流电动机他励式能耗制动控制线路如图 8-23 所示。

电路工作过程分析如下。

① **正向启动控制。**

按下正向启动按钮 SB1→KM1 线圈得电→

- KM1 常闭联锁触头断开，切断 KM2 线圈供电
- KM1 常闭辅助触头断开→切断电阻 R1
- KM1 常闭辅助触头断开→切断电阻 R
- KM1 主触头闭合→电动机的电枢绕组与励磁绕组串接，再与 R2、R3 串接得电启动运行

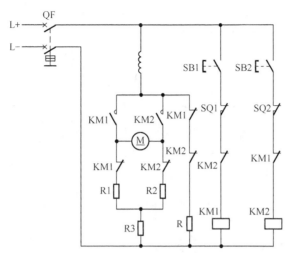

图 8-23　小型串励直流电动机他励式能耗制动控制线路

② 制动控制。

松开正向启动按钮 SB1→KM1 线圈失电→

KM1 常闭联锁触头闭合

KM1 常闭辅助触头闭合→直流电源经 R 和 KM1、KM2 常闭辅助触头提供给励磁绕组

KM1 常闭辅助触头闭合→R1 被接入

KM1 主触头断开→电枢绕组失电惯性运转

电枢绕组与 R1、R2 构成回路进行能耗制动→电动机停转

③ 反向启动与制动。

电动机的反向启动与制动由接触器 KM2 和按钮 SB2 来完成，其工作过程与正向启动制动过程类似，这里不再叙述。

④ 断开电源开关 QF。

SQ1 为正向限位开关，当电动机正向运转碰压 SQ1 时，KM1 线圈失电，电动机被制动停止；SQ2 为反向限位开关。

3. 反接制动控制线路

串励直流电动机反接制动一般采用电枢反接法。串励直流电动机的反接制动控制线路如图 8-24 所示。

图中的 AC 为万能转换开关，它有 4 对触头，有"正 Ⅰ、停 0、反 Ⅱ"三个挡位，用来控制电动机的正反转；KV 为零压保护继电器；KA 为过电流继电器；KA1、KA2 为中间继电器；RB 为制动电阻，R1、R2 为启动电阻。

电路工作过程分析如下。

① 启动准备。

合上电源开关 QF，并将万能转换开关 AC 置于"停 0"挡→AC 第 1 对触头闭合→零压继电器 KV 线圈得电→KV 常开自锁触头闭合，锁定 KV 线圈供电。

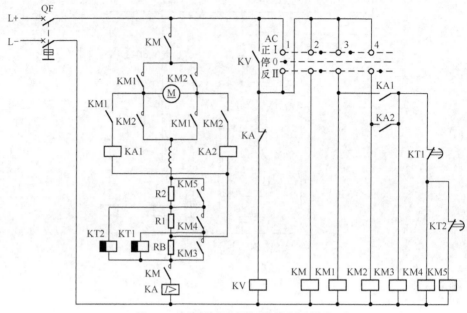

图 8-24　串励直流电动机的反接制动控制线路

② **正向启动运行控制。**

将 AC 拨至"正 I"挡→AC 第 2、3 对触头闭合→
- KM 线圈得电→KM 主触头闭合
- KM1 线圈得电
  - KM1 主触头闭合→电动机串接 R2、R1、RB 启动→RB 两端的电压使 KT1 线圈得电，KT1 延时常闭触头瞬间断开；R1、RB 上总电压使 KT2 线圈得电，KT2 延时常闭触头瞬间断开
  - KM1 常开辅助触头闭合→

→KA1 线圈得电→KA1 常开触头闭合→KM3 线圈得电→KM3 主触头闭合→RB 被短接→KT1 线圈失电→经 KT1 整定时间后→KT1 常闭触头闭合→KM4 线圈得电→KM4 主触头闭合→R1 被短接→KT2 线圈失电→经 KT2 整定时间后→KT2 常闭触头闭合→KM5 线圈得电→KM5 主触头闭合→R2 被短接→电动机正常运行

③ **反接制动控制。**

将 AC 拨至"反 II"挡→AC 第 2、4 对触头闭合→
- KM 线圈得电→KM 主触头闭合
- KM1 线圈失电→KM1 主触头和常开辅助触头均断开
- KM2 线圈得电→KM2 主触头和常开辅助触头均闭合→KM2 主触头闭合使电枢绕组与电源反接，产生与惯性相反的转矩进行制动；在反接制动期间，KA2 线圈两端电压很低，无法使 KA2 常开触头闭合，KM3 线圈无法得电，KM3 主触头断开，制动电阻 RB 串在绕组回路中→

→当电动机转速接近 0 时→KA2 线圈两端电压上升到吸合电压→KA2 常开触头闭合→KM3 线圈得电→KM3 主触头闭合→RB 被短接→电动机开始反向启动运行，其工作过程与正向启动运行相似

④ **停止控制。**

将万能转换开关 AC 拨至"停 0"挡，接触器 KM、KM1～KM5 线圈均失电，它们的主

触头都断开，电动机供电切断而停止工作。

⑤ 断开电源开关 **QF**。

8.3.4 调速控制方法

串励直流电动机的调速控制方法与并励直流电动机一样，包括：①电枢绕组回路串接电阻调速；②改变励磁绕组的磁通调速；③改变电枢绕组电压调速。

对于大型串励直流电动机，若采用改变励磁绕组磁通的调速方法，通常的做法是在励磁绕组两端并联可调电阻进行分流来调速。对于小型串励直流电动机，一般是通过改变励磁绕组的匝数或接线方式来改变励磁绕组的磁通来调速。串励直流电动机的调速控制线路与并励直流电动机基本相似，这里不再叙述。

8.4 中小功率直流电动机的驱动芯片及电路

大功率直流电动机的工作电压高、电流大，其控制线路主要由继电器和接触器等低压电器组成，对于中小功率的直流电动机，由于工作电压低、电流小，其控制通常采用电子元器件和一些专用的驱动芯片。

8.4.1 L9110 驱动芯片及其构成的直流电动机正反转电路

L9110 是一款为控制和驱动电机设计的双通道推挽式功率放大的单全桥驱动芯片。该芯片有两个 TTL/CMOS 兼容电平的输入端，两个输出端可以直接驱动电机正反转，每通道能通过 800mA 的持续电流（峰值电流允许 1.5A），内置的钳位二极管能释放感性负载（含线圈的负载，如继电器、电机）产生的反电动势。L9110S 广泛应用来驱动玩具汽车电机、脉冲电磁阀门，步进电机、开关功率管等。

1. 外形

L9110 封装形式主要有双列直插式和贴片式，其外形如图 8-25 所示。

图 8-25 L9110 的外形

2. 内部结构、引脚功能和特性

L9110 内部结构、引脚功能、特性和输入输出关系如图 8-26 所示，L9110 内部 4 个三极管 VT1～VT4 构成全桥，也称 H 桥。

3. 应用电路

图 8-27 是采用 L9110 作驱动电路的直流电机正反转控制电路。当单片机输出高电平（H）到 L9110 的 IA 端时，内部的三极管 VT1、VT4 导通（见图 8-26），有电流流过电机，电流途径是 VCC 端入→VT1 的 ce 极→OA 端出→电机→OB 端入→VT4 的 ce 极→GND，电机正转；当单片机输出高电平（H）到 L9110 的 IB 端（IA 端此时为低电平）时，内部的三极管 VT2、VT3 导通（见图 8-26），有电流流过电机，电流途径是 VCC 端入→VT2 的 ce 极→OB 端出→电机→OA 端入→VT3 的 ce 极→GND，流过电机的电流方向变反，电机反转。

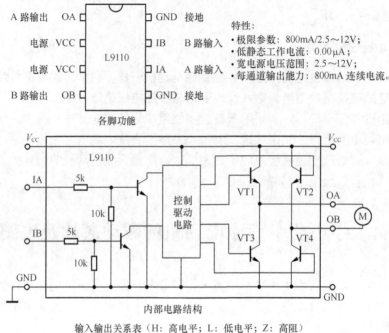

图 8-26 L9110 内部结构、引脚功能、特性和输入输出关系

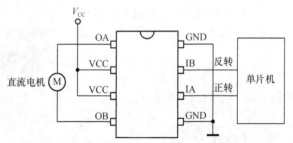

图 8-27 采用 L9110 作驱动电路的直流电机正反转控制电路

8.4.2 L298/L293 驱动芯片及其构成的双直流电动机正、反转电路

L298 是一款高电压大电流的双全桥（双 **H** 桥）驱动芯片，其额定工作电流为 **2A**，峰值电流可达 **3A**，最高工作电压 **46V**，可以驱动感性负载（如大功率直流电机，步进电机，电磁阀等），其输入端可以与单片机直接连接。L298 用作驱动直流电机时，可以控制两台单相直流电机，也可以控制两相或四相步进电机。

L293 与 L298 一样，内部结构基本相同，除 L293E 为 20 脚外，其他均为 16 脚，额定工作电流 1A，最大可达 1.5A，电压工作范围 4.5～36V；V_s 电压最大值也是 36V，一般 V_s 电压（电机电源电压）应该比 V_{ss} 电压（芯片电源电压）高，否则有时会出现失控现象。

1. 外形

L298 封装形式主要有双列直插式和贴片式，其外形如图 8-28 所示。

2. 内部结构、引脚功能和特性

L298 内部结构、引脚功能和特性如图 8-29 所示，L298 内部有 A、B 两个全桥（H 桥），而 L9110 内部只有一个全桥。

图 8-28　L298 的外形

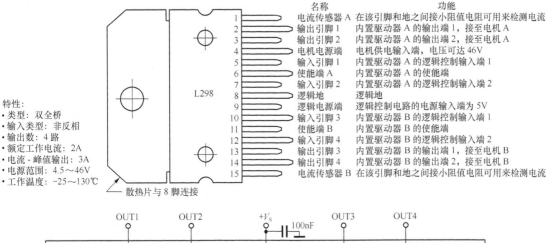

	名称	功能
1	电流传感器 A	在该引脚和地之间接小阻值电阻可用来检测电流
2	输出引脚 1	内置驱动器 A 的输出端 1，接至电机 A
3	输出引脚 2	内置驱动器 A 的输出端 2，接至电机 A
4	电机电源端	电机供电输入端，电压可达 46V
5	输入引脚 1	内置驱动器 A 的逻辑控制输入端 1
6	使能端 A	内置驱动器 A 的使能端
7	输入引脚 2	内置驱动器 A 的逻辑控制输入端 2
8	逻辑地	逻辑地
9	逻辑电源端	逻辑控制电路的电源输入端＝5V
10	输入引脚 3	内置驱动器 B 的逻辑控制输入端 1
11	使能端 B	内置驱动器 B 的使能端
12	输入引脚 4	内置驱动器 B 的逻辑控制输入端 2
13	输出引脚 3	内置驱动器 B 的输出端 1，接至电机 B
14	输出引脚 4	内置驱动器 B 的输出端 2，接至电机 B
15	电流传感器 B	在该引脚和地之间接小阻值电阻可用来检测电流

特性：
- 类型：双全桥
- 输入类型：非反相
- 输出数：4 路
- 额定工作电流：2A
- 电流 - 峰值输出：3A
- 电源范围：4.5～46V
- 工作温度：−25～130℃

散热片与 8 脚连接

图 8-29　L298 内部结构、引脚功能和特性

3. 应用电路

图 8-30 是采用 L298 作驱动电路的两台直流电机正反转控制电路，两台电机的控制和驱动是相同的，L298 的输入信号与电机运行方式的对应关系见表 8-1，下面以 A 电机控制驱动为例进行说明。

当单片机送高电平（用"1"表示）到 L298 的 ENA 端时，该高电平送到 L298 内部 A 通道的 a～d 4 个与门（见图 8-29 所示的 L298 内部电路），使之全部开通，单片机再送高电平到 L298 的 IN1 端，送低电平到 IN2 端，IN1 端高电平在内部分作两路，一路送到与门 a 输入端，由于与门另一输入端为高电平（来自 ENA 端），故与门 a 输出高电平，三极管 VT1 导通，另一路送到与门 b 的反相输入端，取反后与门 b 的输入变成低电平，与门 b 输出低电平，VT3 截止。与此类似，IN2 端输入的低电平会使 VT2 截止、VT4 导通，于是有电流流过 A 电机，电流方向是 V_{DD}→L298 的 4 脚入→VT1→2 脚出→A 电机→3 脚入→VT4→1 脚出→地，A 电机正向运转。

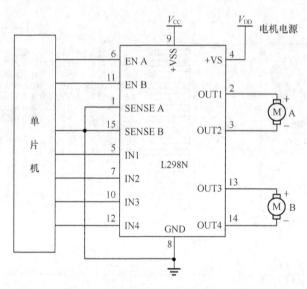

图 8-30　采用 L298 作驱动电路的两台直流电机正反转控制电路

表 8-1 　　　　　　　　　　　　　L298 的输入信号与电机运行方式对应关系

输入信号			电机运行方式
使能端 A/B	输入引脚 1/3	输入引脚 2/4	
1	1	0	正转
1	0	1	反转
1	1	1	刹车
1	0	0	刹车
0	×	×	自动转动

当单片机送"1"到 L298 的 ENA 端时，该高电平使 A 通道的 a～d 4 个与门全部开通，单片机再送低电平到 L298 的 IN1 端，送高电平到 IN2 端，IN1 端的低电平使内部的 VT1 截止、VT3 导通，IN2 端的高电平使内部的 VT2 导通、VT4 截止，于是有电流流过 A 电机，电流方向是 V_{DD}→L298 的 4 脚入→VT2→3 脚出→A 电机→2 脚入→VT3→1 脚出→地，A 电机的电流方向发生改变，反向运转。

当 L298 的 ENA 端＝1、IN1＝1、IN2＝1 时，VT1、VT2 导通（VT3、VT4 均截止），相当于在内部将 2、3 脚短路，也即直接将 A 电机的两端直接连接，这样电机惯性运转时内部绕组产生的电动势有回路而有电流流过自身绕组，该电流在流过绕组时会产生磁场阻止电机运行，这种利用电机惯性运转产生的电流形成的磁场对电机进行制动称为再生制动。当 L298

的 ENA 端＝1、IN1＝0、IN2＝0 时，VT3、VT4 导通（VT1、VT1 均截止），对 A 电机进行再生制动。

当 L298 的 ENA 端＝0 时，a～d 4 个与门全部关闭，VT1～VT4 均截止，A 电机无外部电流流入，不会主动运转，自身惯性运转产生的电动势因无回路而无再生电流，故不会有再生制动，因此 A 电机处于自由转动。

8.4.3 由 555 芯片构成的直流电动机 PWM 调速电路

1．555 定时器芯片

555 定时器芯片又称 **555 时基芯片**，它是一种中规模的数字-模拟混合集成电路，具有使用范围广、功能强等特点。如果给 555 定时器外围接一些元件就可以构成各种应用电路，如多谐振荡器、单稳态触发器、施密特触发器等。**555 定时器有 TTL 型**（或称双极型，内部主要采用三极管）和 **CMOS 型**（内部主要采用场效应管），但它们的电路结构基本一样，功能也相同。

555 定时器芯片外形与内部电路结构如图 8-31 所示，从图中可以看出，它主要是由电阻分压器、电压比较器（运算放大器）、基本 RS 触发器、放电管和一些门电路构成。

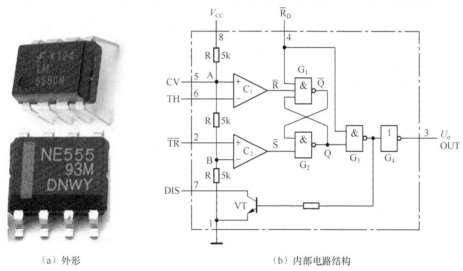

（a）外形　　　　（b）内部电路结构

图 8-31　555 定时器内部电路结构

（1）电阻分压器和电压比较器

电阻分压器由 3 个阻值相等的电阻 R 构成，两个运算放大器 C_1、C_2 构成电压比较器。3 个阻值相等的电阻将电源 V_{CC}（⑧脚）分作 3 等份，比较器 C_1 的"＋"端（⑤脚）电压 U_+为 $\frac{2}{3}V_{CC}$，比较器 C_2 的"－"电压 U_-为 $\frac{1}{3}V_{CC}$。

如果 TH 端（⑥脚）输入的电压大于 $\frac{2}{3}V_{CC}$ 时，即运算放大器 C_1 的 $U_+<U_-$，比较器 C_1 输出低电平"0"；如果 $\overline{TR}$ 端（②脚）输入的电压大于 $\frac{1}{3}V_{CC}$ 时，即运算放大器 C_2 的 $U_+>U_-$，比较器 C_1 输出高电平"1"。

（2）基本 RS 触发器

基本 RS 触发器是由两个与非 G_1、G_2 门构成的，其功能说明如下。

当 $\bar{R}$=0、$\bar{S}$=1 时，触发器置"0"，即 Q=0，$\bar{Q}$=1；

当 $\bar{R}$=1、$\bar{S}$=0 时，触发器置"1"，即 Q=1，$\bar{Q}$=0；

当 $\bar{R}$=1、$\bar{S}$=1 时，触发器"保持"原状态；

当 $\bar{R}$=0、$\bar{S}$=0 时，触发器状态不定，这种情况禁止出现。

$\bar{R}_D$ 端（④脚）为定时器复位端，当 $\bar{R}_D$=0 时，它送到基本 RS 触发器，对触发器置"0"，即 Q=0，$\bar{Q}$=1；$\bar{R}_D$=0 和触发器输出的 Q=0 送到与非门 G_3，与非门输出为"1"，再经非门 G_4 后变为"0"，从定时器的 OUT 端（③脚）输出"0"。即当 $\bar{R}_D$=0 时，定时器被复位，输出为"0"，在正常工作时，应让 $\bar{R}_D$=1。

（3）放电管和缓冲器

三极管 VT 为放电管，它的状态受与非门 G_3 输出电平控制，当 G_3 输出为高电平时，VT 的基极为高电平而导通，⑦、①之间相当于短路；当 G_3 输出为低电平时，VT 截止，⑦、①之间相当于开路。非门 G_4 为缓冲器，主要是提高定时器带负载能力，保证定时器 OUT 端能输出足够的电流，还能隔离负载对定时器的影响。

555 定时器的功能见表 8-2，表中标"×"表示不论为何值情况，都不影响结果。

表 8-2 　　　　　　　　　　　　　　　　555 定时器的功能表

输入			输出	
$\bar{R}_D$	TH	$\overline{TR}$	OUT	放电管状态
0	×	×	低	导通
1	$>\dfrac{2}{3}V_{CC}$	$>\dfrac{1}{3}V_{CC}$	低	导通
1	$<\dfrac{2}{3}V_{CC}$	$>\dfrac{1}{3}V_{CC}$	不变	不变
1	$<\dfrac{2}{3}V_{CC}$	$<\dfrac{1}{3}V_{CC}$	高	截止

从表中可以看出 555 在各种情况下的状态，如在 $\bar{R}_D$=1 时，如果高触发端 $TH>\dfrac{2}{3}V_{CC}$、低触发端 $\overline{TR}>\dfrac{1}{3}V_{CC}$，则定时器 OUT 端会输出低电平"0"，此时内部的放电管处于导通状态。

2. 由 555 芯片构成的直流电动机 PWM 调速电路

图 8-32 是一种由 555 芯片构成的直流电动机 PWM 调速电路。

24V 的直流电源经 R4 降压，稳压二极管 VS 稳压和电容 C_1 滤波后，得到 9V 电压送到 555 芯片的 8 脚（电源脚）和 4 脚（复位脚，低电平时复位）。555 芯片与外围有关元件构成振荡器，工作后从 3 脚输出脉冲信号，当调节 555 芯片 7 脚的电位器 RP 时，3 脚会输出的 PWM 脉冲（宽度可变的脉冲），该脉冲送到三极管 VT 的基极，当脉冲高电平来时，VT 导通，有电流流过直流电动机 M，脉冲低电平来时，VT 截止，无有电流流过直流电动机。如果往某个方向调节 RP 时 555 芯片 3 脚输出的 PWM 脉冲变宽（脉冲高电平持续时间变长，低电平时间变短），则 VT 导通时间长、截止时间短，这样会使流过直流电动机的平均电流增大，电动机转速变快，如果调节 RP 使 555 芯片 3 脚输出的 PWM 脉冲变窄，直流电动机流过的平均电流减小，转速变慢。

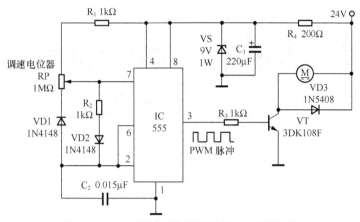

图 8-32　由 555 芯片构成的直流电动机 PWM 调速电路

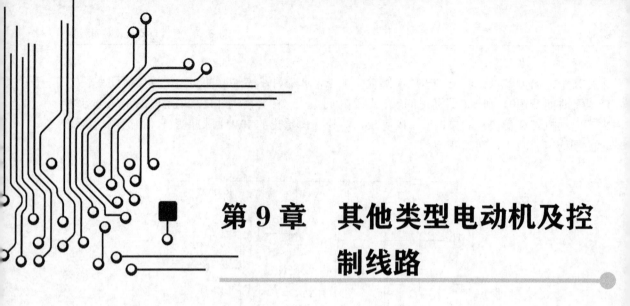

第 9 章　其他类型电动机及控制线路

9.1　无刷直流电动机及控制线路

直流电动机具有运行效率高和调速性能好的优点，但普通的直流电动机工作时需要用换向器和电刷来切换电压极性，在切换过程中容易出现电火花和接触不良，会形成干扰并导致直流电动机的寿命缩短。无刷直流电动机的出现有效解决了电火花和接触不良问题。

9.1.1　外形

图 9-1 是一些常见的无刷直流电动机的实物外形。

图 9-1　常见无刷直流电动机的实物外形

9.1.2　结构与工作原理

普通永磁直流电动机是以永久磁铁作定子，以转子绕组作转子，在工作时除了要为旋转的转子绕组供电，还要及时改变电压极性，这些需用到电刷和换向器。电刷和换向器长期摩擦，很容易出现接触不良、电火花和电磁干扰等问题。为了解决这些问题，无刷直流电动机采用永久磁铁作为转子，通电绕组作为定子，这样就不需要电刷和换向器，不过无刷直流电动机工作时需要配套的驱动线路。

1．工作原理

图 9-2 是一种无刷直流电动机的结构和驱动线路简图。无刷直流电动机的定子绕组固定不动，而磁环转子运转。

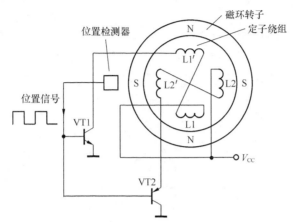

图 9-2　一种无刷直流电动机结构和驱动线路简图

无刷直流电动机工作原理说明如下。

无刷直流电动机位置检测器距离磁环转子很近，磁环转子的不同磁极靠近检测器时，检测器输出不同的位置信号（电信号）。这里假设 S 极接近位置检测器时，检测器输出高电平信号，N 极接近检测器时输出低电平信号。在启动电动机时，若磁环转子的 S 极恰好接近位置检测器，检测器输出高电平信号，该信号送到三极管 VT1、VT2 的基极，VT1 导通，VT2 截止，定子绕组 L1、L1′有电流流过，电流途径是：电源 VCC→L1→L1′→VT1→地。L1、L1′绕组有电流通过产生磁场，该磁场与磁环转子磁场产生排斥和吸引，它们的相互作用如图 9-3（a）所示。

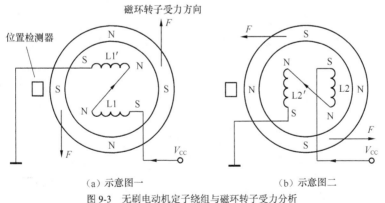

（a）示意图一　　　　　　　　　　　（b）示意图二

图 9-3　无刷电动机定子绕组与磁环转子受力分析

在图 9-3（a）中，电流流过 L1、L1′时，L1 产生左 N 右 S 的磁场，L1′产生左 S 右 N 的磁场，这样就会出现 L1 的左 N 与磁环转子的左 S 吸引（同时 L1 的左 N 会与磁环转子的下 N 排斥），L1 的右 S 与磁环转子的下 N 吸引，L1′的右 N 与磁环转子的右 S 吸引，L1′的左 S 与磁环转子的上 N 吸引，由于绕组 L1、L1′固定在定子铁芯上不能运转，而磁环转子受磁场作用就逆时针转起来。

电动机运转后时，磁环转子的 N 极马上接近位置检测器，检测器输出低电平信号，该信号送到三极管 VT1、VT2 的基极，VT1 截止，VT2 导通，有电流流过 L2、L2′，电流途径是：电源 VCC→L2→L2′→VT2→地。L2、L2′绕组有电流通过产生磁场，该磁场与磁环转子磁场产生排斥和吸引，它们的相互作用如图 9-3（b）所示，两磁场的相互作用力推动磁环转子继续旋转。

2. 结构

无刷直流电动机的结构如图 9-4 所示。

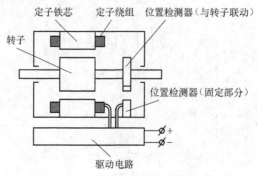

图 9-4　无刷直流电动机的结构

从图中可看出，无刷直流电动机主要由定子铁芯、定子绕组、位置检测器、磁铁转子、驱动电路等组成。

位置检测器包括固定和运动两部分，运动部分安装在转子轴上，与转子联动，它可以反映转子的磁极位置，固定部分通过它就可以检测出转子的位置信息。有些无刷直流电动机位置检测器无运转部分，它直接检测转子位置信息。驱动电路的功能是根据位置检测器送来的位置信号，用电子开关（如三极管）来切换定子绕组的电源。无刷直流电动机的转子结构分为表面式磁极、嵌入式磁极和环形磁极 3 种，如图 9-5 所示。表面式磁极转子是将磁铁贴粘在转子铁芯表面，嵌入式磁极转子是将磁铁嵌入铁芯中，环形磁极转子是在转子铁芯上套一个环形磁铁。

无刷直流电动机一般采用内转子结构，即转子处在定子的内侧。有些无刷直流电动机采用外转子形式，如电动车、摄录像机的无刷直流电动机常采用外转子结构，如图 9-6 所示。

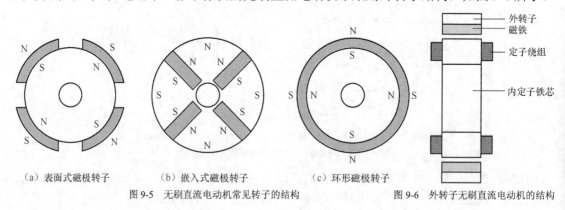

（a）表面式磁极转子　　　　（b）嵌入式磁极转子　　　　（c）环形磁极转子

图 9-5　无刷直流电动机常见转子的结构　　　　图 9-6　外转子无刷直流电动机的结构

9.1.3　驱动电路

无刷直流电动机需要有相应的驱动电路才能工作。下面介绍几种常见的三相无刷直流电动机驱动电路。

1. **星形连接三相半桥驱动电路**

星形连接三相半桥驱动电路如图 9-7（a）所示。A、B、C 三相定子绕组有一端共同连接，构成星形连接方式。

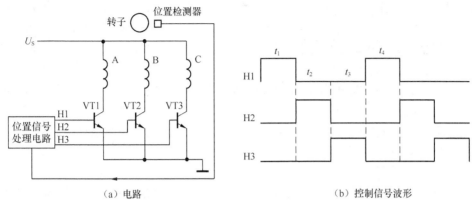

（a）电路　　　　　　　　　　　　　（b）控制信号波形

图 9-7　星形连接三相半桥驱动电路

电路工作过程说明如下。

位置检测器靠近磁环转子产生位置信号，经位置信号处理电路处理后输出图 9-7（b）所示 H1、H2、H3 三个控制信号。

在 t_1 期间，H1 信号为高电平，H2、H3 信号为低电平，三极管 VT1 导通，有电流流过 A 相绕组，绕组产生磁场推动转子运转。

在 t_2 期间，H2 信号为高电平，H1、H3 信号为低电平，三极管 VT2 导通，有电流流过 B 相绕组，绕组产生磁场推动转子运转。

在 t_3 期间，H3 信号为高电平，H1、H2 信号为低电平，三极管 VT3 导通，有电流流过 C 相绕组，绕组产生磁场推动转子运转。

t_4 期间以后，电路重复上述过程，电动机连续运转起来。三相半桥驱动电路结构简单，但由于同一时刻只有一相绕组工作，电动机的效率较低，并且转子运转脉动比较大，即运转时容易时快时慢。

2. **星形连接三相桥式驱动电路**

星形连接三相桥式驱动电路如图 9-8 所示。

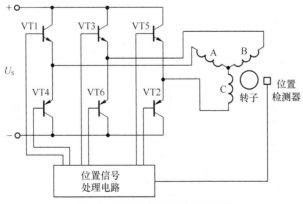

图 9-8　星形连接三相桥式驱动电路

星形连接三相桥式驱动电路可以工作在两种方式：二二导通方式和三三导通方式。工作在何种方式由位置信号处理电路输出的控制信号决定。

（1）二二导通方式

二二导通方式是指在某一时刻有 2 个三极管同时导通。电路中 6 个三极管的导通顺序是：VT1、VT2→VT2、VT3→VT3、VT4→VT4、VT5→VT5、VT6→VT6、VT1。这 6 个三极管的导通受位置信号处理电路送来的脉冲控制。下面以 VT1、VT2 导通为例来说明电路工作过程。

位置检测器送来的位置信号经处理电路后形成控制脉冲输出，其中高电平信号送到 VT1 的基极，低电平信号送到 VT2 基极，其他三极管基极无信号，VT1、VT2 导通，有电流流过 A、C 相绕组，电流途径为：US+→VT1→A 相绕组→C 相绕组→VT2→US−，两绕组产生磁场推动转子旋转 60°。

（2）三三导通方式

三三导通方式是指在某一时刻有 3 个三极管同时导通。电路中 6 个三极管的导通顺序是：VT1、VT2、VT3→VT2、VT3、VT4→VT3、VT4、VT5→VT4、VT5、VT6→VT5、VT6、VT1→VT6、VT1、VT2。这 6 个三极管的导通受位置信号处理电路送来的脉冲控制。下面以 VT1、VT2、VT3 导通为例来说明电路工作过程。位置检测器送来的位置信号经处理电路后形成控制脉冲输出，其中高电平信号送到 VT1、VT3 的基极，低电平送到 VT2 基极，其他三极管基极无信号，VT1、VT3、VT2 导通，有电流流过 A、B、C 相绕组，其中 VT1 导通流过的电流通过 A 相绕组，VT3 导通流过的电流通过 B 相绕组，两电流汇合后流过 C 相绕组，再通过 VT2 流到电源的负极，在任意时刻三相绕组都有电流流过，其中一相绕组电流很大（是其他绕组电流的 2 倍），三绕组产生的磁场推动转子旋转 60°。

三三导通方式的转矩较二二导通方式的要小，另外，如果三极管切换时发生延迟，就可能出现直通短路，如 VT4 开始导通时 VT1 还未完全截止，电源通过 VT1、VT4 直接短路，因此星形连接三相桥式驱动电路更多采用二二导通方式。

三相无刷直流电动机除了可采用星形连接驱动电路外，还可采用图 9-9 所示的三角形连接三相桥式驱动电路。该电路与星形连接三相桥式驱动电路一样，也有二二导通方式和三三导通方式，其工作原理与星形连接三相桥式驱动电路工作原理基本相同，这里不再叙述。

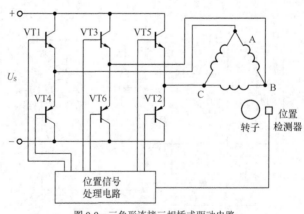

图 9-9 三角形连接三相桥式驱动电路

9.2　同步电动机

同步电动机是一种转子转速与定子旋转磁场的转速相同的交流电动机。对于一台同步电动机，在电源频率不变的情况下，其转速始终保持恒定，不会随电源电压和负载变化而变化。

9.2.1　外形

图 9-10 是一些常见的同步电动机实物外形。

图 9-10　一些常见的同步电动机实物外形

9.2.2　结构与工作原理

同步电动机主要由定子和转子构成，其定子结构与一般的异步电动机相同，并且嵌有定子绕组。同步电动机的转子与异步电动机的不同。异步电动机的转子一般为笼型，转子本身不带磁性。而同步电动机的转子主要有两种形式：一种是直流励磁转子，这种转子上嵌有转子绕组，工作时需要用直流电源为它提供励磁电流；另一种是永久磁铁励磁转子，转子上安装有永久磁铁。同步电动机的结构与工作原理图如图 9-11 所示。

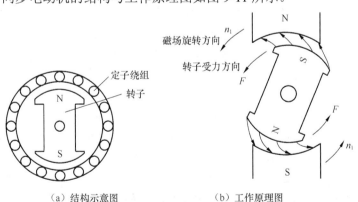

（a）结构示意图　　　　（b）工作原理图
图 9-11　同步电动机的结构与工作原理图

图 9-11（a）为同步电动机结构示意图。同步电动机的定子铁芯上嵌有定子绕组，转子上安装一个两极磁铁（在转子嵌入绕组并通直流电后，也可以获得同样的磁极）。当定子绕组通三相交流电时，定子绕组会产生旋转磁场，此时的定子就像是旋转的磁铁，如图 9-11（b）所示。根据异性磁极相吸引可知，装有磁铁的转子会随着旋转磁场方向转动，并且转速与磁

场的旋转速度相同。

在电源频率不变的情况下，同步电动机在运行时转速是恒定的，其转速 n 与电动机的磁极对数 p、交流电源的频率 f 有关。同步电动机的转速可用下面的公式计算：

$$n = 60f/p$$

我国电力系统交流电的频率为50Hz，电动机的极对数又是整数，若采用电网交流电作为电源，同步电动机的转速与磁极对数有严格的对应关系，具体如下：

p	1	2	3	4
n（r/min）	3000	1500	1000	750

9.2.3 同步电动机的启动

1. 同步电动机无法启动的原因

异步电动机接通三相交流电后会马上运转起来，而同步电动机接通电源后一般无法运转，下面通过图9-12来分析原因。

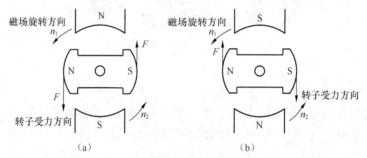

图9-12 同步电动机无法启动分析图

当同步电动机定子绕组通入三相交流电后，产生逆时针方向的旋转磁场，如图9-12（a）所示，转子受到逆时针方向的磁场力，由于转子具有惯性，不可能立即以同步转速旋转。当转子刚开始转动时，由于旋转磁场转速很快，此刻已旋转到图 9-12（b）所示的位置，这时转子受到顺时针方向的磁场力，与先前受力方向相反，刚要运转的转子又受到相反的作用力而无法旋转。也就是说，旋转磁场旋转时，转子受到的平均转矩为0，无法运转。

2. 同步电动机启动解决方法

同步电动机通电后无法自动启动的主要原因有：转子存在着惯性，定、转子磁场转速相差过大。因此为了让同步电动机自行启动，一方面可以减小转子的惯性（如转子可做成长而细的形状），另一方面可以给同步电动机增设启动装置。

给同步电动机增设启动装置的方法一般是在转子上附加异步电动机一样的笼型绕组，如图9-13所示，这样同步电动机的转子上同时具有磁铁和笼型启动绕组。在启动时，同步电动机定子绕组通电产生旋转磁场，该磁场对启动绕组产生作用力，使启动绕组运转起来，与启动绕组一起的转子也跟着旋转，启动时的同步电动机就相当于一台异步电动机。当转子转速接近定子绕组的旋转磁场转速时，旋转磁场就与转子上的磁铁相互吸引而将转子引入同步，同步后的旋转磁场就像手一样，紧紧拉住相异的转子磁极不放，转子就在旋转磁场的拉力下，始终保持与旋转磁场一样的转速。

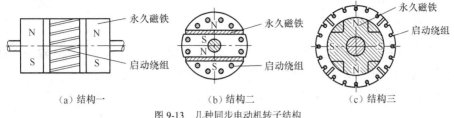

（a）结构一　　　　　　　（b）结构二　　　　　　　（c）结构三

图 9-13　几种同步电动机转子结构

给同步电动机附加笼型绕组进行启动的方法称为异步启动法，异步启动接线示意图如图 9-14 所示。在启动时，先合上开关 S1，给同步电动机的定子绕组提供三相交流电源，让定子绕组产生旋转磁场，与此同时将开关 S2 与左边触点闭合，让转子启动绕组与启动电阻（其阻值一般为启动绕组阻值的 10 倍）串接，这样同步电动机就相当于一台绕线式异步电动机。转子开始旋转，当转子转速接近旋转磁场转速时，将开关 S2 与右边的触点闭合，直流电源通过 S2 加到转子启动绕组，启动绕组产生一个固定的磁场来增强磁铁磁场，定子绕组的旋转磁场牵引已运转且带磁性的转子同步运转。图 9-15 中的开关 S2 实际上是由控制电路来完成，另外转子启动绕组要通过电刷与外界的启动电阻或直流电源连接。

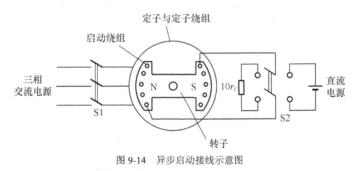

图 9-14　异步启动接线示意图

9.3　开关磁阻电动机

开关磁阻电动机是一种定子有绕组、转子无绕组，且定、转子均采用凸极结构的电动机。由于这种电动机在工作时需要用开关不断切换绕组供电，并基于磁阻最小原理工作，所以称之为开关磁阻电动机。

9.3.1　外形

图 9-15 是一些常见的开关磁阻电动机的实物外形。

图 9-15　一些常见的开关磁阻电动机的实物外形

9.3.2 结构与工作原理

开关磁阻电动机的结构与工作原理与步进电动机的相似，都是遵循"磁阻最小原理"——磁感线总是力图通过磁阻最小的路径。开关磁阻电动机的典型结构如图 9-16 所示，它是一个三相 6/4 型开关磁阻电动机，即定子有三相绕组和 6 个凸极，转子有 4 个凸极。

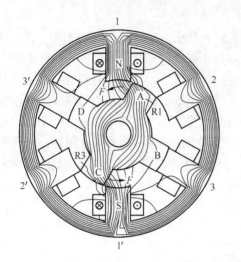

（a）定子绕组 11′得电时，转子凸极 AC 受力情况

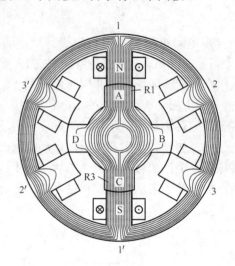

（b）定子绕组 11′得电时，转子凸极 AC 转到稳定位置

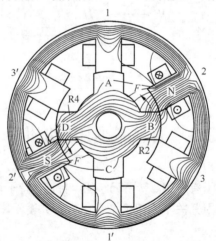

（c）定子绕组 22′得电时，转子凸极 BD 受力情况

图 9-16　开关磁阻电动机的典型结构与工作原理

开关磁阻电动机工作原理说明如下。

当定子绕组 11′得电时，1 凸极产生的磁场为 N，1′凸极产生的磁场为 S，如图 9-16（a）所示。根据磁阻最小原理可知，转子凸极 AC 受到逆时针方向的磁转矩作用力，于是转子开始转动，当转到图 9-16（b）所示位置时，定子凸极 11′与转子凸极 AC 对齐，此时磁阻最小，磁转矩为 0，转子不再转动。这时若切断 11′绕组供电，而接通 22′绕组供电，定子凸极 2 产生的磁场为 N，凸极 2′产生的磁场为 S，如图 9-16（c）所示，转子凸极 BD 受到逆时针方向的磁转矩作用力，于是转子继续转动。

如果按 11′→22′→33′的顺序切换定子绕组电源，转子将逆时针方向旋转。如果按 11′→33′→22′的顺序切换定子绕组电源，转子将顺时针方向旋转。

开关磁阻电动机主要有以下的特点。

① 效率高，节能效果好。

② 启动转矩大。

③ 调速范围广。

④ 可频繁正、反转，频繁启动、停止，因此非常适合于龙门刨床、可逆轧机、油田抽油机等应用场合。

⑤ 启动电流小，避免了对电网的冲击。

⑥ 功率因数高，不需要加装无功补偿装置。普通交流电动机空载时的功率因数在 0.2～0.4，满载在 0.8～0.9；而开关磁阻电动机调速系统在空载和满载下的功率因数均大于 0.98。

⑦ 电动机结构简单、坚固、制造工艺简单，成本低且工作可靠，能适用于各种恶劣、高温甚至强振动环境。

⑧ 缺相与过载时仍可工作。

⑨ 由于控制器中功率变换器与电动机绕组串联，不会出现变频调速系统功率变换器可能出现的直通故障，因此可靠性大为提高。

9.3.3　开关磁阻电动机与步进电动机的区别

开关磁阻电动机与步进电动机的工作原理基本相同，都是依靠脉冲信号切换绕组的电源来驱动转子运转。

两者的区别在于：步进电动机主要是将脉冲信号转换成旋转角度，带动相应机构移动一定的位移，在转子运转时无须转速平稳，即使时停时转也无关紧要，只要输入脉冲个数与移动位移的对应关系准确；而开关磁阻电动机与大多数电动机一样，要求工作在连续运行状态，在运行过程中需要转速平稳连续，不允许时转时停情况的出现。

如果开关磁阻电动机在工作过程中，定子绕组电源切换不及时，就会出现转子时停时转或转速时快时慢的情况。在图 9-16（b）中，若转子 AC 凸极已运动到对齐位置，如果 11′绕组未及时切断电源，这时即使 22′绕组得电，也无法使转子继续运转，从而导致转子停顿。这种情况对要求连续运行且转速平稳的开关磁阻电动机是不允许的。为了解决这个问题，需要给电动机转子增设位置检测器，检测转子凸极位置情况，然后及时切换相应绕组的电源，让转子能连续平稳运行。

9.3.4　驱动电路

为了让开关磁阻电动机能正常工作，需要为它配备相应的驱动电路。开关磁阻电动机的驱动电路结构如图 9-17 所示。

开关磁阻电动机内部的位置检测器送位置信号给控制电路，让控制电路产生符合要求的控制脉冲信号，控制脉冲加到功率变换器，控制变换器中相应的电子开关（一般为半导体管）导通和截止，接通和切断电动机相应定子绕组的电源，在定子绕组磁场作用下，电动机连续运转起来。

很多开关磁阻电动机的驱动电路已被制作成工业成品，可直接与开关磁阻电动机配套使用，图 9-18 列出了两种开关磁阻电动机的控制器（驱动电路）。有些控制器内部采用一些先进的保护检测电路并可直接在面板设定电动机的控制参数。

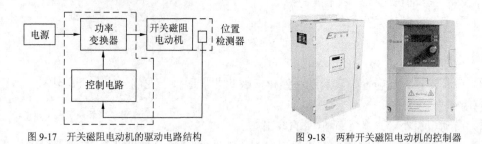

图 9-17　开关磁阻电动机的驱动电路结构　　　图 9-18　两种开关磁阻电动机的控制器

9.4　直线电动机

直线电动机是一种将电能转换成直线运动的电动机。直线电动机是将旋转电动机的结构进行变化制成的。直线电动机种类很多，从理论上讲，每种旋转电动机都有与之对应的直线电动机，实际常用的直线电动机主要有直线异步电动机、直线同步电动机、直线直流电动机和其他直线电动机（如直线无刷电动机、直线步进电动机等），在这些直线电动机中，直线异步电动机应用最为广泛。

9.4.1　外形

图 9-19 是一些常见的直线电动机的实物外形。

图 9-19　一些常见的直线电动机的实物外形

9.4.2　结构与工作原理

直线电动机可以看成是将旋转电动机径向剖开并拉直而得到的，如图 9-20 所示。其中由定子转变而来的部分称为初级，转子转变而来的部分称为次级。

当给直线电动机初级绕组供电时，绕组产生磁场使初、次级产生相对径向运动，若将初级固定，则次级会直线运动，这种电动机称为动次级直线电动机，反之为动初级直线电动机。改变初级绕组的电源相序可以转换电动机的运行方向，改变电源的频率可以改变电动机的运行速度。另外，为了保证在运动过程中直线电动机的初、次级能始终耦合，初级或次级必须有一个要做得比另一个更长。

直线电动机初、次级结构形式主要有单边型、双边型、圆筒型等几种。

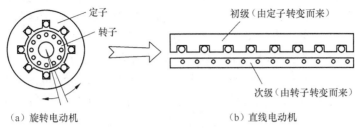

（a）旋转电动机　　　　　　　　　　（b）直线电动机

图 9-20　直线电动机的结构

1. 单边型

单边型直线电动机的结构如图 9-21 所示，它又可以分为短初级和短次级两种形式。由于短初级的制造运行成本较短次级的低很多，所以一般情况下直线电动机均采用短初级形式。单边型直线电动机的优点是结构简单，但初、次级存在着很大吸引力，这对初、次级相对运动是不利的。

（a）短初级　　　　　　　　　　　　（b）短次级

图 9-21　单边型直线电动机的结构

2. 双边型

双边型直线电动机的结构如图 9-22 所示。这种直线电动机在次级的两边都安装了初级，两初级对次级的吸引力相互抵消，有效克服了单边型电动机的单边吸引力。

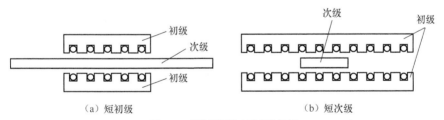

（a）短初级　　　　　　　　　　　　（b）短次级

图 9-22　双边型直线电动机的结构

3. 圆筒型

圆筒型（或称管型）直线电动机的结构如图 9-23 所示。这种直线电动机可以看成是平板式直线电动机的初、次级卷起来构成的，当初级绕组得电时，圆形次级就会径向运动。

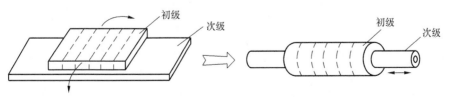

图 9-23　圆筒型直线电动机的结构

　　直线电动机主要应用在要求直线运动的机电设备中，由于牵引力和推动力可直接产生，不需要中间联动部分，没有摩擦、噪声、转子发热、离心力影响等问题，因此应用将越来越广泛。其中直线异步电动机主要用在较大功率的直线运动机构，如自动门开闭装置，起吊、传递和升降的机械设备。直线同步电动机的应用场合与直线异步电动机的应用场合基本相同，由于其性能优越，因此有取代直线异步电动机的趋势。直线步进电动机主要用于数控制图机、数控绘图仪、磁盘存储器、记录仪、数控裁剪机、精密定位机构等设备中。

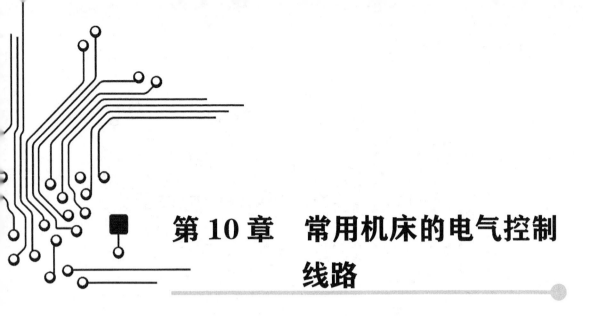

第 10 章　常用机床的电气控制线路

在现代化工业生产中，大量的产品由机床加工生产出来，机床工作时的动力来自电动机。机床种类很多，如车床、磨床、钻床、铣床、镗床、刨床等，为了适应这些机床加工特点，需要给各种机床的电动机配备相应的控制线路。

10.1　车床的控制线路

车床是一种用车刀相对移动对旋转的工件进行车削加工的机床。普通车床运动部分主要有主轴运动和进给运动，其中主轴运动是指用卡盘等带动工件作旋转运动，进给运动是指用溜板带动刀架作直线运动，车床的大部分功率由主轴运动消耗。车床主要用于加工轴、盘、套和其他具有回转表面的工件，是机械制造和修配工厂中使用最广的机床。

车床种类很多，每种车床都有配套的控制线路，本节以 CA6140 型车床为例来介绍车床的控制线路。

10.1.1　CA6140 车床简介

CA6140 车床是我国自主设计制造的普通车床，它其有结构先进、性能优良、操作方便、外形美观等优点。

1. 外形

CA6140 车床实物外形如图 10-1 所示。

2. 结构说明

CA6140 车床各部分说明如图 10-2 所示。

图 10-1　CA6140 车床实物外形

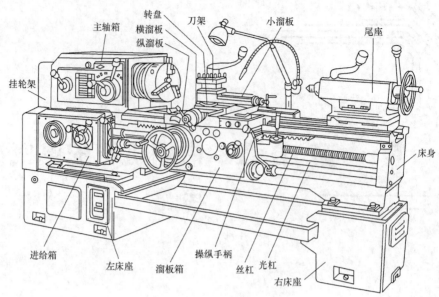

图 10-2　CA6140 车床各部分说明

3. 型号含义

类代号（车床类）

结构特性代号

组代号（落地及卧式车床）

系代号（普通卧式）

主参数（最大车削直径 400mm）

C　A　6　1　40

10.1.2　CA6140 车床的控制线路

CA6140 车床的控制线路如图 10-3 所示。

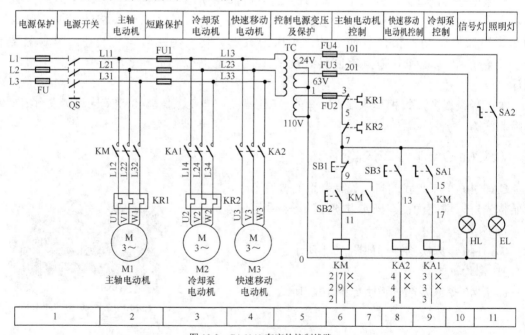

图 10-3　CA6140 车床的控制线路

1.　识图技巧

图 10-3 所示的车床的控制线路结构与基本控制线路相似，但多出了 3 个部分：一是在线路图的上方有含文字的方框；二是在线路图的下方有含数字的方框；三是在接触器和继电器线圈下方有含数字的表格。

线路图上方含文字的方框的功能是说明它下方垂直范围内电路（或元件）的功能或名称。例如，方框"电源保护"下方垂直范围内有熔断器 FU，说明 FU 的功能是电源保护；方框"主轴电动机"下方垂直范围内有接触器 KM 主触头、热继电器 KR1 发热元件和主轴电动机，说明这些元件都是与主轴电动机有关元件。

线路图下方含数字的方框的功能是对整个线路进行分区，以便识图时能快速准确找到要找的元件。

线路图的接触器（或继电器）线圈下方含有数字的表格的功能是说明接触器（或继电器）触头及所在的区。其中表格的左方为常开触头所在区，右方为常闭触头所在的区。例如，接触器 KM 线圈下方表格含有"2、2、2、7、9、×、×"，表示接触器 KM 有三个常开触头在 2 区，有一个常开触头在 7 区，有一个常开触头在 9 区，右方"×"表示无常闭触头；继电器 KA2 线圈下方表格含有"4、4、×、×"，表示继电器 KA2 有三个常开触头在 4 区，无常闭触头。

2.　控制线路分析

CA6140 车床的控制线路工作过程分析如下。

（1）工作准备。

合上电源开关 QS，L1、L2 两相电压送到电源变压器 TC 的初级线圈，经降压后在三组次级线圈上分别得到 24V、6.3V 和 110V 的电压，其中 110V 电压供给控制电路作为电源，6.3V 电压供给信号灯 HL，HL 被点亮指示控制电路已通电，将旋钮开关 SA2 闭合，24V 电压提供给照明灯 EL，EL 发光照亮车床。

（2）主轴电动机控制。

① 启动控制

按下主轴电动机启动按钮 SB2→KM 线圈得电→
｛ 2 区的 KM 主触头闭合 → 主轴电动机运转
7 区的 KM 常开自锁触头闭合 → 锁定 KM 线圈供电
9 区的常开辅助触头闭合，为 KA1 线圈得电作准备

② 停止控制

按下主轴电动机停止按钮 SB1→KM 线圈失电→
｛ 2 区的 KM 主触头断开→主轴电动机失电停转
7 区的 KM 常开自锁触头断开→解除 KM 线圈供电
9 区的常开辅助触头断开，KA1 线圈无法得电

（3）冷却泵电动机控制。

① 启动控制

在主轴电动机启动后，将冷却泵电动机开关 SA1 闭合→中间继电器 KA1 线圈得电→3 区的 KA1 常开触头闭合→冷却泵电动机得电运转。

② 停止控制

将开关 SA1 断开→中间继电器 KA1 线圈失电→3 区的 KA1 常开触头断开→冷却泵电动

机失电运转。

（4）**快速移动电动机启动/停止控制。**

① **启动控制**

按下快速移动电动机启/停按钮 SB3→中间继电器 KA2 线圈得电→4 区的 KA2 常开触头闭合→快速移动电动机得电运转。

② **停止控制**

松开 SB3→KA2 线圈失电→4 区的 KA2 常开触头断开→快速移动电动机失电停转。

（5）**停止使用车床时，应断开电源开关 QS，切断整个控制线路的供电。**

10.2　刨床的控制线路

刨床是一种用刨刀对工件的平面、沟槽或成形表面进行刨削的直线运动机床。根据结构和性能，刨床主要分为牛头刨床、龙门刨床、单臂刨床、专门化刨床等。

10.2.1　常见刨床的特点

1. 牛头刨床

牛头刨床因滑枕和刀架形似牛头而得名，刨刀装在滑枕的刀架上作纵向往复运动，多用于切削各种平面和沟槽，适用于刨削长度不超过 1m 的中小型零件。牛头刨床的特点是调整方便，但由于是单刃切削，而且切削速度低，回程时不工作，所以生产效率低，适用于单件小批量生产。

牛头刨床的刨削精度一般为 IT9-IT7，表面粗糙度 R_a 值为 6.3～3.2μm。牛头刨床的主参数是最大刨削长度。

2. 龙门刨床

龙门刨床因有一个由顶梁和立柱组成的龙门式框架结构而得名，工作台带着工件通过龙门框架作直线往复运动，多用于加工大平面（尤其是长而窄的平面），也用来加工沟槽或同时加工数个中小零件的平面。大型龙门刨床往往附有铣头和磨头等部件，这样就可以使工件在一次安装后完成刨、铣及磨平面等工作。单臂刨床具有单立柱和悬臂，工作台沿床身导轨作纵向往复运动，多用于加工宽度较大而又不需要在整个宽度上加工的工件。

与牛头刨床相比，从结构上看，龙门刨床体积大、结构复杂、刚性好，从机床运动上看，龙门刨床的主运动是工作台的直线往复运动，而进给运动则是刨刀的横向或垂直间歇运动，这刚好与牛头刨床的运动相反。龙门刨床由直流电动机带动，并可进行无级调速，运动平稳。

龙门刨床一般可刨削的工件宽度达 1m，长度在 3m 以上。龙门刨床的主参数是最大刨削宽度。

10.2.2　B690 型刨床的控制线路

B690 型刨床的控制线路如图 10-4 所示。

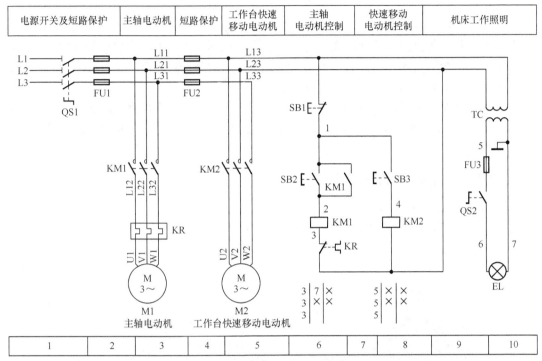

图 10-4　B690 型刨床的控制线路

B690 型刨床的控制线路工作过程分析如下。

（1）工作准备。

合上电源开关 QS1，L1、L2 两相电压送到电源变压器 TC 的初级线圈，经降压后为照明灯 EL 供电，将 QS2 开关闭合，EL 通电变亮。

（2）主轴电动机控制。

① 启动控制

按下启动按钮 SB2→接触器 KM1 线圈得电→KM1 自锁常开触头和主触头均闭合→KM1 自锁触头闭合锁定 KM1 线圈供电，KM1 主触头闭合使主轴电动机得电运转。

② 停止控制

按下停止按钮 SB1→接触器 KM1 线圈失电→KM1 自锁常开触头和主触头均断开→KM1 自锁触头断开解除 KM1 线圈供电，KM1 主触头断开使主轴电动机停转。

（3）工作台快速移动电动机控制。

① 启动控制

按下按钮 SB3→KM2 线圈得电→KM2 主触头闭合→工作台快速移动电动机得电运转。

② 停止控制

松开按钮 SB3→KM2 线圈失电→KM2 主触头断开→工作台快速移动电动失电停转。

（4）停止使用刨床时，应断开电源开关 **QS1**，切断整个控制线路的供电。

10.3 磨床的控制线路

磨床是一种利用磨具对工件表面进行磨削加工的机床。大多数磨床使用高速旋转的砂轮进行磨削加工，少数磨床使用油石、砂带等其他磨具和游离磨料进行加工，如珩磨机、超精加工机床、砂带磨床、研磨机、抛光机等。

磨床种类很多，根据用途不同可分为外圆磨床、内圆磨床、平面磨床、无心磨床、工具磨床、球面磨床、齿轮磨床、导轨磨床等。本节以 M7130 型平面磨床为例来介绍磨床的控制线路。

10.3.1 M7130 型磨床介绍

1. 外形与结构说明

M7130 型平面磨床外形与结构说明如图 10-5 所示。

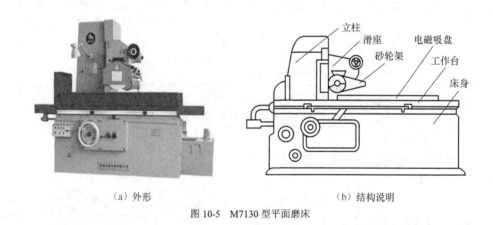

（a）外形　　　　　　　　　　　　　（b）结构说明

图 10-5　M7130 型平面磨床

2. 型号含义

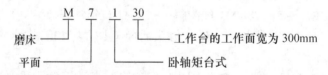

10.3.2 M7130 型磨床的控制线路

M7130 型磨床的控制线路如图 10-6 所示。M7130 型磨床的控制线路用到砂轮电动机、冷却泵电动机和液压泵电动机，如果不用冷却泵电动机，可以将该电动机与线路的接插件 XP1 拔出。21 区的 YH 为电磁吸盘，其功能是通电后会产生强磁场吸合待加工的部件，加工结束后工件会带有剩磁而难于取下，所以还需给电磁吸盘通反向电源对工件对进行退磁。QS2 为转换开关，它有 3 个触头，一个在 7 区，另两个在 18 区，该开关有"充磁、放松、退磁"三个挡位，其中 7 区的触头只有在"退磁"挡位时才闭合，在其他挡位时均断开。

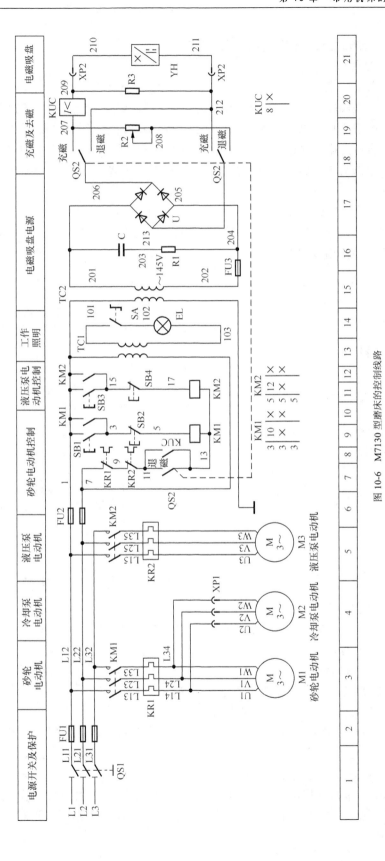

图 10-6　M7130 型磨床的控制线路

M7130 型磨床的控制线路工作过程分析如下。

（1）**准备工作**。

将电源开关 QS1 闭合，L1、L2 两相电压经变压器 TC1 降压后为工作照明灯 EL 供电，将开关 SA 闭合，EL 被点亮。另外，L1 相与地之间的 220V 电压经变压器 TC2 降压得到 145V 电压，该电压经桥式整流电路整流后输出直流电压，将转换开关 QS2 拨至"充磁"位置，直流电压通过欠电流继电器 KUC 加到电磁吸盘两端，电磁吸盘牢牢吸住待加工的工件，此外，由于欠电流继电器 KUC 线圈有电流流过，KUC 在 8 区的常开触头闭合，L1、L2 两相电压提供给控制电路。

如果不采用电磁吸盘，而使用压板固定工件时，可拔出电磁吸盘接插件 XP2，但需将 QS2 开关拨至"退磁"位置，让 QS2 在 8 区的触头闭合，以便电源能提供给控制电路。

（2）**砂轮电动机和冷却电动机控制**。

① **启动控制**

按下按钮 SB1→KM1 线圈得电→$\begin{cases} 3 \text{ 区的 KM1 主触头闭合→砂轮电动机和冷却泵电动机得电运转} \\ 10 \text{ 区的 KM1 常开自锁触头闭合→锁定 KM1 线圈供电} \end{cases}$

② **停止控制**

按下按钮 SB2→KM1 线圈失电→$\begin{cases} 3 \text{ 区的 KM1 主触头断开→砂轮电动机和冷却泵电动机失电停止运转} \\ 10 \text{ 区的 KM1 常开自锁触头断开→解除 KM1 线圈供电} \end{cases}$

（3）**液压泵电动机控制**。

① **启动控制**

按下按钮 SB3→KM2 线圈得电→$\begin{cases} 5 \text{ 区的 KM2 主触头闭合→冷却泵电动机得电运转} \\ 12 \text{ 区的 KM2 常开自锁触头闭合→锁定 KM2 线圈供电} \end{cases}$

② **停止控制**

按下按钮 SB4→KM2 线圈失电→$\begin{cases} 5 \text{ 区的 KM2 主触头断开→冷却泵电动机失电停止运转} \\ 12 \text{ 区的 KM2 常开自锁触头断开→解除 KM2 线圈供电} \end{cases}$

（4）**电磁吸盘退磁控制**。

工件加工完成后，由于电磁吸盘的磁化作用，工件带有剩磁难于取下，所以取下工件前需要对工件进行退磁。

将转换开关 QS2 拨至"放松"挡，触头处于开路状态，电磁吸盘线圈释放能量而产生上正下负的自感电动势，该电动势通过放电电阻 R3 回路释放，同时由于欠电流继电器 KUC 线圈，8 区的 KUC 常开触头断开，控制电路电源被切断。

再将 QS2 拨至"退磁"挡位，QS2 两个动触头与退磁静触头接触，电源串入电位器 R2 为电磁吸盘供电，但电源极性变反，电磁吸盘通入较小的反向电流产生磁场对工件进行退磁。退磁结束后，将 QS2 拨至"放松"位置。

电阻 R1 和电容 C 的作用是吸收变压器 TC2 次级线圈两端的短时过高的电压，当某些原因使 TC2 次级电压瞬时过高时（如 L1 相电压瞬间升高），TC2 次级电压对电容 C 充电而降低，整流及外级电路得到保护。

10.4　钻床的控制线路

钻床是一种利用钻头在工件上加工孔的机床。钻床在工作时钻头旋转为主运动，钻头轴向移动为进给运动。钻床结构简单，加工精度相对较低，可钻通孔、盲孔，更换特殊刀具，可扩、铰孔或进行攻丝等加工。

钻床种类很多，主要可分为台式钻床、立式钻床、摇臂钻床、铣钻床、深孔钻床、平端面中心孔钻床、卧式钻床等。本节以 Z3050 型钻床为例来介绍钻床的控制线路。

10.4.1　Z3050 型钻床介绍

1. 外形与结构说明

Z3050 型钻床外形和结构说明如图 10-7 所示。

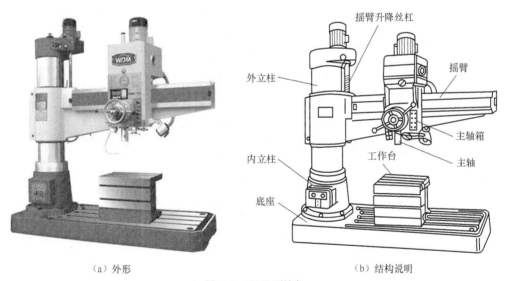

（a）外形　　　　　　　　　　　　（b）结构说明

图 10-7　Z3050 型钻床

2. 型号含义

10.4.2　Z3050 型钻床的控制线路

Z3050 型钻床的控制线路如图 10-8 所示。

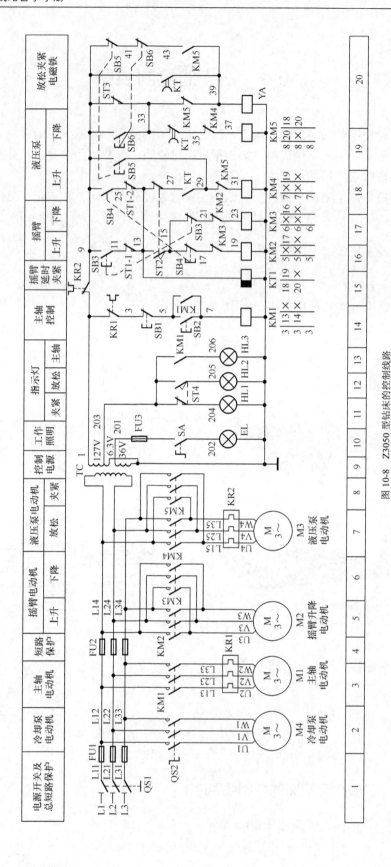

图 10-8 Z3050 型钻床的控制线路

Z3050 型钻床的控制线路工作原理分析如下。

（1）**准备工作。**

将电源开关 QS1 闭合，L1、L2 两相电压经变压器 TC 降压得到 127V、6.3V 和 36V 电压，其中 127V 电压供给控制电路作为电源，6.3V 电压供给机床工作信号指示灯，36V 电压供给机床工作照明灯。

（2）**冷却泵电动机的控制。**

合上开关 QS2→冷却泵电动机得电运转，断开开关 QS2→冷却泵电动机失电停转。

（3）**主轴电动机的控制。**

① **启动控制**

按下按钮 SB2→接触器 KM1 线圈得电→ {
3 区的 KM1 主触头闭合→主轴电动机得电停转
13 区的常开辅助触头闭合→主轴电动机工作指示灯 HL3 亮
14 区的 KM1 常开自锁触头闭合→锁定 KM1 线圈供电
}

② **停止控制**

按下按钮 SB1→接触器 KM1 线圈失电→ {
3 区的 KM1 主触头断开→主轴电动机失电停转
13 区的常开辅助触头断开→主轴电动机工作指示灯 HL3 熄灭
14 区的 KM1 常开自锁触头断开→解除 KM1 线圈供电
}

（4）**摇臂的升降控制。**

在控制摇臂上升或下降过程中，要求摇臂与立柱之间松开，当摇臂上升或下降到位后，要求摇臂与立柱之间夹紧。摇臂上升与下降由摇臂升降电动机驱动，摇臂与立柱的松紧由液压泵电动机驱动。

16 区的按钮 SB3 为摇臂上升控制按钮，18 区的按钮 SB4 为摇臂下降控制按钮；行程开关 ST1-1 为摇臂上升限位开关，ST1-2 为摇臂下降限位开关；行程开关 ST2 为摇臂电动机和液压泵电动机运转切换开关；20 区的行程开关 ST3 为摇臂放松夹紧开关，放松时闭合，夹紧时断开。

① **摇臂上升控制**

摇臂上升大致过程是：首先液压泵电动机正向运转，使摇臂和立柱松开，然后摇臂升降电动机正向运转，将摇臂上升到要求的高度，再让液压泵电动机反向运转，将摇臂与立柱夹紧。

摇臂上升控制的详细过程如下。

按下摇臂上升按钮 SB3→ {
SB3 常闭触头断开→切断 KM3 线圈供电电路
SB3 常开触头闭合→时间继电器 KT 线圈得电→
}

{
33、35 线 KT 瞬时断开延时闭合触头断开

27、29 线 KT 瞬时常开触头闭合→接触器 KM4 线圈得电→KM4 主触头闭合→液压泵电动机得电正向运转，驱动液压泵供正向液压油

9、39 线 KT 瞬时闭合延时断开触头闭合→电磁阀线圈 YA 得电，开通液压油路
}

液压使摇臂松开→ {
 行程开关 ST3 因放松而闭合，为摇臂夹紧作准备

 行程开关 ST2 被压下→ {
  ST2 常闭触头断开→KM4 线圈失电→KM4 主触头断开 →液压泵电动机停转

  ST2 常开触头闭合→接触器 KM2 线圈得电→
}

→KM2 主触头闭合→摇臂升降电动机正转，带动摇臂上升→当摇臂上升到要求高度时，松开按钮 SB3→

{
 KM2 线圈失电→KM2 主触头断开→摇臂升降电动机停转

 KT 线圈失电→ {
  27、29 线 KT 瞬时常开触头断开
  9、39 线 KT 瞬时闭合延时断开触头经整定时间后断开
  33、35 线 KT 瞬时断开延时闭合触头经整定时间后闭合→KM5 线圈得电→
}

{
 33、39 线 KM5 常闭触头断开
 49、39 线 KM5 常开触头闭合→电磁阀线圈 YA 继续得电，开通液压油路↘
 KM5 主触头闭合→液压泵电动机得电反向运转，驱动液压泵供反向油 → 液压使摇臂夹紧
}

{
 行程开关 ST3 断开→KM5 线圈失电→KM5 主触头和 43、39 常开触头均断开→液压泵电动机失电停转，电磁阀线圈 YA 失电，切断液压油路

 行程开关 ST2 复位（即常开触头断开，常闭触头闭合），为下一次升降摇臂作准备
}

② 摇臂下降控制

摇臂下降大致过程是：首先液压泵电动机正向运转，使摇臂和立柱松开，然后摇臂升降电动机反向运转，将摇臂下降到要求的高度，再让液压泵电动机反向运转，将摇臂与立柱夹紧。

按钮 SB4 为下降控制按钮，摇臂下降控制过程与上升控制过程基本相同，这里不再说明。

（5）立柱和主轴箱放松与夹紧控制。

立柱和主轴箱可以同时放松或夹紧，其中按钮 SB5 用来控制液压泵电动机正转，通过液压传动来放松立柱和主轴箱，按钮 SB6 用来控制液压泵电动机反转，使立柱和主轴箱夹紧。

立柱和主轴箱放松与夹紧控制分析如下。

按下立柱与主轴箱放松按钮 SB5→SB5 常开触头闭合（同时常闭触头断开）→KM4 线圈得电→KM4 主触头闭合→液压泵电动机正向运转，通过液压传动机构将立柱和主轴箱放松→立柱和主轴箱放松后，行程开关 ST4 被碰压→ST4 常开触头闭合→放松指示灯 HL2 亮。

按下立柱与主轴箱夹紧按钮 SB6→SB6 常开触头闭合（同时常闭触头断开）→KM5 线圈得电→KM5 主触头闭合→液压泵电动机反向运转，通过液压传动机构将立柱和主轴箱夹紧→立柱和主轴箱夹紧后，行程开关 ST4 被松开→ST4 常闭触头闭合→夹紧指示灯 HL1 亮。

10.5　铣床的控制线路

铣床是一种采用铣刀对工件进行铣削加工的机床。铣床不但能铣削平面、沟槽、螺纹、轮齿和花键轴外，还能加工比较复杂的型面，铣床效率较刨床高，广泛应用在机械制造和修理部门。

铣床种类很多，主要有升降台铣床、龙门铣床、单柱铣床和单臂铣床、仪表铣床、工具铣床、键槽铣床、凸轮铣床、曲轴铣床、轧辊轴颈铣床、方钢锭铣床等。本节以 X62W 型万能铣床为例来介绍铣床的控制线路。

10.5.1　X62W 型钻床介绍

1. 外形与结构说明

X62W 型钻床外形与结构说明如图 10-9 所示。

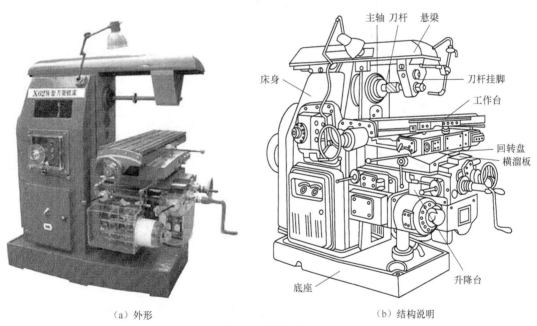

（a）外形　　　　　　　　　　　（b）结构说明

图 10-9　X62W 型钻床

2. 型号含义

10.5.2　X62W 型万能铣床的控制线路

X62W 型铣床的控制线路如图 10-10 所示。

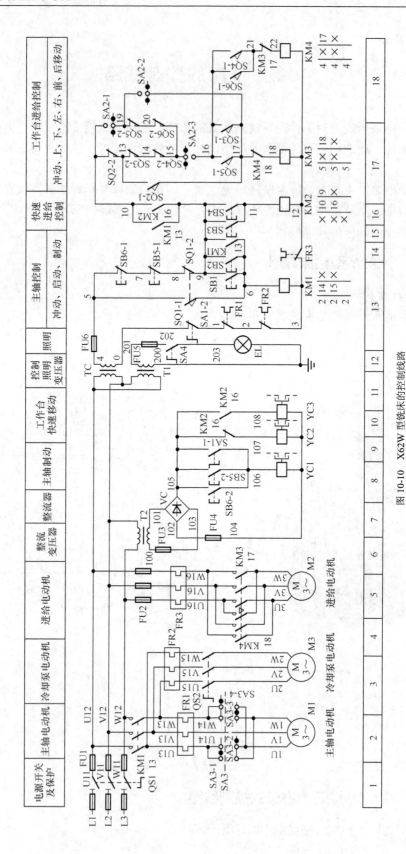

图 10-10　X62W 型铣床的控制线路

X62W 型万能铣床的控制线路工作原理分析如下。

（1）准备工作。

将电源开关 QS1 闭合，L1、L2 两相电压送到变压器 TC 和 T1 的初级线圈，TC 次级输出 110V 供给控制电路，T1 次级线圈输出 24V 电压供给照明电路，将开关 SA4 闭合，工作照明灯 EL 点亮。另外 L2、L3 两相电压送到变压器 T2 初级线圈，经降压整流后为制动电路提供电源。

（2）主轴电动机控制。

主轴电动机控制包括主轴电动机的启动、制动、换刀和变速控制。

① 启动控制

主轴电动机启动采用两地控制方式，两个启动按钮 SB1、SB2 分别安装在工作台和床身上，它们是并联关系。

在启动时，先将转换开关 SA3 拨至"正转"位置，SA3 开关的触头 SA3-2 和 SA3-3 闭合，然后按下启动按钮 SB1（或 SB2）→接触器 KM1 线圈得电→KM1 的主触头、自锁触头和常开辅助触头（9、10 线）均闭合→KM1 主触头闭合使主轴电动机得电运转；KM1 自锁触头闭合，锁定 KM1 线圈供电；KM1 常开辅助触头闭合，为进给电动机控制电路接通电源。

② 制动控制

主轴电动机有两个停止复合按钮 SB5、SB6，按任一个按钮都可对主轴电动机进行停车制动控制，在停车时由电磁离合器 YC1 得电进行制动。

按下停止按钮 SB5→ $\begin{cases} \text{SB5-1 常闭触头先断开→KM1 线圈失电→KM1 主触头断开→主轴电动机失电惯性运转} \\ \text{SB5-2 常开触头后闭合→电磁离合器 YC1 线圈得电，对主轴电动机进行制动} \end{cases}$

③ 换刀控制

在更换铣刀时，为了安全起见，需要对主轴电动机进行制动，并让铣床暂停工作。SA1 为换刀开关，它由常开触头 SA1-1 和常闭触头 SA1-2 组成。

在换刀前，将 SA1 拨至"换刀"位置→ $\begin{cases} \text{SA1-1 常闭触头先断开→控制电路供电被切断，铣床无法运行} \\ \text{SA1-2 常开触头后闭合→电磁离合器 YC1 线圈得电，对主轴电动机进行制动} \end{cases}$

④ 变速控制

X62W 型铣床的主轴电动机运行转速是固定的，主轴电动机的动力通过变速箱传递给主轴，切换变速箱内不同传动比齿轮就能改变主轴的转速。在变速前需要停车，然后操作变速手柄和变速盘来变换转速，然后瞬时启动电动机，让它带动变速箱内的齿轮系统顺利啮合，为后面正常传动作好准备。

在变速时，先拉起变速手柄，然后旋转变速盘调好转速（切换齿轮改变传动比），再将变速手柄推回原位，在手柄推回原位过程中，手柄上的凸轮会先碰触冲动位置开关 SQ1，使 SQ1-2 断开、SQ1-1 闭合，在 SQ1-1 闭合时，KM1 线圈得电，KM1 主触头闭合，主轴电动机运转，然后 SQ1 开关复位，主轴电动机失电依靠惯性由快变慢运转，带动手柄复位、齿轮系统顺利啮合。

（3）冷却泵电动机控制。

冷却泵电动机运转受开关 QS2 的控制，另外只有在主轴电动机工作后（即需要 KM1 主触头先闭合），将 QS2 开关闭合，冷却泵电动机才能启动。

（4）**工作台控制（进给电动机控制）。**

X62W 型铣床的工作台可以左右、上下、前后六个方向运动，自身还能作旋转运动。工作台的运动是由进给电动机驱动的，但进给电动机只有正转和反转两个方向，为了实现对工作台全方位的控制，除了给进给电动机配备相应的控制线路外，在进给电动机和工作台之间还安装有专门的机械切换传动机构。

① **工作台旋转运动控制**

为了方便加工一些圆弧和凸轮工件，常常要求工作台自身能 360° 旋转。转换开关 SA2 是用来控制工作台旋转运动的。

当 SA2 拨至接通位置时，触头 SA2-1、SA2-3 断开，触头 SA2-2 闭合，电流经 10-13-14-15-20-19-17-18 流入接触器线圈 KM3 得电，KM3 主触头闭合，进给电动机运转，通过一根专用的轴带动工作台作旋转运转。

若不需要工作台作旋转运动，可将转换开关 SA2 拨至断开位置，触头 SA2-2 断开，KM3 线圈失电，KM3 主触头断开，进给电动机无法运转，同时触头 SA2-1、SA2-3 闭合，为工作台在左右、上下、前后六个方向运动作准备。

② **工作台左右运动控制**

工作台左右方向的运动是由左右进给操作手柄及与之联动的位置开关 SQ5、SQ6 来控制的。左右进给操作手柄有"左、中、右" 3 个位置，操作手柄与位置开关、接触器、电动机及工作台运动的关系见表 10-1。

表 10-1　　　　操作手柄与位置开关、接触器、电动机及工作台运动的关系

手柄位置	位置开关动作	接触器动作	电动机 M2 转向	工作台运动方向
左	SQ5	KM3	正转	向左
中	—	—	停止	停止
右	SQ6	KM4	反转	向右

当左右进给操作手柄拨至"中"位置时，位置开关 SQ5、SQ6 均未被碰压，SQ5-1 和 SQ6-1 触头均断开，KM3、KM4 线圈无法得电，进给电动机处于停转状态。

当左右进给操作手柄拨至"左"位置时，位置开关 SQ5 被碰压，其常开触头 SQ5-1 闭合、常闭触头 SQ5-2 断开，接触器 KM3 线圈得电，KM3 主触头闭合，进给电动机正转，通过左向机械传动机构使工作台往左移动。当工作台移动到左向极限位置时，工作台左向挡铁碰撞左右进给操作手柄连杆，使手柄自动复位到"中"位置，位置开关 SQ5 复位，KM3 线圈失电，进给电动机停转，实现左向移动终端保护。

当左右进给操作手柄拨至"右"位置时，位置开关 SQ6 被碰压，工作台的右向移动与左向移动控制相同，这里不再叙述。

③ **工作台的上下和前后运动控制**

工作台的上下和前后运动控制是由一个单独操作手柄及与之联动的位置开关 SQ3、SQ4

来控制的。该操作手柄有"上、下、中、前、后" 5 个位置，操作手柄与位置开关、接触器、电动机及工作台运动的关系见表 10-2。

表 10-2　　　　　　　操作手柄与位置开关、接触器、电动机及工作台运动的关系

手柄位置	位置开关动作	接触器动作	电动机 M2 转向	工作台运动方向
上	SQ4	KM4	反转	向上
下	SQ3	KM3	正转	向下
中	—	—	停止	停止
前	SQ3	KM3	正转	向前
后	SQ4	KM4	反转	向后

当操作手柄拨至"中"位置时，位置开关 SQ3、SQ4 均未被碰压，SQ3-1 和 SQ4-1 触头均断开，KM3、KM4 线圈无法得电，进给电动机处于停转状态。

当操作手柄拨至"上"或"后"位置时，位置开关 SQ4 被碰压，其常开触头 SQ4-1 闭合、常闭触头 SQ4-2 断开，接触器 KM4 线圈得电，KM4 主触头闭合，进给电动机反转，通过机械传动机构使工作台往上或往后移动。当工作台往上或往后移到极限位置时，工作台相关挡铁碰撞操作手柄连杆，使手柄自动复位到"中"位置，位置开关 SQ4 复位，KM4 线圈失电，进给电动机停转，实现终端保护。在操作手柄拨至"上"或"后"位置时，手柄都碰压同一位置 SQ4，但由于手柄在这两个档位时会切换不同的传动机构，从而使进给电动机能驱动工作台往上或往后运行。

当操作手柄拨至"下"或"前"位置时，位置开关 SQ3 被碰压，工作台会往下或往前移动，其控制制过程与"上"或"后"移动控制相同。

④ **两个操作手柄的联锁控制**

工作台 6 个方向的运动采用左右和上下前后两个操作手柄控制，在同一时间只能操作其中一个手柄，另一手柄必须处于"中"位置。如果同时操作两个手柄，进给电动机将不会运转，如同时将左右手柄拨至"左"位置，将上下前后手柄拨至"上"位置，SQ5、SQ4 会同时被碰压，SQ5-2 和 SQ4-2 同时断开，接触器 KM3、KM4 线圈都无法得电，进给电动机也就无法运转。

⑤ **进给电动机变速控制**

进给电动机与主轴电动机一样，进行变速调节后要求进给电动机瞬间短时运转（点动），以使齿轮顺利啮合。

在变速操作时，将两个进给手柄均置于"中"位置，然后将进给变速盘拉出，转动变速盘选定新的转速，再将变速盘推回原位。在推进过程中，位置开关 SQ2 被碰压，SQ2-2 断开，SQ2-1 闭合，电流经 10-19-20-15-14-13-17-18 流入接触器 KM3 线圈，KM3 主触头闭合，进给电动机运转，带动变速盘复位，位置开关 SQ2 也跟着复位，SQ2-2 闭合，SQ2-1 断开，KM3 线圈失电，进给电动机由快变慢惯性运转，将齿轮顺利啮合。

⑥ **工作台的快速移动控制**

在铣削工件时，工作台的移动速度比较慢。在不铣削时，如果需要让工作台快速移动，可对工作台进行快速移动控制。工作台 6 个方向的快速移动由两个进给操作手柄和快速移动按钮 SB3（或 SB4）来控制。

在进行快速移动控制时，先将进给手柄置于选定方向（如将左右手柄置于"左"位置）→按下快速移动按钮 SB3（或 SB4）→接触器线圈 KM2 得电→9 区的常闭触头断开，10 区、16 区的常开触头闭合→9 区的常闭触头断开使电磁离合器线圈 YC2 失电，断开工作台降速传动机构；10 区的常开触头闭合使电磁离合器 YC3 得电，给工作台切换加速传动机构；16 区的常开触头闭合使 KM3 或 KM4 线圈得电，进给电动机正转或反转，通过加速传动机构驱动工作台快速移动。当工作台快速到达指定位置时，松开 SB3（或 SB4），进给电动机停转，工作台快速移动结束。

10.6 镗床的控制线路

镗床是一种用镗刀在工件上镗孔的机床。 在工作时，镗床的镗刀旋转为主运动，镗刀或工件的移动为进给运动。镗床的加工精度高于钻床，它是大型箱体零件加工的主要设备。

镗床种类很多，主要可分为卧式镗床、立式镗床、坐标镗床、专用镗术等。本节以 T68 型卧式镗床为例来介绍镗床的控制线路。

10.6.1 T68 型镗床介绍

1. 外形与结构说明

T68 型镗床外形与结构说明如图 10-11 所示。

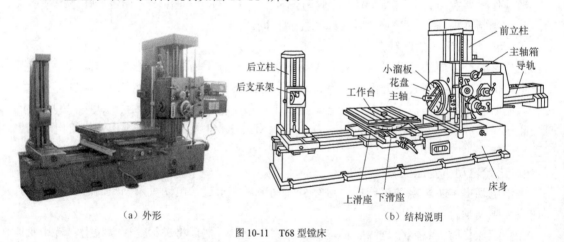

（a）外形　　　　　　　　　　　　　　　（b）结构说明

图 10-11　T68 型镗床

2. 型号含义

类代号（镗床）── T 6 8 ── 主参数（镗轴直径 85mm）
│
卧式

10.6.2 T68 型镗床的控制线路

T68 型镗床的控制线路如图 10-12 所示。

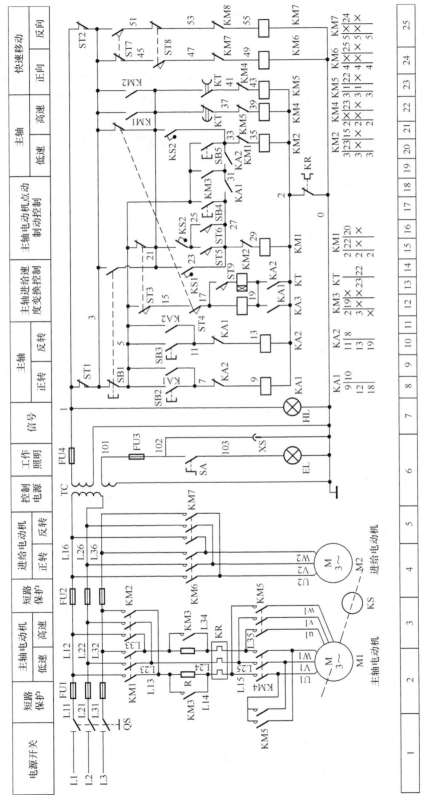

图 10-12　T68 型镗床的控制线路

T68 型镗床的控制线路工作原理分析如下。

（1）**准备工作。**

将电源开关 QS 闭合，L1、L2 两相电压送到变压器 TC 的初级线圈，经降压后从次级输出 110V 和 24V 电压，其中 110V 电压供给控制电路作为电源，同时电源指示灯 HL 亮，24V 电压供给照明电路，将开关 SA 闭合，工作照明灯 EL 变亮；XS 为外接照明灯插座。

（2）**主轴电动机控制。**

主轴电动机控制包括正反向点动控制、低速正反转控制、高速正反转控制、制动控制和主轴变速控制。

① **正、反向点动控制**

正向点动控制过程如下。

按下 17 区的正向点动按钮 SB4→KM1 线圈得电→ { 22 区 KM1 常开触头闭合→KM4 线圈得电→KM4 主触头闭合 ─┐
2 区 KM1 主触头闭合 ──────────────────────────────────┘

└→ 主轴电动机得电并串联电阻 R 低速运转→松开 SB4→主轴电动机停转

反向点动控制过程如下：

按下 20 区反向点动按钮 SB5→KM2 线圈得电→ { 23 区 KM2 常开触头闭合→KM4 线圈得电→KM4 主触头闭合 ─┐
3 区 KM2 主触头闭合 ──────────────────────────────────┘

└→ 主轴电动机得电并串联电阻 R 低速反向运转→松开 SB5→主轴电动机停转

② **低速正、反转控制**

低速正转控制过程如下。

将高低变速手柄拨至"高速"挡，13 区的位置开关 ST9 闭合，再按下 8 区主轴正转启动按钮 SB2→

┌→ 中间继电器 KA1 线圈得电→ { 9 区 KA1 常开触头闭合→锁定 KA1 线圈供电
10 区 KA1 常闭触头断开→切断 KA2 线圈供电电路
18 区 KA1 常开触头闭合，为 KM1 线圈得电作准备
12 区 KA1 常开触头闭合，此时位置开关 ST3、ST4 均被压合→

┌→ KM3 线圈得电 { 19 区 KM3 常开辅助触头闭合→KM1 线圈得电→ { 20 区 KM1 常闭触头断开
2 区 KM1 主触头闭合
22 区 KM1 常开触头闭合
└→ KM4 线圈得电→KM4 主触头闭合
2、3 区 KM3 主触头闭合→电阻 R 被短接

└→ 主轴电动机接成三角形得电低速正转运行

低速反转控制过程如下。

将高低变速手柄拨至"高速"挡，13 区的位置开关 ST9 断开，再按下 10 区主轴反转启动按钮 SB3→

└→ 中间继电器 KA2 线圈得电→ { 11 区 KA2 常开触头闭合→锁定 KA2 线圈供电
8 区 KA2 常闭触头断开→切断 KA1 线圈供电电路
19 区 KA2 常开触头闭合，为 KM2 线圈得电作准备
13 区 KA2 常开触头闭合，此时位置开关 ST3、ST4 均被压合→

KM3 线圈得电
　├ 19 区 KM3 常开辅助触头闭合→KM2 线圈得电
　│　├ 15 区 KM2 常闭触头断开
　│　├ 3 区 KM2 主触头闭合
　│　└ 23 区 KM2 常开触头闭合
　│　　　→KM4 线圈得电→KM4 主触头闭合
　└ 2、3 区 KM3 主触头闭合→电阻 R 被短接

　→ 主轴电动机接成三角形得电低速反向运行

③ 高速正、反转控制

高速正转控制过程如下。

将高低变速手柄拨至"高速"挡，13 区的位置开关 ST9 闭合，再按下 8 区主轴正转启动按钮 SB2→

→中间继电器 KA1 线圈得电
　├ 9 区 KA1 常开触头闭合→锁定 KA1 线圈供电
　├ 10 区 KA1 常闭触头断开→切断 KA2 线圈供电电路
　├ 18 区 KA1 常开触头闭合，为 KM1 线圈得电作准备
　└ 12 区 KA1 常开触头闭合，此时位置开关 ST3、ST4、ST9 均被压合→

KM3 线圈得电
　├ 19 区 KM3 常开辅助触头闭合→KM1 线圈得电
　│　├ 20 区 KM1 常闭触头断开
　│　├ 2 区 KM1 主触头闭合
　│　└ 22 区 KM1 常开触头闭合
　│　　　→KM4 线圈得电→KM4 主触头闭合
　└ 2、3 区 KM3 主触头闭合→电阻 R 被短接

　→ 主轴电动机接成三角形得电低速正转运行

KT 线圈得电，经整定时间后
　├ 22 区 KT 通电延时断开常闭触头断开→KM4 线圈失电→KM4 主触头断开
　└ 23 区 KT 通电延时闭合常开触头闭合→KM5 线圈得电→KM5 五个主触头均闭合→主轴电动机接成 YY 型高速正转

高速反转控制过程如下。

将高速变速手柄拨至"高速"挡，13 区的位置开关 ST9 闭合，再按下 10 区主轴反转启动按钮 SB3→

→中间继电器 KA2 线圈得电
　├ 11 区 KA2 常开触头闭合→锁定 KA2 线圈供电
　├ 8 区 KA2 常闭触头断开→切断 KA1 线圈供电电路
　├ 19 区 KA2 常开触头闭合，为 KM2 线圈得电作准备
　└ 13 区 KA2 常开触头闭合，此时位置开关 ST3、ST4、ST9 均被压合→

KM3 线圈得电
　├ 19 区 KM3 常开辅助触头闭合→KM2 线圈得电
　│　├ 15 区 KM2 常闭触头断开
　│　├ 3 区 KM2 主触头闭合
　│　└ 23 区 KM2 常开触头闭合
　│　　　→KM4 线圈得电→KM4 主触头闭合
　└ 2、3 区 KM3 主触头闭合→电阻 R 被短接

　→ 主轴电动机接成三角形得电反向低速启动运行

KT 线圈得电，经整定时间后
　├ 22 区 KT 通电延时断开常闭触头断开→KM4 线圈失电→KM4 主触头断开
　└ 23 区 KT 通电延时闭合常开触头闭合→KM5 线圈得电→KM5 五个主触头均闭合→主轴电动机接成 YY 型高速反向运转

④ 制动控制

正转制动控制过程如下。

在主轴电动机低速或高速反转时，转速大于 120r/min，速度继电器常开触头 KS2 闭合，按下停止按钮 SB1→

　　SB1 常闭触头断开→KA1 线圈失电→
- 9 区 KA1 常开触头断开→解除 KA1 线圈供电
- 10 区 KA1 常闭触头闭合
- 18 区 KA1 常开触头断开→KM1 线圈失电→KM1 主触头断开
- 12 区 KA1 常开触头断开→KM3 线圈失电→KM3 主触头断开

　　SB1 常开触头闭合→
- KM2 线圈通过 KS2 触头得电→KM2 主触头闭合
- KM4 线圈通过 KT 常闭触头得电→KM4 主触头闭合

→主轴电动机串接电阻反接制动→当电动机转速低于 100r/min 时，速度继电器常开 KS2 触头断开→KM2 线圈失电→KM2 主触头断开，制动结束

反转制动控制过程如下。

在主轴电动机低速或高速反转时，转速大于 120r/min，速度继电器常开触头 KS1 闭合，按下停止按钮 SB1→

　　SB1 常闭触头断开→KA2 线圈失电→
- 11 区 KA2 常开触头断开→解除 KA2 线圈供电
- 8 区 KA2 常闭触头闭合
- 19 区 KA2 常开触头断开→KM2 线圈失电→KM2 主触头断开
- 13 区 KA2 常开触头断开→KM3 线圈失电→KM3 主触头断开

　　SB1 常开触头闭合→
- KM1 线圈通过 KS1 触头得电→KM1 主触头闭合
- KM4 线圈通过 KT 常闭触头得电→KM4 主触头闭合

→主轴电动机串接电阻反接制动→当电动机转速低于 100r/min 时，速度继电器常开 KS2 触头断开→KM1 线圈失电→KM1 主触头断开，制动结束

⑤ 主轴变速控制

在主轴电动机运行时，如果要对主轴进行变速，可拉出主轴变速盘手柄，控制线路会对主轴电动机进行制动，待主轴电动机停转后，操作变速盘选择新的速度，再压下变速盘手柄，控制线路会对主轴电动机短时运转（点动），以使齿轮顺利啮合，并将变速盘手柄压回原位。

下面来说明主轴电动机后处于正转时的主轴变速控制过程，具体过程如下。

拉起主轴变速盘手柄→位置开关 ST3 复位→
- ST3 常闭触头闭合→KM2 线圈经 21 区 KS2 触头得电→KM2 主触头闭合
- ST3 常开触头断开→KM3 线圈失电→

- 2、3 区 KM3 主触头断开
- 19 区 KM3 常开触头断开→KM1 线圈失电→
  - KM1 主触头断开
  - 22 区 KM1 常开触头也断开→KM4 线圈改由 ST3 常闭触头供电→KM4 主触头闭合

→主轴电动机串接电阻反接制动→当电动机转速低于 100r/min 时，速度继电器 21 区常开触头 KS2 断开→KM2 线圈失电→KM2 主触头断开→待主轴电动机停转后，操作变速盘选择新的速度，并压下变速盘操作手柄→主轴变速冲动开关 ST6 被压合→KM1 线圈通过 15 区 KS2 常闭触头得电→KM1 主触头闭合→主轴电动机串接电阻正转启动，当转速达到 120r/min 时，15 区 KS2 常闭触头断开→KM1 线圈失电→KM1 主触头断开→主轴电动机惯性运转，带动新变速齿轮啮合，并将手柄扳回原位，位置开关 ST6 复位断开，ST3、ST4 重新压合→KM3 线圈重新得电，继而 KM1 线圈也得电→主轴电动机正转，通过变速齿轮带动主轴按新速度运转

（3）进给电动机控制。

进给电动机控制包括正、反转控制和进给变速控制。

① 正、反转控制

正转与停止控制过程如下。

将进给操作手柄拨至"正向"位置时，行程开关 ST8 被压合→ST8 常开触头闭合→接触器 KM6 线圈得电→KM6 主触头闭合→进给电动机得电正向运转→将进给操作手柄拨至"中间"位置时→行程开关 ST8 复位→ST8 常开触头断开→接触器 KM6 线圈失电→KM6 主触头断开→进给电动机失电停转。

反转控制过程。

将进给操作手柄拨至"反向"位置时，行程开关 ST7 被压合→ST7 常开触头闭合→接触器 KM7 线圈得电→KM7 主触头闭合→进给电动机得电反向运转。

② 进给变速控制

进给变速控制与主轴变速控制类似，只是进给变速时操作进给变速盘手柄，与该手柄有关的位置开关为 ST4，进给变速冲动位置开关为 ST5。

下面来说明主轴电动机后处于反转时的进给变速控制过程，具体过程如下。

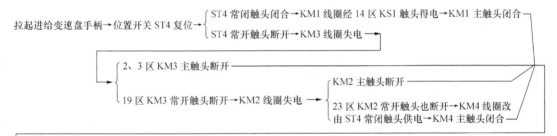

主轴电动机串接电阻反转反接制动→当电动机转速低于 100r/min 时，速度继电器 14 区常开触头 KS1 断开→KM1 线圈失电→KM1 主触头断开→待主轴电动机停转后，操作进给变速盘选择新的速度，并压下变速盘操作手柄→进给变速冲动开关 ST5 被压合→KM1 线圈通过 15 区 KS2 常闭触头得电→KM1 主触头闭合→主轴电动机串接电阻正转启动，当转速达到 120r/min 时，15 区 KS2 常闭触头断开→KM1 线圈失电→KM1 主触头断开→主轴电动机惯性运转，带动新进给变速齿轮啮合，并将手柄压回原位，位置开关 ST5 复位断开，ST3、ST4 重新压合→KM3 线圈重新得电，继而 KM2 线圈也得电（因反转时 18 区 KA1 触头是断开的，19 区 KA2 触头是闭合的）→主轴电动机得电反转，通过变速齿轮进行新的进给变速